本书配套资源

📁 学生学习资源

微课视频 ▶

为了帮助学生更好地理解和掌握本书的重点、难点内容，本书第 1、2、3、4、5、6、7、8、9、13 章共配有 89 节微课视频，由烹饪行业专家或资深教师进行操作演示，学生可根据书中的"微课学习指导"在课前、课后进行反复观看，从而不断提高自己的理论水平和实践技能。

读者扫描右侧二维码，即可获取上述资源。
一书一码，相关资源仅供一人使用。

📁 教师教学资源

本教材配有教学课件，如任课老师需要，可扫描右边二维码，关注北京大学出版社微信公众号"未名创新大学堂"（zyjy-pku）索取。

· 课件申请
· 样书申请
· 教学服务
· 编读往来

普通高等教育"十四五"规划教材
21世纪职业教育规划教材·旅游系列
浙江省"十一五"重点教材建设项目

烹饪工艺学（第二版）

金晓阳　戴桂宝　编著

图书在版编目(CIP)数据

烹饪工艺学 / 金晓阳，戴桂宝编著 . —2 版 . —北京：北京大学出版社，2024.1
21世纪职业教育规划教材·旅游系列
ISBN 978-7-301-34299-2

Ⅰ.①烹… Ⅱ.①金…②戴… Ⅲ.①烹饪—职业教育—教材 Ⅳ.①TS972.1

中国国家版本馆 CIP 数据核字（2023）第 147777 号

书　　　名	烹饪工艺学（第二版）
	PENGREN GONGYIXUE（DI-ER BAN）
著作责任者	金晓阳　戴桂宝　编著
策 划 编 辑	李　玥
责 任 编 辑	李　玥
标 准 书 号	ISBN 978-7-301-34299-2
出 版 发 行	北京大学出版社
地　　　址	北京市海淀区成府路 205 号　100871
网　　　址	http://www.pup.cn　新浪官方微博:@北京大学出版社
电 子 邮 箱	编辑部 zyjy@pup.cn　总编室 zpup@pup.cn
电　　　话	邮购部 010-62752015　发行部 010-62750672　编辑部 010-62704142
印 刷 者	北京圣夫亚美印刷有限公司
经 销 者	新华书店
	787 毫米×1092 毫米　16 开本　20 印张　475 千字
	2014 年 2 月第 1 版
	2024 年 1 月第 2 版　2024 年 1 月第 1 次印刷（总第 13 次印刷）
定　　　价	62.00 元

未经许可，不得以任何方式复制或抄袭本书之部分或全部内容。
版权所有，侵权必究
举报电话：010-62752024　电子邮箱：fd@pup.cn
图书如有印装质量问题，请与出版部联系，电话：010-62756370

第二版前言

本书是浙江省"十一五"重点教材建设项目，是国家骨干高职院校建设子项目，在教学理念上紧密结合职业教育的教学特点，坚持"以学生为中心，以教师为主导"的教学指导思想。本书自2014年出版以来，被全国多所职业院校选用，受到一致好评，多次重印。本次修订，我们结合党的"二十大"精神，同时听取了专业教师、行业专家，以及在烹饪行业有丰富经验的毕业生的意见，对书中内容进行了多处修改。

本书分为基础知识篇、烹制工艺篇、菜肴实训篇和实践体验篇四个部分，在理论中穿插知识链接，提高学生的学习兴趣，增加相关的知识储备；在实践中糅进理论知识点，提升学生的操作技能，巩固所学的知识。

基础知识篇——以烹调工艺原理为主要内容，在烹调知识中增加了原料知识、刀工知识、传热知识等；同时穿插刀具、砧板的使用经验，打破了教材沉闷严肃的风格，增加了学生的学习兴趣。

烹制工艺篇——以学习典型菜肴为主要任务，以学考结合为目的，甄选了全国各地的职业技能鉴定试题中的一些典型菜肴。所有任务以基础技能为主，通过教师的操作示教，使学生了解规律，掌握要领。

菜肴实训篇——以同类菜肴对比实训为主要项目，通过某些相同工艺或相同原料的菜肴的对比实训练习，使学生能清楚分辨两个相似菜肴的差异之处，从中感悟到更多的技巧和方法，加深理解。

实践体验篇——以工学结合、思考学习为主要目标，让学生通过实习体验过程，结合所学的知识，观察岗位中的一切事物，积极汲取技能知识，边思考边记录，提高知识技能。

本书具有如下特点。

1. 立足职业特点创新

本书为校企联合编写，编者团队在编写前和修订过程中听取了多位校企专家的意见；在编写人员的选配上也做了充分的考虑，编者团队中有从教30余年的专业教师，有从业20余年的优秀厨师，还有由行业知名专家转行从教的教师。故本书的编写能充分结合职业教育的特点，兼顾知识与职业能力，使实践操作内容与行业岗位同步，具有一定的创新性。

2. 同步模块教学进程

本书所划分的四篇与模块教学的进程同步，以解决职业院校在模块教学中出现的教材选用难的问题，并能有效地和学分制结合；同时，也能方便专任教师、行业兼职教师和实习指导教师三方的融合教学。

3. 促进学生思考性学习

本书菜肴实训篇和实践体验篇的内容，能促进学生进行思考性学习，为后续职业发展打下基础。实践体验篇内容的设置既能解决学生在实习时某些企业"放羊式"管理的问题，又能引导学生在实习中边做、边记录、边思考，为其今后的工作储备知识。同时，在实习学分认证过程中，教师也能从中得到一些行业的最新信息。

4. 采用"互联网+"技术，实现线上线下互动式学习

烹饪工艺学是一门操作性极强的课程，为帮助学生更好地掌握实践操作技术，我们邀请了数位烹饪行业专家录制了90节微课，以二维码的形式供学生扫描观看，方便学生进行课前预习、课后复习，以及日后走上工作岗位，在需要时进行查看。

本书由浙江旅游职业学院和杭州西湖国宾馆联合编写。本书第一版的基础知识篇、实践体验篇由戴桂宝撰写，烹制工艺篇由金晓阳撰写，菜肴实训篇由戴桂宝、程礼安和陈颖忠共同撰写，全书由戴桂宝负责统稿。本书第二版由金晓阳、戴桂宝、程礼安负责修订，其中微课部分由程礼安负责组织内容和视频拍摄，由行业专家陆礼金、金虎儿、冯州斌、叶杭生、张国前、董顺翔、方卓子，以及专业教师戴桂宝、金晓阳、吴强、金继军、陈颖忠、沈中海、王玉宝、韩永明、程礼安、戴国伟、周法剑、万振雄、王玉陶进行操作演示。另外，封面照片"八宝葫芦鸭"由程礼安负责制作和拍摄。

在编写和修订本书的过程中，我们得到北京大学出版社的大力帮助，特别是李玥编辑在审读书稿的过程中，耐心仔细，反复核对，严谨的工作态度深深地感动了我们。同时，我们还得到了浙江省烹饪行业专家的指导，并参考了多位专家的学术成果，在此一并表示感谢。编者在本书的编写和修订过程中虽然付出了大量的精力，但由于烹饪工艺类的教材内容涉及面广、知识点众多，书中肯定还存在不足之处，望读者给我们提出宝贵的意见。

编　者

2023年11月

目 录

基础知识篇

第 1 章 烹饪工艺概述 ⋯⋯⋯⋯⋯⋯⋯⋯⋯⋯⋯⋯⋯⋯⋯⋯⋯⋯⋯⋯⋯⋯⋯⋯⋯⋯ 3
　1.1　烹饪的概念 ⋯⋯⋯⋯⋯⋯⋯⋯⋯⋯⋯⋯⋯⋯⋯⋯⋯⋯⋯⋯⋯⋯⋯⋯⋯⋯⋯ 4
　1.2　简述烹饪工艺学 ⋯⋯⋯⋯⋯⋯⋯⋯⋯⋯⋯⋯⋯⋯⋯⋯⋯⋯⋯⋯⋯⋯⋯⋯⋯ 5
　1.3　烹调工艺流程 ⋯⋯⋯⋯⋯⋯⋯⋯⋯⋯⋯⋯⋯⋯⋯⋯⋯⋯⋯⋯⋯⋯⋯⋯⋯⋯ 8

第 2 章 原料加工知识 ⋯⋯⋯⋯⋯⋯⋯⋯⋯⋯⋯⋯⋯⋯⋯⋯⋯⋯⋯⋯⋯⋯⋯⋯⋯ 10
　2.1　原料的初步加工 ⋯⋯⋯⋯⋯⋯⋯⋯⋯⋯⋯⋯⋯⋯⋯⋯⋯⋯⋯⋯⋯⋯⋯⋯⋯ 11
　2.2　原料的分档取料 ⋯⋯⋯⋯⋯⋯⋯⋯⋯⋯⋯⋯⋯⋯⋯⋯⋯⋯⋯⋯⋯⋯⋯⋯⋯ 19
　2.3　干货原料的涨发 ⋯⋯⋯⋯⋯⋯⋯⋯⋯⋯⋯⋯⋯⋯⋯⋯⋯⋯⋯⋯⋯⋯⋯⋯⋯ 28
　2.4　刀具、刀工与刀法 ⋯⋯⋯⋯⋯⋯⋯⋯⋯⋯⋯⋯⋯⋯⋯⋯⋯⋯⋯⋯⋯⋯⋯ 37

第 3 章 烹调基本知识 ⋯⋯⋯⋯⋯⋯⋯⋯⋯⋯⋯⋯⋯⋯⋯⋯⋯⋯⋯⋯⋯⋯⋯⋯⋯ 64
　3.1　火候的运用 ⋯⋯⋯⋯⋯⋯⋯⋯⋯⋯⋯⋯⋯⋯⋯⋯⋯⋯⋯⋯⋯⋯⋯⋯⋯⋯ 65
　3.2　初步熟处理 ⋯⋯⋯⋯⋯⋯⋯⋯⋯⋯⋯⋯⋯⋯⋯⋯⋯⋯⋯⋯⋯⋯⋯⋯⋯⋯ 67

第 4 章 烹调工艺技法 ⋯⋯⋯⋯⋯⋯⋯⋯⋯⋯⋯⋯⋯⋯⋯⋯⋯⋯⋯⋯⋯⋯⋯⋯⋯ 71
　4.1　烹调工艺技法分类 ⋯⋯⋯⋯⋯⋯⋯⋯⋯⋯⋯⋯⋯⋯⋯⋯⋯⋯⋯⋯⋯⋯⋯ 72
　4.2　热菜烹调工艺技法 ⋯⋯⋯⋯⋯⋯⋯⋯⋯⋯⋯⋯⋯⋯⋯⋯⋯⋯⋯⋯⋯⋯⋯ 76
　4.3　冷菜烹调工艺技法 ⋯⋯⋯⋯⋯⋯⋯⋯⋯⋯⋯⋯⋯⋯⋯⋯⋯⋯⋯⋯⋯⋯⋯ 102

烹制工艺篇

第 5 章 上浆、挂糊和勾芡工艺 ⋯⋯⋯⋯⋯⋯⋯⋯⋯⋯⋯⋯⋯⋯⋯⋯⋯⋯⋯⋯ 115
　5.1　上浆、挂糊工艺 ⋯⋯⋯⋯⋯⋯⋯⋯⋯⋯⋯⋯⋯⋯⋯⋯⋯⋯⋯⋯⋯⋯⋯⋯ 116
　5.2　勾芡工艺 ⋯⋯⋯⋯⋯⋯⋯⋯⋯⋯⋯⋯⋯⋯⋯⋯⋯⋯⋯⋯⋯⋯⋯⋯⋯⋯⋯ 119

第 6 章　水传热制熟工艺 ……………………………………………………… 123
6.1　焐制工艺、氽制工艺 ……………………………………………………… 124
6.2　煮制工艺、炖制工艺、烩制工艺 …………………………………………… 127
6.3　烧制工艺、焖制工艺 ………………………………………………………… 133
6.4　扒制工艺、焙制工艺、煨制工艺 …………………………………………… 139

第 7 章　油传热制熟工艺 ……………………………………………………… 143
7.1　炸制工艺 ……………………………………………………………………… 144
7.2　炒制工艺 ……………………………………………………………………… 153
7.3　爆制工艺、烹制工艺 ………………………………………………………… 159
7.4　煎制工艺、贴制工艺、塌制工艺 …………………………………………… 164
7.5　熘（溜）制工艺 …………………………………………………………… 166

第 8 章　水蒸气、热空气、微波和特殊混合制熟工艺 ……………………… 170
8.1　蒸制工艺 ……………………………………………………………………… 171
8.2　烤制工艺 ……………………………………………………………………… 173
8.3　微波制熟工艺 ………………………………………………………………… 175
8.4　蜜汁、挂霜、拔丝工艺 ……………………………………………………… 176

菜肴实训篇

第 9 章　同类菜肴实训 …………………………………………………………… 183
9.1　脱骨和嵌包菜肴对比实训 …………………………………………………… 184
9.2　蓉类菜肴对比实训 …………………………………………………………… 189
9.3　刀工菜肴对比实训 …………………………………………………………… 199
9.4　炸制菜肴对比实训 …………………………………………………………… 207
9.5　禽蛋菜肴对比实训 …………………………………………………………… 214

第 10 章　其他技法项目 ………………………………………………………… 217
10.1　煎制、贴制、塌制菜肴对比实训 ………………………………………… 218
10.2　蜜汁、挂霜、拔丝、琉璃菜肴的对比实训 ……………………………… 223

第 11 章　花式菜肴项目 ………………………………………………………… 226
11.1　刀工花式菜肴制作对比 ……………………………………………………… 227
11.2　象形花式菜肴制作对比 ……………………………………………………… 228

第 12 章　套菜、宴席和宴会项目 ……………………………………………… 230
12.1　套菜制作项目实训 …………………………………………………………… 231

12.2 宴席菜肴制作项目实训 ·· 235
12.3 宴会菜单设计原则 ·· 239

实践体验篇

第 13 章　初级体验 ··· 245
　13.1　调味技法 ··· 246
　13.2　制汤 ··· 253
　13.3　热菜造型工艺 ··· 257
　13.4　特色菜创新技术 ··· 265

第 14 章　思维体验 ··· 270
　14.1　评价实习基地的烹饪加工环节 ······································· 271
　14.2　评价菜肴 ··· 274
　14.3　评价调料 ··· 277
　14.4　评价自制食品 ··· 279

第 15 章　创新体验 ··· 284
　15.1　体验打荷岗位 ··· 285
　15.2　菜肴组配工艺 ··· 286
　15.3　烹制流程（实践体验） ··· 291
　15.4　菜单设计 ··· 292

附录　_____学院烹饪系实训项目任务书 ····································· 309

参考文献 ··· 310

基础知识篇

当看到此书,大家可能会疑惑书名是否有误——《烹饪工艺学》中的"饪"是否应该是"调"?的确,按常理应该是《烹调工艺学》,但在学习烹调工艺知识的同时,综合地学习一些与烹调相关的原料知识、刀工知识、配菜知识,既能改善学习效果又能增加学习兴趣。

阅读此书,想必大家不仅仅是为了学习烹调知识,更是为了全面掌握烹饪的工作内容。所以,当你学习本书内容时,一定要培养勤于观察和思考的习惯,必定会有所收获。

本篇知识结构图

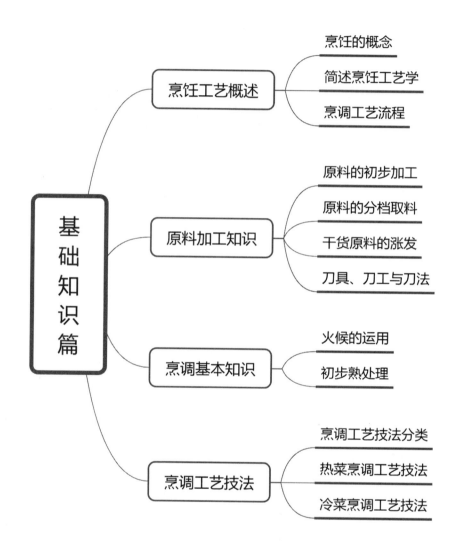

第1章　烹饪工艺概述

学习目标

- 了解烹饪和烹饪工艺学的定义
- 了解烹饪工艺学的性质,以及烹饪工艺学的研究内容
- 了解烹调工艺流程
- 理解中国烹饪的特点

民以食为天，烹饪是人类社会发展到一定历史阶段的产物，烹饪的产生与发展不仅丰富了人们的饮食生活，而且反映了一个民族的智慧与文明。中国烹饪集技术、艺术、文化和科学于一体，已有数千年历史，是中华民族文化的精粹之一，为世人所瞩目并饮誉海内外。

1.1 烹饪的概念

▶ 微课学习指导

请在学习本节内容前观看微课1.1，对本节重、难点内容进行预习；课后再观看一遍微课，检查自己是否已经掌握本节的所有知识点。

一、烹饪定义

"烹饪"一词最早出现在《周易·鼎卦》中："以木巽火，亨饪也。""木"指燃料，如柴草之类；"巽"的原意是风，此处是指顺风点火；"亨"在先秦时期与"烹"通用，为煮的意思；"饪"是指制熟，也是古代熟食的通称。"以木巽火，亨饪也"大意是在鼎下架起木柴顺风起火，煮熟食物。

在古代早期的文献之中，也曾用"庖厨之事""调和之事"概括烹饪，约在唐代出现了"料理"一词，后又出现"烹调"一词，两词词义与烹饪基本一样。后来"料理"一词弃置，"烹饪""烹调"两词并存混用。近半个世纪，随着烹饪事业的发展，"烹调"一词在实际应用中逐步分化出来。现代人认为：对食物原料进行合理选择、治净、加工、组配、制熟、调味，使之成为"色、香、味、形、质、养"兼备的、无毒无害的、利于吸收的、益于身体健康的饮食菜点，称为烹饪；而烹调仅仅是指运用火候，制熟、调味加工成各类食品的技术与工艺。

烹饪水平是人类文明的标志，正是有了烹饪，人类的食物才从本质上区别于其他动物的食物。

二、中国烹饪的特点

(一) 历史悠久，内涵丰富

1. 商周至秦汉时期

商周至秦汉时期，随着生产的发展，动植物原料、调味料的增多，铜制炊具的使用和铁制炊具的问世，烹调技艺得以显著提高。中国菜肴形成了12个大的品类，每一个大的品类又可派生出许多菜肴品种。

2. 魏晋南北朝时期

魏晋南北朝时期，由于铁制炊具的广泛应用，菜肴烹调方法已达20多种。《齐民要术》中所记载的"炒"的出现，对中国菜肴的发展起了很大的推动作用。

3. 隋唐两宋时期

在继承前代的基础上，隋唐两宋时期的中国菜肴进入一个新的发展高潮。其主要特点为名菜增多，以及花色菜肴发展迅速，隋代的《食经》、唐代的《烧尾宴食单》和宋代的《山家清供》等书中对此皆有所记载。

4. 元明清至今

元明清至今这一时期，烹调技艺趋于成熟，各地菜肴风味特色显著，进而形成了中国菜肴的主要风味流派。

中国现代烹调技术和菜肴的发展是从20世纪80年代初期开始的，其在继承传统的基础上不断创新，菜肴在原料的选用上打破了时间和空间的局限，为菜肴的创新提供了物质的基础。随着菜系之间的交流与融合，各地的菜肴风味也发生了很大的变化。

(二) 用料广泛，搭配灵活

中国幅员辽阔、物产丰富，菜肴的原料极其多样，除一般动植物原料外，各种山珍海味，甚至花卉、昆虫、中药等亦可入馔。

灵活合理的组配是中国菜品的重要特色，可以按时令、性味、荤素、色泽、质地、形状等不同情况自如地进行搭配，使菜肴风味、色泽、口感、营养达到完美结合。

(三) 刀工精细，风味多变

中国菜肴讲究刀工形态，目的在于使菜品形状规则、赏心悦目，并且使原料利于烹制、入味。其刀工技法诸多、刀工形态各异，尤以食品雕刻誉满全球，具有很高的技术性和艺术性。

1.2　简述烹饪工艺学

▶ 微课学习指导

请在学习本节内容前观看微课1.2，对本节重、难点内容进行预习；课后再观看一遍微课，检查自己是否已经掌握本节的所有知识点。

中国烹饪工艺的技术体系已逐渐形成。烹饪工艺和食品工程已有明显区分，烹饪工艺在继承传统手工艺的基础上，正向安全健康化和艺术个性化方面发展。

一、定义

烹饪工艺学是指以中国传统烹饪工艺技法为研究对象，分析烹饪工艺原理，探索烹饪工艺标准化、科学化的实施途径，总结和揭示烹饪工艺规律的学科。

烹饪工艺学的建立为继承传统烹饪技艺、发展和创新烹饪技艺奠定了坚实的基础，为现代人饮食水平的提高以及饮食的安全性、营养性、享受性提供了保障。

二、性质

烹饪工艺学属于应用型技术学科，其面向的是以手工艺为主体的技艺行业，与食品工程有密切关系。烹饪工艺注重特色和个性制作，而食品工程注重普及、标准化和快速生产。

烹饪工艺学是一个以手工艺为主体的复杂且丰富的技艺系统。它具有复杂多样的个性和强烈的艺术表现性，涵盖了雕塑、绘画、铸刻、书法等多种美术学科艺术，同时，它又与食品科学、解剖学、食品化学、食品卫生学、营养学、心理学、民俗学等学科有紧密的联系。

三、研究内容

作为一门学科，烹饪工艺学由一定的科学理论、操作技能、工艺流程和相应的物质技术设备构成。它包括烹调原理和烹调工艺两个方面，前者属于理论范畴，后者属于技能范畴，两者有机地统一于菜肴制作过程之中。所以，烹饪工艺学也是一门以科学理论作指导，物质技术设备为保证，操作技能和工艺流程为核心的应用学科。

烹饪工艺学在工艺流程的实施中，与同类科目如烹饪原料学、烹饪营养学、烹饪卫生学、烹饪工艺美术、食品保健学和烹饪设备有密切关系。

烹饪工艺学的主要研究内容有以下四个方面。

（一）选料加工工艺

选料加工工艺主要是针对菜肴的要求和规格，选择既符合菜肴制作要求，又能体现厨师制作水平的原料，并且深入研究如何利用初加工处理方法和各种刀法，为菜肴制作提供先决条件。

（二）烹调工艺流程

烹调工艺流程主要研究上浆、挂糊及拍粉的基本原理，研究厨具功能、传热方式、传热过程及各种传热介质的特点，研究火候与原料、火候与上浆、火候与时间的关系；充分利用上浆、挂糊、拍粉的技术，灵活运用火候，巧妙调味，研制营养、色泽和口味达到最佳状态的菜肴。

（三）造型与盛装工艺

造型与盛装工艺主要研究菜肴的造型美化工艺，即造型工艺、点缀技巧，使菜肴既具观赏性又具食用性，使消费者感到"物有所值""物超所值"，实现物质和精神共享。

（四）宴会设计和创新

宴会是菜肴的集中体现，宴会菜肴能反映宴会的整体烹饪水准。烹饪工作者要着力研究宴会菜肴的开发、组配，膳食的平衡，形式的创新。宴会菜肴要能体现宴会的性质、内涵和文化。

四、学习的意义

民以食为天，食是人们生活的第一需求。学习烹饪工艺学，不仅能掌握一门技艺，为社会服务，而且可增加自己生活的情趣。

(一) 学习烹饪技能，提高创业就业的能力

烹饪工艺学是烹饪专业的一门主干课程。通过学习烹饪工艺学，学生能基本掌握烹饪的相关内容和知识，学会烹调操作技能，提高自己的实践能力，增加自主创业和就业的机会，找到一份适合自己的工作，获得较高的收入回报。

(二) 传播弘扬烹饪文化，推动地区产业发展

学生学习烹饪工艺学除了可以提高自己的手艺，获得较高的酬劳，还可以在交流传播的过程中，获得大家的尊敬。在传播、弘扬烹饪文化的同时，既提升了中国烹饪的形象和地位，也能推动地区产业发展。

(三) 展露烹饪技艺，提高生活情趣和质量

学生学习烹饪工艺学不仅可以使烹饪工作充满乐趣，而且能提高自己的美食鉴赏能力和美食品味能力，根据需要，随时展露一手自己的烹饪技艺。比如假日在家，与家人、好友"联手"体验一番烹饪的乐趣，不仅能促进与亲朋好友的关系，而且能提高自己的生活品质。

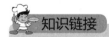

中国古代烹饪百科全书——《齐民要术》

《齐民要术》大约成书于北魏末年（533—544），作者是北魏时期杰出的农学家贾思勰。《齐民要术》主要讲述了平民百姓的谋生方法，它系统地总结了6世纪以前黄河中下游地区农牧业生产经验、食品的加工与贮藏、野生植物的利用等，对中国古代农学的发展产生了重大的影响，是中国现存最早、最完整的一部农书。虽说是农书，但内容"起自耕农，终于醋酸"。就是说，农耕是手段，最终把农产品制造成食品才是目的，方可以使"齐民"（平民）获得"资生"之术。因此，从饮食烹饪的角度看，《齐民要术》堪称中国古代的烹饪百科全书，价值极高。

《齐民要术》共92篇，其中涉及饮食烹饪的内容占25篇，列举的食品、菜点品种约达300种，菜肴烹饪方法达20多种，有酱、腌、糟、醉、蒸、煮、煎、炸、炙、烩、熘、炒等。特别是"炒"这种旺火速成的方法，已明确在做菜中应用，其意义十分重大。同时，书中也记载了细如韭叶的面食"水引"的详细制法。

1.3 烹调工艺流程

> ▶ 微课学习指导
>
> 请在学习本节内容前观看微课 1.3,对本节重、难点内容进行预习;课后再观看一遍微课,检查自己是否已经掌握本节的所有知识点。

烹饪工艺学是以烹调工艺流程为基础的一套完整的流程,实际上是不同的工序进行各种合理有序组合的过程。烹调工艺流程主要包括以下六道操作工序,如图 1-1 所示。

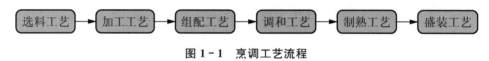

图 1-1 烹调工艺流程

一、选料工艺

选料工艺是指在烹调前对食材的选择,是整个烹饪工艺的首道环节,也是烹调的前提和基础。通过对原料的品质、品种、部位、卫生状况等多方面的综合挑选,使其更加符合烹调和食用的要求。

二、加工工艺

加工工艺是指对原料的初步加工,为后续流程提供所需的成形原料。原料的加工过程和加工后是否清洁、卫生,直接关系到人体的健康、安全。原料的加工过程一般包括宰杀、清洗、整理、保鲜、分档、切割、涨发等环节。

三、组配工艺

组配工艺是指将经过选择、加工后的各种原料,通过一定的方式方法,按照一定的规格质量标准,进行组合搭配的过程。它对菜肴的风味特点、感官性状、营养质量等都有一定的作用,对平衡膳食具有重要意义。

四、调和工艺

调和工艺是指在烹调过程中,运用各类调料和各种手法,使菜肴的滋味、香气、色泽和质地等风味要素达到最佳效果的工艺过程。调和工艺可以使菜肴的滋味、香气、色泽、形态、质地等得以基本确定。

五、制熟工艺

制熟工艺就是通常所说的"烹调方法",如炒、熘、炸、烧、焖、汆、烩、烤等。制熟工艺是烹调工艺中的一项重要技术环节,理解和掌握其基本原理和方法才能科学地运用。

六、盛装工艺

盛装工艺是指采用一定的方法,将制熟后的菜肴装入特定的盛器中,以最佳的形式加以表现,最终实现食用品尝的目的。

第 2 章 原料加工知识

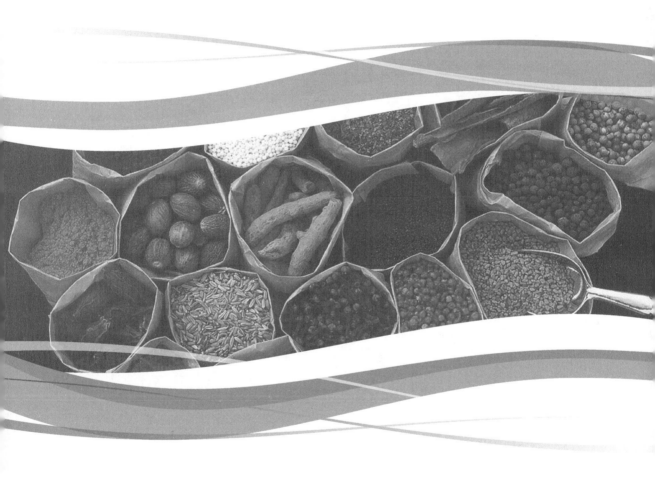

学习目标

- 了解烹饪原料加工的原则
- 掌握烹饪原料的初步加工和分档取料的知识
- 掌握干货原料涨发的方法
- 熟悉刀工技术,能运用各种刀法对原料进行分档和加工

2.1 原料的初步加工

▶ 微课学习指导

请在学习本节内容前观看微课 2.1,对本节重、难点内容进行预习;课后再观看一遍微课,检查自己是否已经掌握本节的所有知识点。

鲜活原料的宰杀、清洗、整理的过程,就是鲜活原料的初加工,即原料由毛料成为净料的过程。鲜活原料的种类繁多,其中有很多不能直接用来烹调,必须经过初步加工和细加工,才能用以烹调和食用。例如,活鸡要经过宰杀、煺毛、去内脏、洗涤,活鱼要去鳞、去鳃、去内脏、洗涤,蔬菜有的要择去黄叶老帮、有的要削皮去根。最后,再将原料加工成烹调所需的形状,才便于烹调和食用。

一、原料初步加工的基本原则

(一) 保证原料清洁卫生

烹饪原料的来源不一,有许多原料带有泥污杂质和菌虫等,在初加工过程中必须把它们清理干净,以避免食用后引发某些疾病或造成食物中毒等。

(二) 符合切配和烹调要求

烹饪原料的初步加工是为切配和烹调服务的。因此,在初步加工中要考虑到不同的刀工要求、不同的烹调方法和不同的成品要求,有目的、有计划、有步骤地加工烹饪原料。例如,杀鸡开膛时要考虑到鸡的用途,如果是做"清汤布袋鸡"则不能开膛,必须选用整料出骨的方法去除内脏和骨骼,便于原料造型和制作,使菜肴达到成品的要求。

(三) 保持原料营养成分

烹饪原料由于种类繁多,所含营养成分各不相同,某些原料含有水溶性维生素,在洗涤过程中浸泡时间过长或改刀后洗涤就容易使水溶性维生素流失。因此,必须根据原料的性质选择合适的方法加工原料,最大限度地保持原料的营养成分。

(四) 合理利用原料特性

烹饪原料在加工时要保证原料的清洁卫生和便于烹调。而且,在初步加工过程中更要注重原料的合理使用,尽可能做到物尽其用。例如,笋的老根可吊汤,鱼鳞可制作菜肴(鱼鳞冻),芹菜叶可以制作凉菜和热菜(香干拌芹叶、香酥翠叶等)。

二、蔬菜的初步加工

新鲜的植物类原料是人们日常膳食中不可缺少的食材,它含有丰富的维生素和

矿物质。蔬菜不但可以单独成菜,而且还可以配合其他原料一起组合成富有营养的菜品。蔬菜一般由根、茎、叶、花、果五个部分组成,由于可供食用的部位不同,所以各部位的加工处理也有一定的差异。

(一)目的和要求

蔬菜的品种繁多,食用的部位也各不相同。蔬菜初步加工的最终的目的是为烹调提供具有卫生性、营养性、风味性、美观性的原料。所以,在对蔬菜进行初步加工时,应去除不能食用的根、叶、皮、筋、籽核、内瓤、外壳、毛绒、虫眼等,洗净泥沙、虫卵及残留的农药、化肥和其他污染物,修整形体,使之达到烹调所要求的标准。蔬菜初步加工的要求有以下三个方面。

1. 摘除废料,保证规格

对蔬菜进行初步加工时,必须去净老叶、黄叶及腐烂和损伤的部位,严格按照烹调要求或成品要求的规格进行加工处理。

2. 洗涤得当,确保卫生

对蔬菜进行初步加工时,必须根据原料的品种、部位选择合适的加工方法和洗涤方法。①叶菜、茎菜类原料必须采用整棵或整叶洗涤的方法。应避免改刀后洗涤,否则不仅会破坏蔬菜表面固有的保护层,而且也容易造成水溶性营养物质的流失。②根茎类原料应去皮后洗涤,并放置在清水中浸泡。这样既可防止原料表面失水,又可防止原料发生褐变(多为多酚类物质在酶的催化下,发生氧化造成的)。但是原料也不能长时间浸泡,否则容易破坏其营养和风味。

3. 合理放置,厉行节约

洗涤后的烹饪原料必须放置在洁净的器皿中,避免再次污染。放置时要方向一致,排列整齐。对有些原料应采取综合处理的方法加工,尽可能避免浪费,如菜心(鸡粥菜心)摘取后,较嫩的菜叶仍可作他用(腐皮炒青菜等)。

(二)加工和洗涤方法

蔬菜的种类很多,加工方法因料而异,一般有择(择叶)、刮(刮毛绒)、削(削皮)、撕(撕筋)、剔(剔去废料、烂料)、掰(掰开原料)、挖(挖出废瓤)等多种加工方法。加工完毕后,就要对蔬菜进行洗涤,其方法主要有以下三种。

1. 清水洗

清水洗就是将加工整理后的蔬菜放在清水中冲洗、浸泡、再冲洗。

2. 盐水洗

盐水洗主要适用于虫卵较多的蔬菜,即在直接冷水洗的基础上,将原料放入浓度为1‰~1.5‰的盐水中浸泡5分钟,然后再用清水将蔬菜冲洗干净。盐水对虫卵具有一定的杀伤作用,可以使虫卵脱落于水中。

3. 消毒溶液洗

消毒溶液一般可以使用高锰酸钾溶液（浓度为 0.1%～0.3%）和洗洁精溶液等。消毒溶液洗主要针对生食的蔬菜（如黄瓜、西红柿、生菜等），即将原料放入消毒溶液中浸泡约 5 分钟，然后再用冷开水将原料洗净，洗净后可供生食。

三、家禽的初步加工

家禽是指人工饲养的鸡、鸭、鹅等动物类原料。由于家禽的一般形体特征相似（头、颈、躯干和尾），所以其初步加工的方法基本相同。

(一) 目的和要求

家禽的初步加工的目的是为烹调提供洁净的烹饪原料。对家禽进行加工处理时，应去除禽毛、体腔内血渍、鼻嘴处黏液和其他杂质。家禽的加工要求主要有以下四个方面。

1. 放尽血液

宰杀家禽时必须将气管、血管割断，然后放尽血液。如果血液不放尽，则肉色发红，会影响肉质。

2. 去除禽毛

去除禽毛时，应根据家禽的形体大小、老嫩状况确定水温和泡烫时间，然后在禽毛泡烫均匀后将其拔净。泡烫时间不宜过长，防止禽皮烫熟。

3. 剖口正确

剖口主要是为了去除内脏。剖口正确即为了保证成品的质量，必须根据烹调的要求和目的选择合适的剖口。另外，剖口不宜过大，过大会影响成品外形的美观。

4. 洗涤干净

洗涤前必须摘除内脏、气管、食管、嘴壳、舌尖硬壳、腔体内的肺，以及颈部的淋巴、尾上腺等。然后用清水冲洗，洗净表面杂质、腔体内的血渍和口鼻处的黏液。

(二) 加工方法

家禽的初步加工分为以下四个步骤。

1. 宰杀

宰杀前应先准备一只碗，碗中放少量盐和清水。左手握住家禽的翅膀，小指钩住其右腿，大拇指和食指掐住其颈皮，将下刀处的颈毛拔去，右手持刀割断气管、血管，放下刀，捏住其头部，倾斜地将其血液放尽。宰杀方法一般有脖子宰杀、耳部宰杀、口腔宰杀三种，如图 2-1 所示。

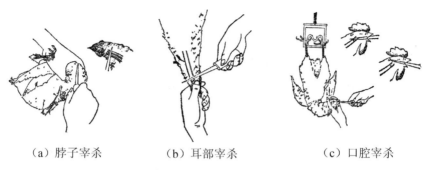

(a) 脖子宰杀　　　　(b) 耳部宰杀　　　　(c) 口腔宰杀

图 2-1　家禽宰杀方法示意

2. 煺毛

将宰杀好的家禽放入 70～90℃ 的热水中泡烫，泡烫的时间应根据家禽的老嫩程度来确定。一般先泡烫头、爪，后烫躯体，烫制充分后将其捞出。拔躯干羽毛时，先拔翅膀羽毛和尾部羽毛。拔毛时必须顺毛拔，将绒毛一起拔走。如果皮表有小绒毛残留，可使用镊子将其拔净。

3. 开膛去内脏

开膛去内脏必须根据烹调的要求进行，一般开膛有以下三种方法。

(1) 腹开。先在家禽的颈部右侧脊椎骨处横开一刀，取出气管、食管和嗉囊；然后在肛门和腹腔部横切（或竖切）一刀，刀口一般不超过 6cm；用手指拉断内脏与禽体粘连的膜，手掌托住内脏轻轻拉出，再去净肺叶。

(2) 脊开（背开）。在家禽脊背处下刀，刀口长度从尾部至颈部，刀口不宜过深，避免割破内脏。然后从脊背处取出内脏、肺叶、气管、食管和嗉囊。

(3) 肋开（腋开）。先按腹开的方法取出气管、食管和嗉囊，然后剖开翅膀下方的躯体肋骨，刀口一般小于 5cm；用中指和食指伸入腹腔内拉断内脏与禽体粘连的膜，将内脏从肋开处掏出。

上述开膛去内脏的方法，都应注意不要碰碎肝脏和挖破胆囊，否则影响后续使用；而一旦挖破胆囊，胆汁就会污染肝脏，使肝脏具有苦味而影响烹调制作。

4. 整理内脏

家禽的内脏有肫、肝、肠等，此外油脂和血液也应一并处理。整理的方法如下：

(1) 肫。割断与肫相连的食道和肠，再将肫剖开，去净污物，剥掉内壁黄衣，洗净即可。

(2) 肝。需摘除或切除附近的胆囊，洗净备用。

(3) 肠。需先摘除胰脏，再用剪刀剪开肠子，去净污物，然后用盐、矾、醋等反复搓洗，每搓洗一遍用清水洗一遍，一般搓洗两三次后肠壁黏液可除净。

(4) 油脂。将油脂洗涤干净，切成小块，放入碗内加葱、姜、黄酒上屉蒸化，再去除葱、姜，撇出浮油即可使用。

(5) 血液。将凝固的血块放入开水锅中，煮烫成熟或放入蒸屉内蒸制成熟。煮烫和蒸制时必须掌握好加热时间，防止血块出现"蜂窝"，影响成品质量。

四、家畜的初步加工

家畜的初步加工是指猪、牛、羊的内脏和头、蹄、舌、尾等部位的加工。由于家畜内脏污秽较重、黏液较多，而头、蹄、舌、尾等有残毛等杂质，因此，一般采用特殊的洗涤方法进行处理。

(一) 目的和要求

家畜的初步加工是为烹调提供洁净、腥臭味较轻的烹饪原料，所以在加工时必须采用特殊的洗涤方法去除其污秽、黏液和腥臭味。

这里重点介绍一下家畜内脏的加工要求。

1. 洗涤干净

家畜内脏必须摘除干净油脂（网油、肠油），再清除干净残物和粪便，然后用清水冲洗干净，防止残物或粪便附在内脏表面。

2. 去除腥臭味

家畜内脏都带有腥臭味，必须选用盐、矾、醋、碱等物质进行搓洗，使家畜内脏表面的黏液脱落，再用清水洗净，使家畜内脏的腥臭味降到最低程度。

3. 避免污染

家畜内脏一般都带有残物和粪便，如果不及时进行处理，内脏内的污物就会污染内脏，导致内脏发黑（青褐色），严重影响成品的质量。

(二) 加工方法

家畜的初步加工方法有以下六种。

1. 翻洗法

翻洗法又称里外翻洗法，是指将家畜的肠、肚等内脏，去净内壁污物（里外翻、套肠翻），再放入清水中冲洗干净的一种加工方法。

2. 搓洗法

搓洗法又称盐、醋搓洗法或盐、矾搓洗法，是指将翻洗后的肠、肚等黏液较多的内脏，放入盐、醋或盐、矾等物质反复搓洗，待黏液去除后再用清水冲洗干净的一种加工方法。

3. 烫泡刮洗法

家畜的某些部位（如肚、舌）表面带有一层白膜。烫泡刮洗法是指将家畜的肚、舌等部位放入开水锅中打焯，待白膜受热收缩后，捞出放入清水中用刀刮洗干净的一种加工方法。

4. 烙烧刮洗法

家畜的头、蹄、尾等原料带有残留的毛和污垢。烙烧刮洗法是指选用烧红的铁器将家畜的头、蹄、尾等进行烙烧或将其放入文火中烧制，再放入清水中浸泡，使烧焦的污垢表面回软，再用小刀刮洗干净的一种加工方法。

5. 漂洗法

家畜的脑、脊髓等原料表面带有血筋和血膜（质地柔软）。漂洗法是指将家畜的脑、脊髓等放在清水中一边漂洗一边挑去血筋、血膜，将其漂洗干净的一种加工方法。

6. 灌水冲洗法

灌水冲洗法是指将家畜的肺管套放在水龙头上，一边灌水一边拍打肺叶，促使水流入肺管和支气管等组织中，使肺叶扩张，冲净黏液，使肺叶内洁净无异味的一种加工方法。

五、水产品的初步加工

水产品主要是指鱼、虾、蟹、贝等水生动物类原料。由于水产品种类多，在烹调中使用方法各不相同。因此，水产品的初步加工的方法也因料而异。

(一) 目的和要求

水产品原料种类繁多，有些是有鳞的，有些是无鳞的。为了彻底清除水产品表层的黏液、消除腥味，就必须选用特殊的加工方法进行处理。其目的是为烹调提供洁净、卫生的合格原料。水产品初步加工的要求有以下三个方面。

1. 除尽污秽杂质

水产品原料往往带有较多的黏液、血水、寄生虫等，必须按照烹调的要求将其去除干净，使原料符合卫生要求，保证成品的质量。

2. 按用途或品种特性加工

水产品种类繁多，初步加工时必须根据水产品的特性和烹调用途进行处理。加工时还要注意充分利用某些可食部位，尽可能做到物尽其用，避免浪费。

3. 切勿弄破苦胆，保持原料形状完整

水产品原料中的淡水鱼一般都有苦胆，初步加工时尽可能不要将苦胆弄破。苦胆一旦被弄破，胆汁就会使鱼肉变苦，严重地影响成品的质量。另外，剖腹和去鳃时尽可能保持鱼体的完整性，不然就会影响成品的形态。

(二) 加工方法

水产品初加工的方法主要是根据水产品的特征进行处理，一般可分为以下几个步骤。

1. 去鳞、皮、黏液

有鳞鱼一般都采用刮鳞的方法进行加工处理。一般选用刀具或特制的铁板刷，从鱼尾部向鱼头部方向逆向刮鳞。

无鳞鱼和其他水产品的处理方法如下：

（1）煺沙。有些鱼表面有一层细沙，如鲨鱼、鳐鱼等，必须采用煺沙的方法将其表面的细沙去除。可将鲨鱼、鳐鱼等放入大盆内，用70~90℃的热水泡烫1~5分钟，捞出后用小刀刮去鱼体表层的细沙。煺沙时必须根据原料的老嫩情况、水温情况确定泡烫的时间，防止皮破沙陷，影响成品的质量。

（2）剥皮。有些鱼表面有一层粗糙的皮质，如绿鳍马面鲀、半滑舌鳎、条鳎等，必须采用剥皮的方法，将其表面一层粗糙的皮质剥去，使其符合食用的要求。

（3）泡烫。有些鱼表面有一层黏液，如鲶鱼、泥鳅、河鳗等，必须采用泡烫的方法进行加工处理，即将其放置在80~95℃的热水中，使其表层黏液凝结，再采用漂洗的方法将黏液彻底去除，使其符合食用的要求。

（4）去膜。有些水产品外表有一层沙膜且生命力极强（如甲鱼、乌龟等），为了防止被咬伤，去膜前要先宰杀、后泡烫，再撕去沙膜。

2. 宰杀

有些水产品因生命力极强，离水后不易死亡，如鳝鱼、泥鳅、甲鱼、乌龟等，必须采用特殊的宰杀方法。

例如，鳝鱼的宰杀方法有两种：

（1）活杀。先剪断颈椎放血，然后剖腹去内脏，把头或尾钉在木板上，在颈椎处插入小刀，剔去椎骨，摘除内脏洗净，即为半成品原料。

（2）氽杀。将鳝鱼倒入80~90℃的热水中泡烫10~15分钟，待鳝鱼张嘴后捞出，用竹签剔去椎骨，摘除内脏后将其划成丝，即为半成品原料。

3. 去鳃

鳃是鱼的呼吸器官。由于鱼生长的水域的状况不同，鱼鳃中带有污秽和细菌，必须彻底清除。另外，在清除鱼鳃时还需要把鱼的咽齿去除。去鳃一般采用剪刀剪或手抠的方式，将鱼鳃清除干净。

4. 去内脏

水产品去内脏的方法一般根据烹调的要求进行选择。以鱼为例，一般有三种去内脏的方法：

（1）腹出法，即从鱼的腹部开刀，去除内脏，如红烧鳊鱼、清蒸鲥鱼等菜肴对鱼的加工就采用此法。

（2）脊出法，即从鱼的脊背处开刀，去除内脏，如荷包鲫鱼等菜肴对鱼的加工就采用此法。

（3）口腔出法，即从鱼的口腔或鳃盖处去除内脏，如锅烧河鳗、干煎黄鱼等菜肴对鱼的加工就采用此法。

5. 修鳍和洗涤

修鳍是将去除内脏的鱼进行修理整形，一般采用刀剁或剪刀剪的方法。有的鱼鳍含有毒素或十分锋利，应先剁去背鳍后再去掉内脏。洗涤时，先将鱼放入清水中漂洗，再去除腹腔内的黑膜、咽齿和血水等。

知识链接

常用水产品加工实例

1. 龟鳖的加工

龟鳖分为头、颈、躯干和尾四个部分。龟鳖的加工以中华鳖最为典型,中华鳖又称甲鱼、团鱼或水鱼。鳖体边缘部位柔软,称为裙边,是鳖体最肥美的部位。

清洗程序:宰杀(放血)—泡烫—煺膜—开壳—清理内脏—洗涤(待用)。

在清洗时要除去内脏、食气管和腹中黄油。

2. 虾和虾仁的加工

虾分为海虾、江虾、河虾、湖虾等,常用的品种有沼虾、鳌虾、对虾、毛虾、龙虾等。

(1)虾子取用程序:将虾放入清水中—漂洗出虾子—过滤后晒干(烘干)—待用。

(2)虾的清洗程序:用刀(剪)修去须—用刀剖开脊背—用竹签剔除沙肠—洗净待用。

(3)虾仁取用程序。

① 挤捏法。一手捏住虾头、一手捏住虾尾—向中部挤压—虾肉从脊背处破壳而出—去沙肠—冲洗—放少许明矾或食盐搅拌——虾仁白净后洗净待用。

② 剥壳法。捏住虾—剥去壳和头尾—去沙肠—冲洗—放少许明矾或食盐搅拌——虾仁白净后洗净待用。

3. 蟹的加工

常用的蟹的品种有三疣梭子蟹、中华绒螯蟹(河蟹、大闸蟹、毛蟹)、青蟹等。其加工程序有三种。

(1)整只清洗程序:静养—洗刷—捆扎(如清蒸大闸蟹)。

(2)打开清洗程序:静养—洗刷—摘下腹壳—揭开背壳—剔除胃和肺叶—小心冲洗—待用。

(3)取肉加工程序:静养—洗刷—蒸、煮—揭开背壳和摘下腹壳—剔除胃和肺叶—用竹签取出蟹体、蟹壳内的膏脂和肌肉—用棍棒压挑出足肉—待用。

4. 墨鱼的加工

墨鱼又叫乌贼,分为头、足和躯干三个部分。

清洗程序:分离足和躯干—除去墨囊、眼球—除去船骨、内脏—剥去皮膜—冲洗干净。

2.2 原料的分档取料

▶ 微课学习指导

请在学习本节内容前观看微课 2.2.1～2.2.3，对本节重、难点内容进行预习；课后再观看一遍微课，检查自己是否已经掌握本节的所有知识点。

烹饪原料经过初步加工后，绝大多数可直接切配。但是，其中有一部分原料，由于形体较大或带有骨刺或因烹调的某种需要，还必须进行进一步的加工处理，称为烹饪原料的分档取料或分解工艺。分档取料是指对整形原料进行有规则的分割，使之成为具有相对独立意义的更小单位和部件。通过取料，使原料变为更小的单位和部件（包括骨刺的去除），更有利于切配、加热、入味、食用和人体的消化吸收。

一、烹饪原料的出肉加工

烹饪原料的出肉加工就是按照烹调的要求，将动物类原料的肌肉组织从骨骼上分离出来或将骨、刺去除，达到净料要求。出肉加工是烹调前一项重要的基础工作，它不仅能使部位原料得到合理使用，避免浪费、降低成本，而且还直接影响到菜肴的质量。

出肉加工有生出骨和熟出骨两种。生出骨是指将未经烹调加工的原料进行剔骨，去除骨、刺的一种出肉方法；熟出骨是指将加热成熟的原料进行剔骨，去除骨、刺的一种出肉方法。无论生出骨还是熟出骨，都要符合出肉加工的要求。

(一) 出肉加工的基本要求

(1) 要按照烹调的要求出肉。例如，制作清汤鱼丸的鱼蓉，必须在整鱼去骨、去刺、去鱼皮的基础上得到净鱼肉。

(2) 出肉要干净。出骨必须去得干净，做到骨不带肉、肉不带骨，避免浪费。

(3) 熟悉动物类原料的组织结构。要了解动物类原料肌肉和骨骼的组织结构，出肉加工时尽可能按照其生理组织结构的排列顺序加工，避免造成浪费。

(二) 烹饪原料的加工方法

1. 猪的出肉加工

猪的出肉加工也叫"剔骨"。先将猪肉平放在砧板上（皮朝下），用砍刀将脊椎骨砍为前腿部、中部和后腿部三个部分，再进行出肉加工（即剔去骨骼），使其成为净料。

(1) 前腿部出肉加工，需剔去前部胸椎骨、前部肋骨、肩胛骨和臂骨等，即为净料。

(2) 中部出肉加工，需剔去胸椎骨至第一腰椎骨和肋骨等，即为净料。

（3）后腿部出肉加工，需剔去腰椎骨、荐骨、尾椎、髋骨、股骨和胫骨等，即为净料。

2. 鸡的出肉加工

鸡的出肉加工亦称"剔鸡骨"。先将鸡平放在砧板上，将鸡分为鸡腿、翅膀和躯体三个部分，再进行出肉加工，成为净料。

（1）鸡腿。卸鸡右腿时，鸡腹向内、鸡头朝左，左手握住鸡右腿，先将鸡腿与腹部相连的皮割断，再向后折；然后割断鸡股骨和脊背连接处的筋，取下腰窝肉，撕下整只右腿，再剔除腿中的股骨、腿骨，如图2-2所示。卸鸡左腿时，鸡腹朝外，其余操作与卸右腿相同。

图2-2 分离鸡腿与鸡身

（2）翅膀。左手握住鸡翅，把臂骨与胸椎处相连的筋割断，将鸡翅连同鸡脯肉用力扯下，然后将鸡翅与鸡脯肉分离。剔去翅膀内的骨头，再断开翅尖，即为净料。

（3）躯体。鸡的躯体又称鸡骨架，在锁骨和鸟喙骨处将鸡里脊的筋膜断开，顺鸡脯（鸡芽子）的方位用力将其扯下，即为净料。

3. 鱼的出肉加工

鱼的出肉加工一般有两种方法：一种是生出骨，另一种是熟出骨。

（1）生出骨。将整鱼去鳞、去鳃、去内脏，再切下鱼头，将鱼在脊骨处剖成两扇；然后再剔去脊骨、附肢骨等，即为带皮净料。如炒鱼片、菊花鱼等均采用生出骨的方法。鳝鱼生出骨的方法如图2-3所示。

（2）熟出骨。将整鱼去掉鳞、鳃和内脏，洗净后用葱、姜、黄酒和调味品腌渍，上屉蒸熟或入锅煮熟，趁热去除全部骨骼，即为熟净料。例如，海参黄鱼羹中的黄鱼就是采用熟出骨的方法。

图2-3 鳝鱼生出骨示意图

二、烹饪原料的分割加工

分割加工又称分档取料，就是对已宰杀和初步加工的家禽、家畜的整个胴体，按照烹调的不同要求，根据其骨骼、肌肉系统和构造情况，准确地进行分割。档是指原料的不同部位，料是指各部位不同质量的原料。

菜肴质量的好坏与原料质量的优劣是分不开的。一种原料可以烹制若干种菜肴，但每一种菜肴对原料的质量要求都不同。原料由于部位的不同，其质量也不一样。为了确保菜肴的质量，就必须通过分割的方式，将不同质地的原料分开，满足烹调的各种需要。

（一）分割加工的作用

1. 保证菜肴质量，突出菜肴的特点

家禽、家畜由于各部位原料的质量不同，烹调时就必须进行有选择的取料，确保菜肴的质量，突出菜肴的特点。例如，糖醋里脊、芫爆里脊、滑炒里脊丝等菜肴，为了保证成品的质量与特点，就必须选择猪里脊和外脊，如果选用其他原料替代，成品质量就达不到菜肴的标准。

2. 保证原料的合理使用，做到物尽其用

动物类原料由于部位的不同，质量存在较大的差异。所以，要根据原料的差异，合理地选择相适应的烹调方法，才能达到物尽其用的目的，从而避免浪费。例如，猪的前腿肉（夹心肉），肉质瘦中带肥，适宜于制作肉馅；猪五花肉，肥瘦相间，适宜于制作红烧、白煮、蒸的菜肴；猪头，皮厚、胶质多，适宜于制作酱、扒、拌、腌腊的菜肴，等等。

由此可见，只要能识其性且善于选用合适的烹调方法，就可以提高原料的使用价值，也能保证菜肴的风味特点，真正达到物尽其用的目的。

（二）分割加工的要求

1. 熟悉家禽、家畜的生理组织结构

家禽、家畜的生理组织结构之间，往往有一层筋络隔膜（或结缔组织膜）。所以，在分割加工时，应从家禽、家畜的筋络隔膜处下刀，将肌肉与骨骼分离，避免损伤原料，从而保证所取原料的完整性。

2. 掌握分割加工的先后顺序

家禽、家畜的骨骼组织结构各有特点，分割加工时应掌握下刀的先后顺序。否则，不但操作困难，原料易损坏，而且容易造成损失和浪费。

3. 刀刃紧贴骨骼，重复刀口要一致

出骨取料时，刀刃要紧贴骨骼，主要是将骨骼与筋络隔膜进行分离，这样可以避免损失。切割同一部位时，第二刀最好在上一刀的刀口上运刀，这样肌肉组织损伤较少，可以有效地保证原料的完整性。

（三）分割加工的用途

本部分内容以猪、牛、羊、鸡、鱼为代表进行介绍。

1. 猪

猪的部位结构如图2-4所示。

（1）头部包括上下牙颌、耳朵、上下嘴尖（拱嘴）、眼眶、"核桃肉"（猪脑中的一种瘦肉，形似核桃）等。猪头皮厚、质老、胶原蛋白含量较高，适合扒、烧、拌、卤、酱、煮、腌腊等烹调方法，可用于制作烧扒整猪头、猪头焖子、红油水磨丝、美味糟舌、五香拱嘴等菜肴。

（2）上脑又称凤头皮肉、肩颈肉，位于肩胛骨处。此肉质地较嫩，瘦中夹肥，适合炒、熘、炸、爆、炖、氽、焖、烧等烹调方法，可用于制作盐煎肉、糖醋肉段、酱爆肉丝等菜肴。

（3）颈肉是位于猪耳与猪第一颈椎骨下端的脖子肉，肉质较差，而且带有淋巴，

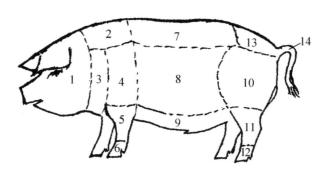

1—头；2—上脑；3—颈肉；4—前腿肉；5—前肘；6—前足；7—脊背；
8—肋条肉；9—奶脯肉；10—后腿肉；11—后肘；12—后足；13—臀尖；14—尾

图 2-4 猪的部位结构示意

一般多用于制作肉馅。

（4）前腿肉又称前夹心、肩胛肉，位于颈肉后方，肉质较老，肉中带筋，瘦中夹肥，吸水性强，适合烧、焖、煨、炒、酱、熏、拌等烹调方法，可用于制作肉馅和粉蒸肉、熘肉段、咕噜肉等菜肴。

（5）前肘又称前蹄膀，位于前腿肉下方。前肘肥少瘦多，瘦肉中夹带筋，肉质较老，皮厚，胶原蛋白含量较高，适合烧、扒、酱、煨、拌、熏等烹调方法，可用于制作红烧蹄膀、虎皮肘子、砂锅蹄膀、锅烧肘子等菜肴。

（6）前足又称前蹄，位于前肘下端，肉少骨多，皮厚筋多，适合酱、卤、拌、炖、烧等烹调方法，可用于制作红烧猪爪、酱猪手、猪爪黄豆汤等菜肴。

（7）脊背包括小里脊、外脊（通脊）。此部分肉质较嫩，肉纤维细、色泽浅，适合炸、炒、熘、烧、爆等烹调方法，可用于制作炸大排、滑炒里脊丝、菊花里脊、板筋炝芹菜等菜肴。

（8）肋条肉又称五花肉，位于脊背下方。肋条肉肥瘦相间，上部肥肉多于瘦肉并连着子排，被称为硬肋；下部瘦肉多于肥肉，被称为软肋。它适合烧、焖、蒸、煨、煮等烹调方法，可用于制作东坡肉、百花酒焖肉、金牌扣肉、蒜泥白肉、龙眼烧白、酸菜氽白肉等菜肴。

（9）奶脯肉又称肚囊子，位于猪的腹部，肋条肉下方。奶脯肉质量差，肉质以肥肉为主，一般用于烤油，也可绞蓉作为制馅的辅料。

（10）后腿肉包括臀尖肉、坐臀肉和弹子肉等。此部分瘦肉多，脂肪含量极少，肉质地坚实、紧密，适合炒、熘、炸、烹、爆等烹调方法，可用于制作宫爆肉丁、京酱肉丝、回锅肉等菜肴。

（11）后肘又称后蹄膀，质量不如前肘，肥肉多于前肘，用途基本相同。

（12）后足又称后蹄，质量不如前足，用途基本相同。

（13）臀尖又称尾尖，位于猪臀部的上方、脊背后端。臀尖肉质地细嫩，略带筋，适合炒、熘、炸、爆、烧、蒸、扒等烹调方法，可用于制作糟蒸肉、香辣肉丝等菜肴。

（14）尾部皮多肉少，适合烧、卤、酱、煮等烹调方法，可用于制作红烧猪尾、猪尾栗子煲、曲米酱猪尾等菜肴。

2. 牛

牛的部位结构如图 2-5 所示。

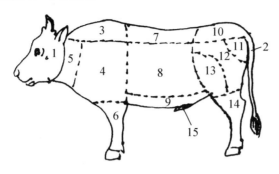

1—头；2—尾；3—上脑；4—肩肉；5—颈肉；6—前腱子；7—外脊；8—肋条；
9—白奶；10—米龙；11—子盖；12—里子盖；13—膝圆；14—后腱子；15—牛鞭

图 2-5 牛的部位结构示意

(1) 头部包括舌、耳等，皮多、骨多、肉少，有瘦无肥，适合酱、卤、扒、烧、拌等烹调方法，可用于制作三元扒牛头、云腿油卤牛头、酱牛舌、扒口条等菜肴。

(2) 尾部骨多肉少，肉质肥美，适合炖、煮、烧等烹调方法，可用于制作砂锅牛尾、瓤馅牛尾、清炖牛尾等菜肴。

(3) 上脑位于牛的前腿最上方和脊背部相连的部位。上脑肥瘦相间，肉质肥嫩，适合焖、烤、炒、涮、爆等烹调方法，可用于制作焖烤牛肉、葱爆牛肉、蒜薹炒牛肉等菜肴。

(4) 肩肉包括前胸肉和肩峰肉，位于上脑下方、前腱子上方，肉质较老，适合烧、卤、煨、煮、炖等烹调方法，可用于制作红烧牛肉、汤煨牛肉、土豆炖牛肉等菜肴。

(5) 颈肉又称牛脖子肉，质地较老，适合制馅或煮汤、红烧等烹调方法，可用于制作红烧牛肉、牛肉包子、牛肉炖萝卜等菜肴。

(6) 前腱子又称卷子肉、花腱肉，位于前腿的下部，筋肉相连，肉质老，适合酱、卤、煮、拌等烹调方法，可用于制作五香酱牛腱、红油拌牛腱子等菜肴。

(7) 外脊又称通脊，位于上脑的后端和通脊的斜下方。外脊和里脊这两种肉，质地细嫩、肉纤维细，适合炒、熘、炸、爆、烧等烹调方法，可用于制作滑蛋牛肉、蚝油牛肉、圆葱煎牛里脊、炸牛排、茄汁挂炉牛肉等菜肴。

(8) 肋条又称腑肋，此肉带有筋，肉质较老，适合烧、炖、煨等烹调方法，可用于制作土豆烧牛肉、鸡腿炖牛肉等菜肴。

(9) 白奶又称白腩，位于肋条下方、牛腹部。此处的肉肉层较薄，附有白筋膜，适合烧、炖、炸等烹调方法，可用于制作酥炸牛腩、清炖牛肉等菜肴。

(10) 米龙位于后腿的最上方，前连外脊、后接尾根的地方。此处肉质细嫩，适合炒、熘、炸、烹、爆、烧等烹调方法，可用于制作锦绣牛肉丝、金钱牛柳、炸五香酥牛肉等菜肴。

(11) 子盖俗称臀肉，位于里子盖的后面，此处肉质细嫩，可与米龙通用。

(12) 里子盖位于米龙的下部，此处肉质细嫩，可替代米龙。

(13) 膝圆俗称"和尚头"，位于里子盖的下方。它是由五条筋合拢而成，肉质较嫩，炒吃较好，可用于制作清炒牛肉丝、牛肉末炒粉丝等菜肴。

(14) 后腱子的质地与用途同前腱子。

(15) 牛鞭即公牛的生殖器，胶质含量高，适合烧、炖、煨等烹调方法，可用于制作红烧牛鞭、栗子炖牛鞭等菜肴。

3. 羊

羊的部位结构如图 2-6 所示。

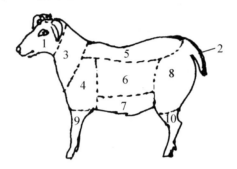

1—头；2—尾；3—颈肉；4—前腿；5—脊背；6—肋条；7—胸脯；8—后腿；9—前腱；10—后腱

图 2-6 羊的部位结构示意

(1) 头部皮多肉少，适合酱、卤、煮、拌等烹调方法。羊头是全羊席重要的原料之一，可用于制作迎风扇（羊耳尖）、玉珠灯（羊眼睛）、采灵芝（鼻尖上的一块圆肉）、落水泉（羊舌头）等菜肴。

(2) 羊尾多油、肥嫩，适合炸、卤、拔丝、炖、烧等烹调方法，可用于制作炸羊尾、拔丝羊尾、炖羊尾、红烧羊尾巴等菜肴。

(3) 颈肉位于羊头后端，肉质较老，夹有细筋，适合制馅和酱、卤、扒、炖等烹调方法，可用于制作扒颈脖、焦炒羊肉等菜肴。

(4) 前腿上连脊背，下接前腱，肉质脆嫩，肥多瘦少，适合烧、炖、卤、酱、蒸、煮、拌、烤等烹调方法，可用于制作冻小羊肉、腊羊肉、锅烧羊肉、东坡羊肉、生扒羊肉等菜肴。

(5) 脊背肉质细嫩，适合炒、熘、炸、烹、爆等烹调方法，可用于制作菊花羊肉、凉拌里脊丝、纸包羊肉等菜肴。

(6) 肋条又称方肉、羊肋，位于脊背下方、前腿后端。此处肉质较嫩，外有一层云膜，适合焖、炖、煨、扒等烹调方法，可用于制作砂锅羊肉、清炖羊肉、扒羊肉条等菜肴。

(7) 胸脯位于肋条下方，肉质较好，肥多瘦少，无皮筋，适合烤、爆、烧、炖、扒、酱、卤等烹调方法，可用于制作红烧羊肉、茄汁扒羊肉、五香酱羊肉等菜肴。

(8) 后腿的肉质细嫩，可作为材料肉使用，适合炒、烹、爆、烤等烹调方法，可用于制作涮羊肉、大葱爆羊肉、烤羊肉串等菜肴。

(9) 前腱的肉中夹筋，肉质较老，适合卤、烤、炖等烹调方法，可用于制作五香羊腱、红焖羊腱、白煮羊腱等菜肴。

（10）后腿的质地和用途同前腿。

4. 鸡

鸡、鸭、鹅等家禽的骨骼和肌肉特征类似，本书以鸡的部位结构为例进行介绍，如图2-7所示。

1—脊背；2—腿；3—胸脯；4—翅膀；5—爪；6—头；7—颈

图2-7 鸡的部位结构示意

（1）脊背的两侧各有一块肉，俗称"核桃肉"或"栗子肉"。此肉质地细嫩，形状较小，适合炸、炒、熘等烹调方法，可用于制作串炸鸡球、油爆鸡花、香熘栗子肉等菜肴。

（2）腿部肉多、筋多、骨骼多，适合炸、烧、扒、爆、炒等烹调方法，可用于制作鸡腿扒海参、香酥鸡腿、辣酱油焗鸡腿、五味鸡腿等菜肴。

（3）胸脯部位的肉是鸡肉中最嫩的，适合炒、熘、炸、烹、爆、烧等烹调方法，可用于制作软炒鸡蓉干贝、熘鸡脯、芫爆鸡丝、软炸鸡条等菜肴。

（4）翅膀骨多、肉少、筋多，但其肉质细嫩，适合烧、炖、炸、酱、焖、蒸等烹调方法，可用于制作贵妃鸡翅、鲍鱼焖鸡翅、章鱼炖鸡翼、汽锅凤翅、咖喱葱油鸡翅等菜肴。

（5）鸡爪俗称凤爪（鸭和鹅的爪称为掌），此部位皮多、骨多、筋多、肉少，适合酱、卤、拌、冻、扒等烹调方法，可用于制作酱凤爪、凤爪扒鸡腰等菜肴。

（6）头部（包括舌头）皮多、肉少、骨多。一般鸡头用途不多，多用于制汤。但鸭头和鹅头适合烧、糟、酱、卤等烹调方法，可用于制作麻辣鹅头、香糟鸭头、鲍裙扒鸭舌、烧凤肝拌鸭舌、酱鸭舌等菜肴。

（7）颈部皮多、骨多、肉少，适合制汤或炸、烧、炖、蒸等烹调方法，可用于制作酥炸鸡颈卷、彩酿鸡项、金钱鸡项、葡萄酒焗鸡颈等菜肴。

5. 鱼

一般选用形体较大的鱼进行分割加工，可将其分为三部五档，如图2-8所示。

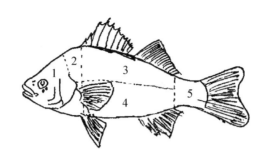

1—头；2—颈圈；3—脊背；4—腹部；5—尾部
图 2-8 鱼的部位结构示意

（1）头部包括头和颈圈两档。头部肉少、骨多、刺少，鱼吻较肥美，除个别特殊菜用颈圈（如烧颈圈、松鼠鱼），一般使用整个鱼头或将其与鱼尾配合使用。它适合烧、烩、炖等烹调方法，可用于制作干锅鱼头、拆烩鲢鱼头、砂锅鱼头、鱼头烧粉皮等菜肴。

（2）中躯部包括脊背和腹部两档。中躯部肉多、刺多、骨少，适合炸、烧、熘、爆、炒、蒸等烹调方法，可用于制作菊花鱼、碧绿鳜鱼卷、红烧肚档、烧滑丝、抓炒鱼片、干烧中段等菜肴。

（3）尾部又称甩水，肉少骨多，一般与鱼头配合使用，适合烧、蒸、炖、焖等烹调方法，可用于制作葱油甩水、扇形鱼尾、烧头尾、孔雀鱼等菜肴。

三、整料出骨技术

整料出骨是指将整只原料中的全部骨骼或主要骨骼剔出，而仍然保持原料原有的完整形状。整料出骨具有良好的封闭性，不仅便于食用，而且便于菜肴的造型和滋味的融合。整料出骨是一项操作精细、难度较高的技术。

（一）整料出骨的要求

1. 选料精

整料出骨的原料必须选用健壮、大小适宜的家禽或鱼。例如，整料出骨的家禽必须是仔禽，体重在 1 250～1 750g。因为仔禽肉质细嫩、含水量较高，而且皮肤弹性强、韧性足，整料出骨时不易破损，加热时不易爆裂。整料出骨的鱼一般要求鱼身较厚实。

2. 初加工要严

用于整料出骨的原料，禽类在煺毛时必须控制好水温，不烫伤表皮；鱼类在刮鳞过程中不能伤及鱼皮，且不开膛剖腹，保证表皮完整。

3. 熟悉骨骼结构，下刀准确

整料出骨要熟悉原料的骨骼结构，根据烹调的要求有顺序地将骨骼剔出。下刀时要精确，严防骨骼带肉过多，造成浪费。

(二)整料出骨的作用

1. 便于造型,增加美观

整料出骨后的原料由于去除了坚硬的骨骼,成为柔软的状态,便于改变其形态,使其成为造型新颖、形态美观的精美佳肴,如葫芦鸭、清汤布袋鸡、鸭包鱼翅、三套鸭、双皮刀鱼、怀胎鲤鱼、三鲜脱骨鱼、八宝鳜鱼等菜肴。

2. 便于成熟、入味及食用

整料出骨后的原料由于去除了躯干骨,体积缩小,便于热能的快速传递,有利于调味品的渗透,促使原料更好地入味。同时,由于原料去除了躯干骨,人们更方便咀嚼和食用,也避免了食用时吐骨、吐刺的情况发生。

(三)整料出骨的步骤

1. 鸡的整料出骨步骤

(1)出颈椎骨(划破颈皮,斩断颈骨),如图2-9所示。顺颈椎骨与两肩之间竖划一刀(长3~4cm),分离颈椎骨与颈皮,从宰口处斩断颈椎骨和气管、食管,从肩颈的刀口处抽出颈椎骨。

图 2-9 出颈椎骨方法示意

(2)出翅膀肱骨。将颈皮向下翻剥,使肩关节裸露,并将翅膀肱骨从肩关节处断开,再划开骨膜,然后抽出翅膀肱骨。

(3)出躯干骨。①将颈肉和翅膀肉朝外向下翻剥,划开胸椎和锁骨腱膜,剥到鸡胸突起的龙骨前端,手指伸进龙骨突两侧将肌肉与骨分离。②断开龙骨突前上缘骨骼腱膜,将肉体剥落到双侧腿骨处,将两腿向上弯曲,使大腿肱骨脱离坐骨,再剥落到尾综骨处,并在尾综骨与尾椎的关节处断开,取出躯干骨。

(4)出腿骨。①在大腿的内侧剔开股骨的骨骼腱膜,抽出股骨。②在股骨与胫骨处剔开骨骼腱膜,再抽出胫骨至末端,将其斩断。

(5)复原。将全部骨骼或主要骨骼剔净后即可翻转,把鸡恢复原形,并检查表皮是否有破损,如小漏洞、刀口撕裂等。

2. 鱼的整料出骨步骤

(1)脊出骨。从鱼的背鳍两侧剖开鱼脊背,取出鳍骨与椎骨,用斜刀剔出肋骨或保留肋骨,如图2-10所示。

(2)颈出骨。①从鱼体的一侧颈圈处直切一刀,切断椎骨,在鱼体的肛门处(腹部后端)直切一刀,切断椎骨。②用出骨刀由颈圈进刀,沿胸肋肌肉贴骨向肛门处运行(如图2-11所示),剔开胸肋骨和椎骨,使骨骼与肌肉分离。③从肛门处进刀向颈圈运行,或从颈圈的另一面进刀,剔开另一侧骨骼,将全部骨骼从颈圈抽出。

颈出骨技术难度相当大,尤其是鲚鱼(又称刀鱼、凤尾鱼)的颈出骨难度更大。林苏门诗曰:"皮里锋芒肉里匀,精工搜剔在全身。"扬州名菜"双皮刀鱼"的加工就采用颈出骨的方法。

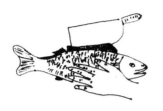
图2-10 脊出骨方法示意

图2-11 颈出骨方法示意

2.3 干货原料的涨发

> ▶ 微课学习指导
>
> 请在学习本节内容前观看微课2.3.1～2.3.4，对本节重、难点内容进行预习；课后再观看一遍微课，检查自己是否已经掌握本节的所有知识点。

干货原料简称干料，是中国烹饪又一个重要的原料来源，它不仅是中国烹饪的重要组成部分，而且是制作中国名菜不可缺少的原料之一。干货原料是为了运输、贮藏或某种风味的需要，采用各种干制方法，使新鲜的食材脱水而成的干制品。

干货原料一般可分为动物类干货原料和植物类干货原料两大类。常用的动物类干货原料有鲍鱼、鱼翅、海参、鱿鱼、鱼肚、干贝、燕窝、蹄筋、猪皮等，植物类干货原料有玉兰片、发菜、菌类、莲子、腐竹、金针菜、粉条等。这些干货原料因其细胞组织处于基本脱水状态（含水量一般在3%～25%），抑制了微生物的繁殖，不仅方便贮藏，而且形成了特殊的风味。

一、干货原料涨发的方法

（一）水发

用水作为助发溶剂，直接将干货原料浸润到膨胀、松软、柔嫩的涨发方法，统称为水发。根据涨发所用水的温度不同，水发又分为冷水涨发和热水涨发两种。

1. 冷水涨发

冷水涨发又称自然涨发，是指将干货原料用纯净水直接浸、漂，使其缓慢吸收水分，达到柔软、接近新鲜时的状态。冷水涨发适合植物类干货原料，如银耳、黄花菜、口蘑等。它也可用于动物类干货原料的预发，即通过冷水涨发促使动物类干货原料的表面回软，为后续的涨发工作做好准备；一些体小的动物类干货原料有时也可采用冷水涨发，如虾皮、海蜇等。此外，冷水涨发还是油发、碱发、盐发的辅助涨发手段。冷水涨发，一般夏季使用常温水，冬季使用温水（水温在60℃左右）。

冷水涨发常采用的加工方法有浸发和漂发。

（1）浸发就是把干货原料洗涤干净，放入冷水中直接浸泡，使干货原料充分吸收水分，恢复到软、嫩、脆等状态的过程。

（2）漂发就是将经过涨发后的干货原料放在清水中，同时用手或器物在水中搅动原料，利用水的对流性去除原料的异味和杂质。

2. 热水涨发

热水涨发是指将干货原料通过煮、焖、蒸、泡等方法，促使其体积膨胀，达到柔软或接近新鲜时的状态。热水涨发适用于动物类干货原料和少数植物类干货原料，如鱼翅、海参、鲍鱼、猴头菇、玉兰片等。上述干货原料不仅组织紧密、蛋白质含量高，而且干、硬、厚，采用冷水涨发难以达到要求，而热水涨发可提高水分子的渗透能力，具有涨发快、出品率高的特点。

热水涨发采用的加工方法有煮发、焖发、蒸发和泡发4种。

（1）煮发。将预发后的干货原料放入冷水锅内，把水加热到沸腾，并保持10~20分钟微沸，这一过程称为煮发。对体大质厚或特别坚韧的干货原料，必须采用反复煮发的方法，使干货原料外部和内部的水化程度达到平衡状态。应避免一次性长时间煮发，这样会导致原料外部水化程度过快，造成表面糜烂。

（2）焖发。将煮发后的干货原料放置在密闭容器中，保持一定温度，使热量持久地渗透到干货原料内部，达到温度平衡的要求，这一过程称为焖发。由于动物类干货原料大都具有腥臊气味，煮发后必须换开水焖发，这样可以使涨发后的干货原料具有良好的味感。

（3）蒸发。将预发后的干货原料装入容器内，添加鲜汤、葱姜和黄酒，放入蒸屉内加热促使其迅速膨胀回软，这一过程称为蒸发。蒸发一般适合体小、质薄、无味和带有鲜味的动物类干货原料，如干贝、虾子、乌鱼蛋等。蒸发能有效地保持干货原料的鲜味或增加干货原料的鲜味，并保持原料形态，避免原料破损。

（4）泡发。将预发后的干货原料装入容器内，用沸水进行浸泡，使其迅速膨胀回软，这一过程称为泡发。泡发一般适合植物类干货原料和体小的动物类干货原料，如粉条、腐竹、木耳、海米、虾皮等。干货原料在泡发时必须加盖，避免温度过快冷却，影响膨胀效果。

在涨发过程中，泡发称为"一次性涨发"，煮发、焖发和蒸发称为"反复多次涨发"。无论采用哪种涨发方式，都必须符合原料的特性，在涨发过程中避免油、盐、碱等物质的混入而影响涨发效果。特别在"反复多次涨发"中，某些原料需要煺沙、去肠、去骨和去残肉等，所以必须勤观察、勤换水，分质提取，最后浸漂干净。

（二）碱发

碱发是为了缩短涨发的时间，提高成品涨发率和涨发质量，在水溶液中添加适量的碱性物质，使坚硬的原料迅速膨胀回软，恢复原有状态的一种方法。

1. 碱发溶液的配制

碱发用的溶液一般有单一碱溶液和混合碱溶液两种。

（1）单一碱溶液的配制。单一碱溶液是由一种碱性溶剂配制而成，常用的有以下3种。

① 碳酸钠溶液。碳酸钠溶液的腐蚀性较弱，配制浓度为1%～10%，可用于燕菜和猴头菇等高档原料的提碱涨发。

② 氢氧化钠溶液。氢氧化钠溶液俗称烧碱、火碱，腐蚀性较强，配制浓度为0.4%～0.5%，可用于鱿鱼干、海螺干、墨鱼干等的涨发。

③ 生石灰水。生石灰水的碱性较强，但后劲不足，对干货原料粗厚外皮有腐蚀作用，一般仅用于海螺的单独涨发，在大多数情况下与其他弱碱性材料配合为混合溶液使用。

（2）混合碱溶液的配制。混合碱溶液是由两种碱性溶剂配制而成，常用的有热碱溶液。

热碱溶液的配制方法：在容器中加入200g氧化钙、500g碳酸钠，再加4 500mL沸水搅拌，溶解后再加4 500mL冷水搅匀，澄清后过滤，即为热碱溶液。该溶液可用于墨鱼干、鱿鱼干等的涨发。

2. 碱发的注意事项

（1）碱发必须根据季节和干货原料的形状、质地、硬度确定碱溶液的浓度和温度。一般来说，若碱溶液浓度高，则涨发时间短；若碱溶液浓度低，可提高水温，也可缩短涨发时间，但水温不宜超过60℃，否则碱溶液易使原料表面糜烂，严重影响涨发效果，并造成损失。

（2）碱发的关键是掌握好碱溶液的浓度、温度以及涨发时间和操作方法，稍有不慎，都将严重影响涨发的质量。如碱溶液浓度过低，干货原料会发不透；碱溶液浓度过高，腐蚀性太强，轻则造成原料腐烂，重则造成原料报废。

（3）在碱发过程中，应避免油、盐等物质的混入和使用不净的容器。油主要由脂肪构成，盐是电解质，碱发时若混入了这些物质，易产生化学反应，造成原料表面糜烂。

（三）油发

油发就是将干货原料放入油锅中，利用油的传热作用，促使原料膨胀，形成空洞结构的一种涨发方法。

油发的一般程序为：烘干→油焐→炸发→浸泡。

1. 烘干

干货原料由于贮藏或干制的原因，表面常带有灰尘和杂质，有的还可能受潮。涨发前必须将干货原料的表面用温水或碱水洗净，然后进行烘干处理（或干燥处理），使干货原料的含水量严格地控制在10%以下。

2. 油焐

将烘干后的干货原料同冷油一起加热，油温升至70℃左右时，原料收缩；油温升至110～115℃时，原料中的胶体呈半熔状态，具有弹性；保持110～115℃的油温，原料浸泡一段时间，直至符合炸发的要求。将干货原料置于恒温、多量的油中，这一过程称为油焐。

油焐的目的是折断肽键之间的联系键，破坏胶原的螺旋状结构，使胶原结晶区域"熔化"而收缩，具有弹力和足够的张力，为原料的炸发奠定基础。油焐不彻底，会阻碍炸发，影响成品涨发率。油焐的时间则根据原料而定。一般要求油焐后的原料应具有弹性，手捏有空松感，目测有白色条丝或呈透明状。

3. 炸发

炸发是将油焐后的原料投入180～210℃的热油锅内，使之骤然受热产生爆发式气化膨松现象。炸发的时间可根据原料而定，一般要求炸发后的原料重量变轻，色泽呈浅黄色或金黄色，体态饱满膨松，质地酥脆，空洞结构分布均匀。

4. 浸泡

原料经炸发后只是半成品，还需要放入温水中浸泡使之吸水回软，回软后再加入适量纯碱，去除原料表面的油脂。原料经过两三次碱水漂洗，再放入清水中浸泡，使空洞组织结构中的毛细组织吸收水分，达到柔软、松嫩的状态。一般要求浸泡后的原料应色泽洁白或浅黄，质地柔软、松嫩，呈富有弹性的海绵状。

（四）盐发

盐发就是将干货原料放入加热的多量盐粒中，通过盐粒的翻炒、焐焖使原料受热，逐渐膨松变大的一种涨发方法。

盐发的一般程序为：预热→焐焖→炒发→浸泡。

1. 预热

将盐粒翻炒加热，使盐中的水分充分蒸发，然后将盐粒的温度保持在100℃左右。

2. 焐焖

焐焖是按1:5的比例，将干货原料焐焖在盐粒中。由于盐粒完全脱水且具有较高的热能，所以可以较快的速度破坏原料体内维系蛋白质空间结构的键链。将原料翻匀受热后，即用小火保温焐制，至原料重量减轻且质地干脆，即可炒发。

3. 炒发

焐焖使盐粒与干货原料的温度基本达到平衡，加热炒发可促使干货原料中的结构水充分汽化，原料体积逐渐膨胀，原料中的胶原纤维彻底变性。

4. 浸泡

炒发后的原料半成品，需用清水浸泡回软，回软后用清水冲洗掉原料表面的杂质，再放入清水中浸泡，使其充分吸收水分。

（五）火发

火发就是通过直接加热或间接加热的方法，把原料表面的僵皮、毛、鳞、角等物焦化，为水发做好准备的一种涨发方法。火发实际上是一种预发加工法，并不能直接使干活原料膨胀，适用于一些具有粗糙外皮的原料水发前的加工。火发的程序有烧烤和刮或剥两种。

1. 烧烤

某些特殊的干货原料（如乌皱辐肛参、岩参、犴鼻等），因外皮坚硬或带毛、鳞、角等，不宜直接水发，可先采用烧烤的方法进行处理。由于干货原料品种不同，火发程序中的烧烤一般可分为直接烧烤和间接烧烤（泥包烧烤）。乌皱辐肛参、岩参等原料可直接烧烤，犴鼻等带毛原料可间接烧烤。

2. 刮或剥

干货原料若采用直接烧烤，则用刮的方法将烧焦的僵皮刮净；若采用间接烧烤，则用剥的方法将泥与毛等物剥落。然后将原料洗涤干净，再采用水发的方式进行涨发。

(六) 混合涨发

混合涨发是使用两种以上不同性质的介质，对一种干货原料进行涨发。目前，混合涨发主要有以下两种方法：

第一种方法：将干货原料洗净烘干，投入180℃的油锅内，炸至原料表面起泡、内部仍为僵硬状时捞出；再投入3‰当量浓度的碱溶液中，水温保持在60℃，涨发4小时左右，待原料基本涨发后捞出；洗净原料表面的碱溶液，再将其放入冷水锅中加热，保持80~85℃焖发2小时左右，至原料松软，取出浸泡在清水中待用。

第二种方法：将干货原料洗净烘干，直接放入凉油中加热，保持110℃左右油温焐焖约30分钟，至原料收缩周围有小气泡捞出；将原料投入冷水锅中加热煮沸，并保持微沸状态40分钟左右，待原料有弹性后捞出；将原料放入5‰当量浓度的碱溶液中，水温保持在50℃左右，涨发6小时，至原料基本涨发后捞出，并洗净碱溶液；再将原料放入冷水锅中加热，保持80℃焖发4小时，待原料呈松软状捞出，浸泡在清水中待用。

二、常见干货原料涨发的加工实例

(一) 菌类

1. 木耳、银耳

以木耳为例。将干木耳用清水冲洗干净，放入15~25℃的冷水中长时间浸泡，使干木耳缓慢地吸收水分。待木耳涨透，去除杂质，摘去耳根，再用清水反复漂洗，即可用凉水浸泡待用。如急用，可用温热水涨发，但涨发出来的木耳绵软发黏，且涨发率低，不易存放。

2. 香菇、花菇、冬菇、毛菇、草菇、口蘑、牛肝菌

以香菇为例。将干香菇表面的浮灰和杂质擦净或用清水冲洗干净，然后把香菇倒入70~80℃的热水中焖2小时左右，待水温冷却，用手在水中循着一个方向搅

拌，使菌褶中的泥沙落下。将香菇控干水分，用凉水浸泡待用。

焖香菇的原汤汁可滤出泥沙后留用。此物味鲜，可用于烹饪调味。

3. 猴头菇、竹荪、松蓉菌、羊肚菌

以猴头菇为例。将干猴头菇用温水或冷水冲洗干净，再用温水浸泡 24 小时，待其基本回软后，去掉根部和杂质，洗净后放入开水锅内煮焖或蒸制；待猴头菇基本复原，控干水分装盘，加入鲜汤、葱姜、黄酒、精盐和猪板油蒸制 1 小时左右；待猴头菇入味呈松软状，即可捞出；将原汤滤出杂质，再把猴头菇浸泡在原汤中待用。

4. 发菜

发菜的杂质较多，涨发时应先择去较明显的杂质，再用开水浸泡。发菜涨发后，用温水漂洗，边洗边拣去杂质，然后再用凉水浸泡待用。

(二) 笋类

1. 玉兰片

将玉兰片用清水冲洗干净，用温水浸泡回软后切成片状，放入盆内加热水浸泡至水变温凉后再换热水继续浸泡，反复浸泡 3～4 次，待玉兰片涨足发透，再用冷水浸泡待用。

2. 笋干、黄笋干、板笋

以笋干为例。将笋干洗净后用清水浸泡 12 小时左右，再用 90℃热水浸泡 6 小时左右，待笋干表面基本回软，将其放入冷水锅中煮沸并保持微沸约 20 分钟，然后离火自然冷却；再将笋干放入冷水锅中煮焖 10 分钟，捞出后放入淘米水中浸泡 12 小时，然后连淘米水一起煮 10 分钟，反复 2～3 次，待笋干无硬心后将其放入清水中浸泡 4 小时，洗净后用凉水浸泡待用。

(三) 海味类

1. 鱿鱼干、墨鱼干、章鱼干

以鱿鱼干为例。

(1) 碱水发。将鱿鱼干洗净后用水浸泡 3～5 小时（夏冷水、冬温水），待鱿鱼基本回软，放入混合碱溶液中浸泡 4～6 小时；待鱿鱼基本恢复原有形态并富有弹性时捞出，用清水反复冲洗，去净鱿鱼表面碱溶液；再将鱿鱼放入清水中浸泡 10～12 小时，使鱿鱼体内的碱溶液去除干净，待其体积膨胀，呈结实而富有弹性的透明状，漂洗干净，放入清水中浸泡待用。

(2) 碱面发。将鱿鱼干用冷水浸泡回软，撕下明骨、血膜和头足，改刀成形，用碱面拌匀装盘，静置 8 小时后即可使用，如不马上用可放阴凉干燥处存放 7～15 天，随用随取。使用时，用开水烫泡鱿鱼干，待其缩卷时盖上盖，焖至水凉，然后将碱水倒出一半，再倒入等量的开水焖至鱿鱼干完全膨胀，将鱿鱼分质存放于清水中浸泡待用。用此法涨发的鱿鱼不宜久存。

2. 海米（虾米）

将海米用冷水洗净，再用温水或冷水泡透。如急用，可将海米放入小碗内，加水没过原料，再加葱、姜和黄酒，上笼屉蒸至海米松软，自然冷却后即可使用。一般可将海米保存在原汤里。

3. 虾子、蟹子

将虾子（或蟹子）用冷水漂洗干净，过滤掉泥沙，放入小碗内；加水没过原料，放入葱、姜和黄酒，上屉蒸熟即可使用。一般将虾子（或蟹子）保存在原汤里。

(四) 其他类

1. 腐竹

将干腐竹放入容器中加入冷水或温水（冬季），浸泡2～4小时，待腐竹回软涨透，再用水冲洗干净并挤出水分待用。

2. 莲子

将干莲子放入开水锅中，然后加食用碱（每500g干莲子加约25g食用碱），用竹丝帚不停地在锅中搓莲子的红皮衣，待水呈红色时，将莲子倒入另一开水锅中，仍不停地用竹丝帚搓莲子直至搓尽红皮衣（中间需换2～3次开水）。然后用热水浸泡莲子，之后捅出莲心，换水后将莲子入笼屉蒸20分钟左右取出，换水浸泡待用。

3. 白果

白果有两种涨发方法。

（1）水发。将白果冲洗干净，将其外壳砸裂，然后放入冷水锅煮熟，剥去硬壳和果衣。将果仁洗净，放入容器内加沸水浸泡后待用。

（2）油发。将白果硬壳除去，洗净晾干后放入温油内氽炸，并用手勺在油锅中不停地搅动，待果衣去尽，捞出白果沥净余油待用。用此法涨发的果仁色泽淡绿宜人。

三、名贵干货原料涨发的加工实例

(一) 山珍类

1. 蛤士蟆

用温水洗去蛤士蟆的杂质，然后用温开水将蛤士蟆浸泡4小时左右，待其表层回软，择净表面黑膜，洗净后放入容器内，加清水上笼屉蒸制；蒸至蛤士蟆膨胀，恢复柔软状态时取出，自然冷却后即可使用。①

2. 鹿筋、鹿鞭、鹿尾

鹿筋、鹿鞭有干、鲜之分。涨发干料时，应先用酒精灯将干鹿鞭（干鹿筋不用）表面的残毛燎净，将干鹿筋、干鹿鞭清洗后用冷水浸泡12～24小时，待其回软后放入大锅中煮焖，保持微开2小时左右，煮到软熟后捞出；在温水中去除残肉和皮膜（鹿鞭用剪刀或小刀破开尿道，刮净尿道内的一层皮膜），再用温水将其洗净，放入

---

① 餐饮业使用的蛤士蟆通常是指雌性蛙的卵巢、输卵管等干制品，又称蛤士蟆油，而不是指整只蛤士蟆。——编者

容器内加葱、姜、黄酒等蒸制 2 小时左右，蒸至无硬心后捞出，用凉水冲洗，存放时用冷水浸泡即可。涨发鲜鹿筋、鹿鞭时，只要洗净后直接放入冷水锅中焖煮，熟软后去掉残肉和皮膜，洗净后加葱、姜、黄酒等蒸至柔软即可。

鹿尾的干料涨发，可先用清水洗净表面杂质，再用冷水浸泡至回软；回软后用猪网油或菜叶将其包裹起来，然后装盘用小火干蒸；需反复蒸几次，待鹿尾彻底回软，放入砂锅内加鲜汤、葱、姜、黄酒等，用小火煨制到柔软状态，即可使用（如不马上使用，可浸泡在原汤中）。

4. 犴鼻

犴鼻有干、鲜之分。干犴鼻一般需用冷水浸泡 36 小时，鲜犴鼻用冷水浸泡 12 小时，然后放入温碱水中刷洗，刷洗干净后放入锅中煮沸，并保持微沸 4~6 小时；然后将毛根和表面黑皮扯掉，放入温水中拔毛，毛拔净后用冷水冲洗干净，去除鼻中软骨，再洗净装盘，加鲜汤、葱、姜、黄酒和调味品等反复蒸几次，待犴鼻无异味后，自然冷却待用。

> **知识链接**
>
> **珍稀菌菇——松露菌和松茸菌**
>
> 松露菌主要产自意大利、法国，是一种生长在橡树、松树、榛树等须根部附近的泥土下、一年生的天然真菌类植物，其中以白松露、黑松露最为珍贵。白松露较黑松露少，故价格高于黑松露，多用于西餐的制作，以生食为多。
>
> 松茸菌是一种纯天然的珍稀名贵食用菌，多产于我国云南及长白山等地，出口居多。松茸菌菇体肥大，肉质细腻，香味浓郁，富含蛋白质、多种氨基酸、不饱和脂肪酸、核酸衍生物及肽类物质、稀有元素等。在美食纪录片《舌尖上的中国》第一季第一集《自然的馈赠》中，首先介绍的食品就是松茸菌。

（二）海味类

1. 鱼翅类

（1）黄肉翅、群翅、白沙翅。用剪刀剪去鱼翅的边缘，将鱼翅洗净后放入大水锅内浸泡 12 小时，换水后用小火加热煮焖 1~2 小时，待鱼翅表面沙粒突起，将鱼翅捞出放温水盆内，去净鱼翅表层沙粒和黑皮；切下翅根，洗净后用小火煮焖 4~5 小时，待水温下降后去除残肉和翅骨，反复冲洗；然后换开水浸泡 12 小时，待鱼翅回软收缩、去除腥味即可使用。另外，也可将上述鱼翅装盘加葱、姜、黄酒和鲜汤，上笼屉蒸 2 小时左右，待鱼翅糯软后分质提取，分别浸泡在清水中待用。

（2）杂翅（青翅、小翅）。用剪刀剪去鱼翅边缘，洗净后放入大水锅内，用 85~90℃ 的热水浸泡（中间可换两次水）约 2~3 小时。待鱼翅表面沙粒突起，去净鱼翅表面的沙粒和黑皮，清水冲洗后去净翅根和残肉，分质装锅加水煮焖 3~4 小时，待鱼翅糯软，捞出分别浸泡于清水中待用。

（3）散翅或翅饼。用清水将其冲洗干净，用纱布包裹或直接装盘，加葱、姜、黄酒、鲜汤和调味品蒸制 2 小时左右，待散翅或翅饼糯软入味、自然冷却后即可使用。

2. 海参

(1) 刺参。将干刺参先用冷水冲洗干净，然后用冷水或温水（冬季）浸泡12小时左右；然后将浸泡过的刺参放入水锅中煮焖20分钟左右（保持微沸），捞出装盘，再倒入开水中浸泡10~12小时；待刺参回软，剖腹去掉内脏和腔膜，洗净后放入锅中再加水煮焖15~20分钟（保持微沸），捞出装盘，再倒入开水浸泡12小时左右，然后反复煮焖4~6次（需2~3天）；待刺参富有弹性、柔软滑软，捞出用冷水浸泡待用。可每天换水2~3次，或将刺参放入冰箱（约0℃）中保存。

(2) 乌皱参。将干乌皱参先用火烧至表层焦脆，用小刀刮净焦皮，洗净后放入冷水中浸泡12小时左右；将乌皱参放入水锅中煮焖20分钟左右，然后浸泡10~12小时，待乌皱参回软后，剖腹去掉内脏和腔膜，洗净后再煮焖20分钟左右（保持微沸）；捞出装盘，再倒入开水浸泡12小时左右，反复多次，待乌皱参柔软、富有弹性时，即可捞出用冷水浸泡待用。

(3) 梅花参。将梅花参表面洗刷干净，用冷水或温水（冬季）浸泡12~24小时，然后上火煮焖20分钟左右，倒出脏水加入开水浸泡10~12小时；待梅花参基本回软，剖腹去掉内脏和腔膜，洗净后装盘加水（或鲜汤）反复蒸制（或煮制）；待梅花参柔嫩、富有弹性，即可使用。一般鲜汤煮的梅花参必须当天使用，不易保存，但能增加梅花参的滋味，去掉涩、苦等异味。

3. 鱼肚

(1) 油发。将整块干鱼肚用温水洗涤干净后晾干，放入温油锅内浸软后切成小块。将鱼肚块放入油锅中加热（油温110~115℃），并经常翻动鱼肚，使其受热均匀；待鱼肚表面出现气泡后温焖一段时间，使其内外温度基本相等。继续加热促使鱼肚迅速膨胀（或等油温上升到180~210℃再投入鱼肚，促使鱼肚快速膨胀），待鱼肚完全膨胀后，再保持恒温一段时间，当用手勺敲打鱼肚声音松脆或用筷子插入鱼肚无阻碍时，表明鱼肚已发透。捞出鱼肚用温水浸泡回软，再用热水加食用碱洗净鱼肚表面油脂，最后用温水漂洗多次，待鱼肚表面无碱味和油腻感后，放入清水中浸泡待用。

(2) 水发。将干鱼肚用冷水浸泡至回软，将其放入冷水锅中煮焖（保持微沸10~20分钟）；捞出鱼肚放入米汤中浸泡，再反复多次煮焖，待鱼肚富有弹性、呈白色且无硬心时捞出，洗净后用清水浸泡待用。水发鱼肚一般用于扒类菜肴，如"白扒广肚""乌龙扒广肚"等。

4. 鲍鱼

将干鲍鱼先用温水或冷水浸泡12小时，换水后反复搓洗，然后放入锅中泡一昼夜（锅底应放两三个竹箅子，水要宽）。待鲍鱼发软，即其边缘容易撕下时，放入温水盆中（原汤留用，去掉鲍鱼的边和嘴），再洗一遍放原汤中继续煮，直到煮透能用为止。鲍鱼发好，待汤冷却后，连汤一起放入冰箱保存。

5. 瑶柱

将干瑶柱用冷水洗净，去除瑶柱边角的老筋后装入容器内，加入葱、姜、黄酒，再加水浸没瑶柱，上笼屉蒸约 2 小时至瑶柱松软，然后取出，原汤滤去杂质留用。对瑶柱进行逐粒检查，保证无沙无杂质，再将原汤徐徐倒入浸没瑶柱，保存待用。

6. 鱼皮

将干鱼皮放入温水锅内用微火煮焖，待鱼皮表面的沙质软化后离火。待水温下降后，用手搓掉鱼皮表面的沙粒，刮净黑膜，将其洗净；再用宽水将鱼皮进行焖煮，煮到鱼皮发软时离火；然后在温水中轻轻剪掉鱼皮的残肉和边，洗净后用宽水将其煮透（原汤自然冷却）；最后用清水冲洗鱼皮，漂去腥味后，将鱼皮浸泡在清水中待用。

2.4 刀具、刀工与刀法

▶ 微课学习指导

请在学习本节内容前观看微课 2.4.1~2.4.4，对本节重、难点内容进行预习；课后再观看一遍微课，检查自己是否已经掌握本节的所有知识点。

一、刀具的种类

为了适应不同种类原料的加工要求，就必须掌握各种刀具的性能与用途，并选择相应的刀具，保证切割的方便性和实用性。常用的刀具有切刀、片刀、砍刀、专用刀四种。

1. 切刀

切刀一般呈长方形，刀身上厚下薄，刀口锋利，使用方便灵活，具有前批、后剁、中间切的特点。切刀适用于切片、条、丝、丁、粒等形状，刀后部也可用于加工带小骨的原料，如剁鸡块、斩鱼段等。在不同的地区，切刀的名称和形状也略有区别。例如，广州地区使用的直方刀，刀身呈长方形；杭州地区使用的弧形方刀，刀刃部分略带有弧度；上海地区使用的是前圆刀；北京地区使用的是后圆刀，如图 2-12 所示。

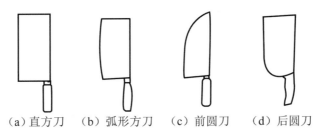

（a）直方刀　（b）弧形方刀　（c）前圆刀　（d）后圆刀

图 2-12　不同地区切刀的名称和形状

2. 片刀

片刀又称批刀，分为大片刀和小片刀，如图 2-13 所示。大片刀适用于切片、丝、丁、条、块等，加工冷菜熟制品、制作花式拼盘时多使用大片刀。小片刀的刀身较窄、较轻便，刀刃较长，刀口锋利，多用于片烤鸭、生鱼片等。

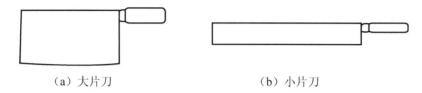

(a) 大片刀　　　　　　　　(b) 小片刀

图 2-13　片刀

3. 砍刀

砍刀又称劈刀、斩刀，刀形较大、分量重、刀背厚，适用于砍、斩带骨或冷冻的大型原料，如图 2-14 所示。砍刀一般有两种：一种为大砍刀，形状与方刀相似；另一种为前圆砍刀，也叫斩刀，比大砍刀轻便，常用于斩鸡块、剁排骨。

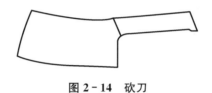

图 2-14　砍刀

4. 专用刀

专用刀是指针对某种工作需要而特制的一种刀具，如手切羊肉刀、小刻花刀等。常见刀具的特点和主要用途如表 2-1 所示。

表 2-1　常见刀具的特点和主要用途

名　　称	特　　点	主要用途
切刀	刀口锋利，重量适中，用途广泛	适用于加工片、条、丝、丁、粒等，以及加工带小骨和质地较硬的原料
大片刀	刀刃平直，刀口锋利，体薄轻巧	适用于加工冷菜熟制品、制作花式拼盘，以及切片、丝、丁、条、块等
小片刀	刀身较窄，刀刃较长，刀口锋利	多用于片烤鸭、生鱼片等
砍刀	刀身较重，背厚、膛厚	适用于加工带骨原料、体积较大和坚硬的原料
专用刀	针对某种工作需要而特制的一种刀具	适用于刻花、剔骨头、切羊肉片等

知识链接

刀具的保养

要根据原料的软硬程度选择合适的刀具进行加工。

刀具在使用后必须及时清除刀面的残物，擦干后将其放置在干燥的通风处。若加工了含盐、酸、碱等物质的原料，刀具必须用热水清洗干净，擦干后放置在干燥的通风处，避免因潮湿而生锈。

刀具如要长期存放，使用后要清洗擦干，涂抹上一层油脂，以防其生锈。

为了保证刀具的锋利程度，应经常磨刀，要灵活运用平磨、翘磨和平翘结合磨的技法，使刀口常保锋利。专业人士的刀具要经常保持平整锋利，并做到天天磨、时时亮。在磨刀时，无论是采用竖磨还是横磨，永远是按照自左向右的方向挺进。刀具在出厂时和磨刀后的刀锋截面，如图 2-15 所示。

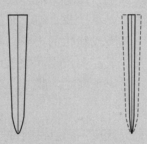

(a) 出厂时的刀锋截面　(b) 磨刀后的刀锋截面

图 2-15　刀锋截面

二、刀工的含义与要求

(一) 含义

刀工是指按照食用和烹调的要求，使用不同的刀具，运用不同的刀法，将烹饪原料或半成品原料切割成各种不同形状的一项操作技术。烹饪原料品种繁多、性质各异、形状较大，大部分不能直接用来烹调，所以必须根据食用和烹调的要求，将原料切割成形状大小一致、厚薄均匀的小型形态，更有利于烹调和食用。因此，刀工的目的就是对完整或大型的原料进行分解切割，使之成为配菜所需的基本形状，便于烹调、食用。

随着人们生活水平的提高和烹饪技术的不断发展，大家对刀工的要求已不局限于改变原料的基本形状，而是希望看到形态美观、精致典雅的菜品。因此，刀工成为中国烹饪最为重要的技术之一，同时也是衡量厨师技术水平的一项重要指标。

(二) 要求

1. 必须掌握原料特性

烹饪原料的种类繁多，在分解切割原料时，必须了解加工对象的特性，并根据其不同部位的质地，采取不同的加工处理手段。例如，猪里脊肉结缔组织少、肉纤维细、含水量较多，相对来说肉质细嫩，一般可采取顺纤维切割的方法加工成肉丝；而猪坐臀肉相对来说结缔组织较多、肉纤维较粗、含水量较少，肉的质地较猪里脊肉要老，因此多采用斜切或顶丝切的方法加工成丝、片，这样烹制出来的菜肴才能保持口感软嫩。

2. 必须整齐划一、清爽利落

经刀工处理后的原料，其形状要均匀一致，不能出现"藕断丝连"的现象。这样处理有利于后续的加热和调味，以及菜肴形状的美观，可避免菜肴出现生熟不均、老嫩不均、滋味渗透不均的现象。

3. 必须与烹调方法相适应

在对原料进行刀工处理时，必须根据烹调方法的特性或特点，将原料切割成相适应的形状。例如，炒、熘、炸、烹、爆等烹调方法一般使用的是旺火，加热时间短、成菜快，因此原料的形状一定要小、薄、细，而且要大小一致，不然成品就不容易成熟或达不到软嫩、滑嫩、鲜嫩或脆嫩的要求。再如，炖、焖、煨等烹调方法一般使用的是文火，加热时间长，成品要求形状完整、酥烂入味等，因此原料的形状一定要大、厚、粗，不然就容易出现碎烂、散形等现象，严重影响成品的质量。

4. 必须合理用料、物尽其用

在进行刀工处理时，必须充分认识不同原料的特点，做到大材大用、小材小用，边角余料综合利用，达到物尽其用的目的。例如，烹饪行业一般不使用猪板筋，但在加工猪里脊肉时，如果将猪板筋处理干净，再切成丝状，就可以与芹菜段、青椒丝等原料一起制作成板筋炝芹菜、板筋炝青椒等冷菜。

磨 刀 石

磨刀石主要有粗磨刀石和细磨刀石两种。粗磨刀石质地粗糙、摩擦力大，多用于给新刀开刃或磨有缺口的刀。刀经粗磨刀石磨后，再转用细磨刀石磨。细磨刀石颗粒细腻、硬度适中，便于出锋。现在人们常采用由金刚砂合成的油石作为粗磨刀石，先将刀在油石上研磨，然后在细腻的人造青砖上打磨出锋。

三、刀法的种类

刀法是指使用刀具对原料进行切割的具体方法。根据刀刃与原料、砧板的接触角度不同，刀法可分为直刀法、平刀法、斜刀法、其他刀法和混合刀法五大类。

（一）直刀法

直刀法是指刀刃与原料、砧板呈垂直角度的一类刀法。根据用力大小的不同，直刀法可分为切、剁、砍三种。

1. 切

切是指使用刀刃对原料进行垂直切割的一种刀法。由于用力的方向不同，切又可分为直切、推切、拉切、锯切、铡切、滚料切六种，如图 2-16 所示。

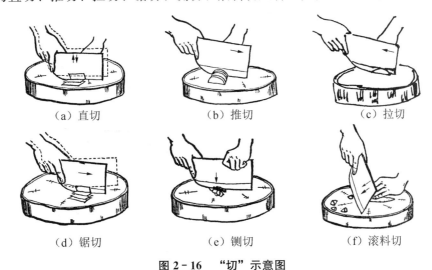

（a）直切　　　　　（b）推切　　　　　（c）拉切

（d）锯切　　　　　（e）铡切　　　　　（f）滚料切

图 2-16　"切"示意图

（1）直切。直切是指刀垂直上下运动的一种刀法，它适用于质地脆嫩的植物原料，如莴笋、茭白、卷心菜等。直切时下刀要垂直，左手按住原料不断地等距后退，右手持刀，运用腕力上下运动，连续、迅速地向左跳跃式切割原料，故直切又称跳切。

（2）推切。推切是指运用刀具向前的推力切断原料的一种刀法，它适用于质地稍硬、无骨的动植物原料，如香肠、土豆等。推切时，刀由后向前推动，由刀刃后端断开原料。一般视原料厚薄和质地状况决定推力的大小。

（3）拉切。拉切是运用刀具向内的拉力切断原料的一种刀法，它适用于质嫩、无骨的动物类原料，如鸡脯肉、猪肉、猪肝等。拉切时，刀由前向后拉动，由刀刃前端断开原料。一般视原料厚薄和质地状况决定拉力的大小。

（4）锯切。锯切是指用力较轻，靠刀刃来回、多次运动切断原料的一种刀法，它适用于质地松软、易碎的动物类原料，如熟白肉、熟火腿等。锯切时，刀的着力点轻，好像锯木头一样，故称"锯切"。

（5）铡切。铡切是指刀具垂直向下，用重力断开原料的一种刀法，它适用于质地较老或难以固定的原料（如活的水产品）。铡切可分为交替铡切、击掌铡切和刀跟铡切。

①交替铡切。交替铡切是指左手握住刀背前端，右手握住刀柄，两手交替垂直用力将原料切碎。此刀法可用于切花椒末、花生碎等。

②击掌铡切。击掌铡切是指右手握刀，刀刃垂直放在需分割的部位，然后用左手掌根用力击打刀背，将原料切断。此刀法可用于切老鸭等质地较老的原料。

③刀跟铡切。刀跟铡切是指左手握住刀背前端，刀尖抵在砧板上，刀刃凌空，右手下压刀后端，将原料切碎。此刀法可用于切干辣椒、梭子蟹等。

（6）滚料切。滚料切是指左手握住原料，并按照原料成形的规格要求滚动原料，刀刃垂直将原料断开的一种刀法。它适用于质地脆嫩、软嫩，体积较小的圆形或圆柱形的动植物类原料，如香肠、莴笋、茄子等。经滚料切加工好的原料一般被称为"滚刀块"。

2. 剁

剁是指刀刃垂直向下，小臂用力，迅速击断原料的一种刀法。根据用力状况的不同，剁一般可分为直剁和排剁两种方法，如图 2-17 所示。

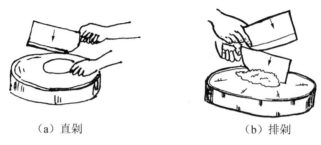

（a）直剁　　　　　　　　　（b）排剁

图 2-17　"剁"示意图

（1）直剁。直剁是指左手按稳原料，右手持刀对准原料需断开的部位，小臂猛地向下用力，断开原料的一种刀法。它适用于带骨和质地较坚硬的动物类原料，如鸡翅膀、猪肋骨、整鱼、大块肉等。采用直剁的原料不宜太大，带大骨和坚硬的原料不宜使用此刀法。

（2）排剁。排剁是指单手或双手持刀，有节奏、连续地上下运刀的一种刀法。此刀法适用于质地软嫩、无骨的动植物原料，如净鱼肉、净鸡肉、净猪肉或焯过的蔬菜等。排剁时，举刀不易过高，用力不易过大，一般中途需要调换排剁方向，并上下翻动原料，便于原料被快速剁碎。

3. 砍

砍是指手握刀具，刀刃垂直向下，然后手臂上扬，猛力击断原料的一种刀法。根据用力形式的不同，砍一般可分为直砍和跟刀砍两种，如图 2-18 所示。

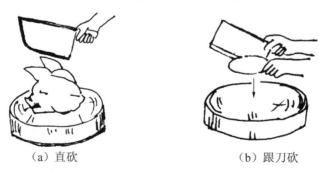

（a）直砍　　　　　　　　　（b）跟刀砍

图 2-18　"砍"示意图

（1）直砍。直砍是指将刀刃对准原料断开处，向下猛地用力，将原料断开的一种刀法（如同劈柴，故某些地区又将直砍称为"劈"）。此刀法适用于形状大、质地坚硬和带骨的动物类原料，如猪头、大排骨等。直砍时原料要放置平稳，一刀无法砍断的原料，可对准断开部位连续运刀直至断开。

(2) 跟刀砍。跟刀砍是指刀刃对准原料，先轻轻砍一刀，让刀刃嵌在原料中，然后左手拿稳原料，右手持刀，左右手共同举起向下用力，将原料断开的一种刀法。此刀法适用于带骨的动物类原料，如整鸡、鱼头等。原料需对剖平分的，多采用跟刀砍。

(二) 平刀法

平刀法的刀刃与原料和砧板是平行的。根据用力方向的不同，平刀法可分为推刀片、拉刀片、平刀片和抖刀片四种，如图 2-19 所示。

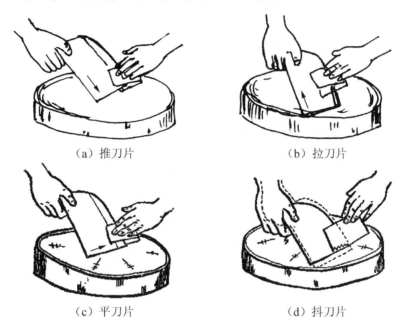

(a) 推刀片　　　　　　　　(b) 拉刀片

(c) 平刀片　　　　　　　　(d) 抖刀片

图 2-19　平刀法示意图

(1) 推刀片。推刀片又称推刀批，是指刀面与砧板平行，在原料的右侧落刀，然后向左侧推进的一种刀法。此刀法适用于形状小、质地脆嫩的动植物类原料，如熟猪耳、熟猪肚、冬笋、莴笋等。一般用刀的前部落刀，用刀的后部断开原料。

(2) 拉刀片。拉刀片又称拉刀批，是指刀面与墩面平行，在原料的右侧落刀，然后向左侧拉回的一种刀法。此刀法适用于质嫩、无骨、形状小的动植物原料，如鸡脯肉、猪里脊肉、猪材料肉、豆腐干等。一般用刀的后部落刀，用刀的前部断开原料。

(3) 平刀片。平刀片又称平刀批，是指刀面与墩面平行，在原料的右侧落刀，然后向左侧平行、缓慢地进刀的一种刀法。此刀法适用于质地软嫩、易碎散的动植物原料，如豆腐、香豆腐干、血块等。一般用刀的中部落刀，然后平行推进断开原料。

(4) 抖刀片。抖刀片又称抖刀批，是指刀面与墩面平行，在原料的右侧落刀，然后向左侧上下晃动推进的一种刀法。此刀法适用于质地软嫩或柔软细嫩的动物类原料，如腰子、皮冻、午餐肉、西式火腿等。一般用刀的中部落刀，上下晃动刀刃，使原料表面呈波浪状,然后推进断开原料。

(三) 斜刀法

斜刀法是指刀面与原料和砧板呈一定的角度,用力断开原料的一种刀法。根据用力方向的不同,斜刀法一般可分为斜刀片和反斜刀片两种,如图 2-20 所示。

(a) 斜刀片

(b) 反斜刀片

图 2-20 斜刀法示意图

(1) 斜刀片。斜刀片又称斜刀批,是指刀面朝内倾斜,刀刃朝内,左手按住原料,右手持刀与墩面呈一定角度,由外往里拉的一种刀法。此刀法适用于无骨、质嫩、脆嫩的动植物类原料,如鸡脯肉、腰子、鱼肉、熟猪肚、大白菜叶、油菜叶等。

(2) 反斜刀片。反斜刀片又称反斜刀批,是指刀面朝外倾斜,刀刃朝外,左手按住原料,右手持刀与墩面呈一定角度,由里向外推的一种刀法。此刀法适用于质地脆嫩的动植物类原料,如芹菜、玉兰片、腰子、熟肚等。

(四) 其他刀法

除了上述三种主要刀法外,在烹调中常用的刀法还有削、旋、剔、刮、拍、排、起、敲等,如图 2-21 所示。

(1) 削。削是指左手拿稳原料,右手持刀,去除原料表皮的一种刀法。根据用力方向的不同,削一般可分为斜刀削和反刀削两种。斜刀削是刀刃朝内,常用于去除茄子皮、黄瓜皮的一种方法。斜刀削一般使用片刀,用拇指紧压刀身,使刀具与原料形成一定角度,然后如削苹果一般,将原料表皮削去。反刀削是刀刃朝外,常用于去除土豆皮、萝卜皮的一种方法。

(2) 旋。旋是指左手拿稳或按稳原料,右手持刀从原料右端进刀,一边转动原料,一边推进刀具,去除原料表皮的一种刀法。根据使用情况不同,旋一般分为墩上旋和手中旋两种。此刀法适用于质地脆嫩、圆柱形的植物类原料,如鲁菜中的炝瓜皮,就是采用旋的方法加工黄瓜,使黄瓜皮呈一定厚度的大片状,再改刀使黄瓜皮变为三角片或菱形片。

(3) 剔。剔是指左手按稳原料,右手持刀,利用刀刃前端去除骨骼的一种刀法。此刀法适用于加工动物类原料,如鸡腿、鸡翅、猪蹄膀和鱼的出骨等。

(4) 刮。刮是指左手按稳原料,右手持刀,利用刀刃的滑动来分离原料的一种刀法。根据用力方向的不同，刮一般可分为顺刮和逆刮两种。此刀法适用于加工动物类原料，如刮鱼鳞、刮鱼蓉和鸡蓉等。

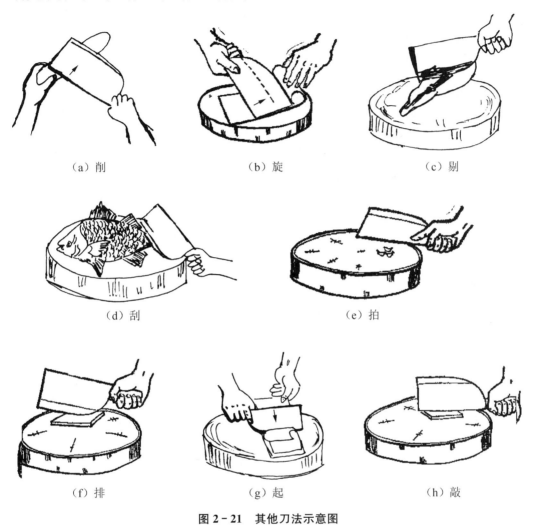

图 2-21 其他刀法示意图

（5）拍。拍是指将原料放置在砧板上，右手持刀，将刀身与砧板平行后用力拍砸原料，使其变薄或变碎的一种刀法。此刀法适用于加工无骨的动植物类原料，如拍姜块、拍猪排等。

（6）排。排是指左手按稳原料，右手持刀，将刀刃在原料上有顺序地进行垂直运动，使原料表面疏松而不断开原料的一种刀法。此刀法适用于加工无骨质嫩的动物类原料，如制作炸百花大虾、酱爆肉丁等均会使用排的刀法。

（7）起。起是指左手拿住原料一角，右手持刀，切至一定深度，刀刃朝外用力，将原料分离的一种刀法。此刀法适用于猪肉、鱼肉的去皮等。

（8）敲。敲是指左手拿稳原料，右手持刀，刀背朝下用力猛击原料，使肉由厚变薄或骨骼折断的一种刀法。此刀法适用于加工无骨或带骨的原料，如猪里脊肉、材料肉和猪腿骨等。

（五）混合刀法

混合刀法是指在处理原料时，将两种或两种以上的刀法实施在一种原料上，使加工后的原料呈现一定的形状。混合刀法一般分为浅剞花刀和深剞花刀两种，此部分内容将在后面进行详细介绍。

砧板种类与消毒

砧板属切割枕器，是用刀进行烹饪原料加工时使用的垫托工具。砧板的种类繁多，主要有天然木质砧板和塑料复合型砧板两类。砧板的形状通常有方形、圆形，人们习惯称方形的为砧板，称圆形的为墩头，墩头多为天然树木的横截段。

塑料砧板种类较多，可分为生食砧板、熟食砧板、水产砧板、畜肉砧板、蔬菜砧板等。无论哪种砧板，在使用时应保持其表面平整，在使用中保证食品加工的卫生安全，在使用后要及时刮洗擦净，晾干水分后用洁布罩好。

四、烹饪原料的基本成形

烹饪原料的基本形状，主要通过刀工处理后形成，一般有块、片、条、丝、丁、粒、末、蓉、泥、球、珠等。将大型或整形的原料加工成小块，可便于烹调和食用。

（一）块

块就是烹饪原料经刀工处理后，成为边长 3~6cm、各边基本相等的立方体。块在成形过程中主要运用切、剁、砍等刀工技法加工而成。常用的块有正方块、长方块、菱形块、骨牌块和滚刀块等。

（二）片

片就是烹饪原料经刀工处理后，成为厚度均匀的扁薄体。片在成形过程中主要采用直刀法、平刀法和斜刀法加工而成。常用的片有柳叶片、菱形片、月牙片、斜刀片、梳子片、佛手片、长方片、蝴蝶片和灯影片等。

（三）条

条就是烹饪原料经刀工处理后，成为长 4~5cm、截面边长 0.6~1.6cm 的长方体。条在成形过程中主要采用直刀法和平刀法等加工而成。常用的条有长条、短条、细长条、象牙条和筷子条等。

（四）丝

丝就是烹饪原料经刀工处理后，成为长 6~30cm、截面边长小于 0.4cm 的绳状体。丝在成形过程中主要采用直刀法和平刀法等加工而成。常用的丝有头粗丝、二粗丝、细丝、银针丝和加长丝等。

(五) 丁

丁就是烹饪原料经刀工处理后，成为边长 1～2.5cm 的长方体或正方体。丁在成形过程中主要采用平刀法和直刀法加工而成。一般成形的丁有扁丁、大丁、细丁等。

(六) 粒

粒就是烹饪原料经刀工处理后，成为边长 0.3～0.6cm 的正方体或菱形体。粒在成形过程中主要采用平刀法和直刀法等加工而成。常用的粒有黄豆粒、绿豆粒和米粒等。

(七) 末

末就是烹饪原料经刀工处理后，成为边长不大于 0.2cm 的小立方体。末在成形过程中主要采用剁、铡、切等刀法加工而成。

(八) 蓉、泥

蓉、泥就是烹饪原料经刀工处理后，成为无明显颗粒状的形状称为蓉或泥。蓉、泥在成形过程中主要采用剁、刮、捶、排等刀法加工而成。一般由动物类原料加工而成的称为蓉，如鱼蓉、鸡蓉、虾蓉等；由植物类原料加工而成的称为泥，如土豆泥、南瓜泥等。

(九) 球（珠）

烹饪常用的球有实心和镂空之分。实心球又分为青果形球、正圆形球等，一般采用植物类原料（如莴笋、荸荠、胡萝卜、萝卜、冬瓜、菜头等实心原料）加工而成。青果形球是先将坯料加工成长方形，再削成青果形状。正圆形球是用规格不同的专用挖球器，在坯料上剜挖而成，其规格大小可根据菜肴的需要而定。镂空球是用雕刻的方法加工而成。

五、烹饪原料的剞花工艺

(一) 性质和目的

剞花工艺又称锲花工艺，是指在原料的表面切割成某种图案条纹，使之受热均匀或收缩成一定形状的加工方法。它一般由浅剞花刀和深剞花刀两种混合刀法构成。剞花工艺既是烹调的需要，也是为了满足消费者的审美需求，能给消费者带来美的享受。

剞花工艺的目的：①缩短菜肴成熟时间；②使热渗透均匀；③使成品内外成熟度趋于一致或成品质感相似；④易于成形，便于入味。剞花工艺不仅能使菜肴受热均匀、质感一致，还能改变菜肴的外表，使菜肴千姿百态美，而且这些具有形态美的菜肴还能满足不同层次、不同口味的消费者的需求。例如，选用一条鱼制作菜肴,由于剞花工艺不同、烹调方法不同和调味品不同,就能设计出千变万化的菜品。

(二)原料要求

(1) 原料具有实施剞花工艺的必要。一些原料由于体积较厚或质地紧密,不利于热传导,或过于光滑不利于裹覆卤汁,或本身带有异味在短时间内不易散发,这些情况均具有剞花工艺的必要。

(2) 原料利于剞花工艺的实施。原料必须具有一定面积的平面结构,有助于剞花工艺的实施和成品的成形。

(3) 突出刀纹的表现力。原料应不易松散、破碎,具有一定韧性和弹性,并具有受热收缩或卷曲变形的性能,才能展现剞花工艺形态美的特点。

根据上述三个方面的要求,剞花工艺的原料一般可分为两大类:①表面带有结缔组织和膜的原料,如鱿鱼、墨鱼、腰子、鸡肫、鱼等;②质地紧密的原料,如豆腐干等。

(三)种类

1. 浅剞花刀

浅剞花刀的深度不超过原料厚度的1/2,运用不同的刀法使原料表面形成各种形状的刀纹,带有脊椎的鱼多用此刀法。常用的浅剞花刀有以下若干种。

(1) 秋叶花刀

在鱼体肉厚部位的表面,用直刀法剞上像树叶筋脉似的刀纹,刀深至鱼骨,长度近鱼身,各支脉间距约一指半,如图2-22所示。此花刀适合身体较窄的鱼(如白条鱼、鲚鱼、鲻鱼等),一般用于清蒸、水汆等方法制作的鱼类菜肴。

(2) 竹叶花刀(又称小字花刀)

在鱼体表面用直刀法剞上数道呈弧形排列的小字纹,深度至脊骨,如图2-23所示。此花刀适用于身体窄长且肉厚的鱼(如青鱼、草鱼、鲮鱼和大马哈鱼等),一般用于干烧、煎等方法制作的鱼类菜肴。

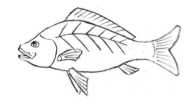
图2-22 秋叶花刀示意图

图2-23 竹叶花刀示意图

(3) 蚌纹花刀

在鱼体表面用斜刀法横向剞上数道象征河蚌蚌壳纹理的刀纹,深度至脊骨,刀纹之间的间距约二指宽,如图2-24所示。此花刀适用于身体较厚的鱼(如鲤鱼、鲈鱼、鳜鱼等),一般用于清蒸、水汆等方法制作的鱼类菜肴。

(4) 牡丹花刀

在鱼体表面用斜刀法剞上数道弧形刀纹,深度至脊骨;翻开刀纹,在根部补剞一刀,鱼肉受热后翻翘呈牡丹花瓣状,如图 2-25 所示。此花刀适用于身体较厚的鱼(如鲤鱼、鳜鱼、草鱼等),一般用于炸、熘等方法制作的鱼类菜肴。

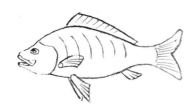 

图 2-24　蚌纹花刀示意图　　　　图 2-25　牡丹花刀示意图

(5) 瓦楞花刀

在鱼体表面用斜刀法横向下刀,深度至脊骨,然后刀口放平,沿脊骨平推 30mm,呈瓦片刀纹状,翻开刀纹,再在根部补剞一刀(使鱼肉受热后更为翻翘);按此法再连续剞数道刀纹,每道刀纹间隔为 40mm,呈瓦楞状排列,如图 2-26 所示。此花刀适用于身体长窄、肌壁较薄的鱼(如黄鱼、鲈鱼、鲷鱼、鲤鱼等),一般用于炸、熘等方法制作的鱼类菜肴。

(6) 人字花刀

在鱼体表面斜刀法推剞上"人"字纹的"一撇"的上半部,深至脊骨,在回拉时完成"一撇"的下半部,原路推至"一撇"刀纹的中部,改变行刀方向,剞上"人"字纹的"一捺";再拉剞"一撇"、推剞"一捺",完成第二个"人"字纹,两个"人"字纹间距 30~40mm。用同法连续剞至尾部,如图 2-27 所示。此花刀适用于身体较宽厚的鱼(如鳊鱼、鲤鱼、鳜鱼等),一般用于清蒸、红烧等方法制作的鱼类菜肴。

(7) 纵一字花刀

在鱼两侧背部肉厚处用直刀法顺长剞上"一"字刀纹,深至脊骨,如图 2-28 所示。此花刀适用于身体瘦长的鱼(如黄鱼、翘嘴鱼等)和禽蛋类原料,一般用于清蒸、汆煮、卤水浸等方法制作的菜肴。

图 2-26　瓦楞花刀示意图　　图 2-27　人字花刀示意图　　图 2-28　纵一字花刀示意图

(8) 斜一字花刀

在鱼体表面用直刀法剞上斜一字平行刀纹,深度至脊骨,如图 2-29 所示。此花刀适用于大多数鱼类(如玉秃鱼、鳊鱼、鳜鱼、鲫鱼等)、鸡翅和部分蔬菜(如茄子),一般用于清蒸、汆煮、红烧、干炸等方法制作的菜肴。

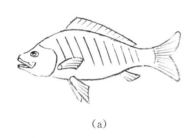 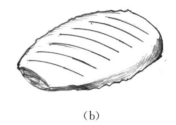

(a) (b)

图 2-29　斜一字花刀示意图

(9) 横一字花刀

在鱼体表面用直刀法横向剞上一字平行刀纹，深度至脊骨，每道刀纹之间间隔较密（约5mm左右），如图2-30所示。此花刀适用于肉薄体长的鱼（如带鱼、翘嘴鱼、鳝鱼等），一般用于烤、煎、清炸等方法制作的鱼类菜肴。

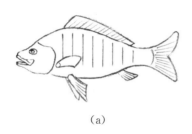 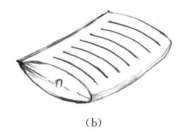

(a) (b)

图 2-30　横一字花刀示意图

(10) 十字花刀

在鱼体表面用直刀法斜剞一字平行纹，深至脊椎，再交叉斜剞一字平行纹，呈十字形。此花刀形有疏密之分，疏的为十字纹，如图2-31（a）所示；密的为格子纹，如图2-31（b）所示。此花刀适用于体厚的鱼（如鲤鱼、鳜鱼、鲈鱼、青鱼、鲳鱼等），一般用于氽煮、红烧、干烧等方法制作的鱼类菜肴；另外，疏的十字花刀（十字纹）还适用于蘑菇、香菇等原料，如图2-31（c）所示，密的十字花刀（格子纹）还适用于鲍鱼和冬瓜等原料。

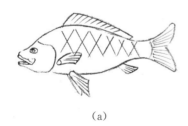 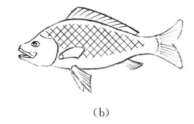 

(a) (b) (c)

图 2-31　十字花刀示意图

(11) 菱格花刀

在鱼体表面用直刀法剞平行刀纹，再交叉剞平行刀纹，每道刀纹之间间隔约20mm，深度至脊骨，如图2-32所示。此花刀适用于身体窄长、肌壁较薄的鱼（如鲳鱼、鳓鱼等），一般用于炸、烤等方法制作的鱼类菜肴。

【注意】在制作过程中，原料一般要拍粉或上浆，可防止加热时表皮脱落。

(12) 波浪花刀

在鱼体表面用直刀法连续剞数道 W 形的刀纹,深度至脊骨,如图 2-33 所示;然后用刀尖将鱼肉沿脊骨剖开,加热后两边鱼肉翻翘,酷似浪花翻滚。也可将鱼肚剖开,在臀鳍处两面各批一刀,将臀鳍连骨剪掉,使鱼身趴在盘中。此花刀适用于身体较厚的鱼(如鳜鱼、石斑鱼等),一般用于清蒸、油浸等方法制作的鱼类菜肴。

图 2-32 菱格花刀示意图

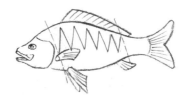
图 2-33 波浪花刀示意图

(13) 内翻花刀

将鱼体一面朝上,沿背鳍用平刀法直剞一刀,深至脊骨边缘;打开刀口、翻开鱼肉,用直刀法斜剞四刀,再沿鱼肉根部直剞一刀(便于鱼肉受热后翻翘)。将鱼身的另一侧用同样方法处理,然后剖开鱼肚平放盘中,加热后鱼肉翻出,如图 2-34 所示。此花刀适用于肌壁较厚的鱼(如鲈鱼、鳜鱼、石斑鱼),一般用于清蒸、汆煮等方法制作的鱼类菜肴。

(14) 元宝花刀

将鱼体一面朝上,沿背鳍用平刀法直剞一刀,深至脊骨边缘;打开刀口,反转鱼体用直刀法斜剞四刀,再沿鱼肉根部直剞一刀;将整条鱼翻面,用直刀法在中部横剞一刀,深至脊骨,从刀口用平刀法沿脊骨分别向头、向尾平推,将离骨的两块肉翻开放于盘上,使头尾上翘,加热后上面的鱼肉翻出,酷似元宝,如图 2-35 所示。此花刀适用于肌壁较厚的鱼(如鳜鱼、石斑鱼等),一般用于清蒸、汆煮等方法制作的鱼类菜肴。

图 2-34 内翻花刀示意图

图 2-35 元宝花刀示意图

(15) 弹簧花刀

将圆柱状原料用竹签由上至下从中间穿过,右手执刀,用直刀法从原料的前端下刀,同时向前滚动原料(若原料非圆形不能滚动,就用左手拿住原料向前旋转),剞至后端最后原料呈旋刀纹,拉长原料呈弹簧状,如图 2-36 所示。此花刀适用于火腿肠、莴笋、铁棍山药等原料,一般用于烧烤或铁板烧等方法制作的菜肴。

(16) 蘑菇花刀

将新鲜白蘑菇蒂朝下、面朝上，右手执刀，刀锋抵住蘑菇面的中心后逆时针向下旋转，同时左手拿住蘑菇顺时针向上旋转，两力相交刀锋在莫蘑菇表面浅剞出深约 1mm、上窄下宽的棱花纹（一只蘑菇剞 20 刀左右），如图 2-37 所示。此花刀适用于白蘑菇等原料，一般用于西餐的配菜等。

图 2-36 弹簧花刀示意图

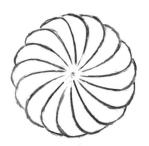

图 2-37 蘑菇花刀示意图

2. 深剞花刀

深剞花刀的深度超过原料厚度的一半以上。由于深剞花刀的刀纹深度大，有时候甚至剞到底，所以一般适用于鱿鱼、墨鱼、猪腰、猪肚、鲍鱼、鸭胗，以及去脊骨的鱼肉和带皮猪肉等原料。常用的深剞花刀有以下若干种。

(1) 麦穗花刀

在原料表面用斜刀法斜剞间距约为 2mm 的平行刀纹，深至原料 3/4 处；将原料 90°转向，用相同刀法交叉剞同等深度和间距的平行刀纹，然后将原料切成约 70mm×30mm 的长方形，如图 2-38（a）所示，或切成底边 30mm、高 80～120mm 的三角形，如图 2-38（b）所示。原料受热后卷曲成麦穗形。此花刀适用于鱿鱼、墨鱼、猪腰等原料，如制作麦穗腰花、蒜爆墨鱼卷等。

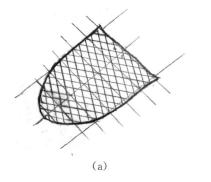

(a) (b)

图 2-38 麦穗花刀示意图[①]

(2) 荔枝花刀

在原料表面用直刀法斜剞间距为 2.5mm 的平行刀纹，深至原料 3/4 处；将原料 90°转向，用相同刀法再剞同等深度和刀距的平行刀纹；然后将原料切成菱形块

---

① 图中原料内的线为剞花刀纹，超出原料的延长线为切断成块的刀纹。——编者

或三角块，原料受热后卷曲成荔枝状，如图 2-39 所示。此花刀适用于墨鱼、腰子、猪肚等原料，如制作爆炒荔枝腰花等菜肴。

(3) 卷筒花刀

在原料表面用直刀法斜剖间距为 2mm 的平行刀纹，刀深至原料 3/4 处，再用同法剖相同间距的交叉纹。若原料较大，可从背面下刀，将其改刀成长和宽约为 60mm×25mm 的块状，如图 2-40 所示。此花刀适用于墨鱼、鱿鱼、鲍鱼等原料，如制作爆鱿鱼卷、葱油鲍鱼等菜肴。

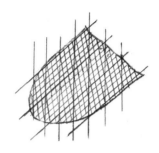

图 2-39 荔枝花刀示意图

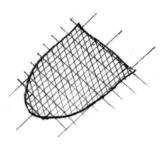

图 2-40 卷筒花刀示意图

(4) 篮花花刀（又称蓑衣花刀）

在原料表面用直刀法剖间距为 3mm 的平行刀纹，深至原料 3/5 处，如图 2-41 所示；将原料翻面，用相同刀法再斜剖平行刀纹，使原料两面的刀纹交叉，形如细竹篾编织的竹篮纹。此花刀适用于豆腐干、冬笋、萝卜、黄瓜等原料，如制作篮花香干、酸黄花等菜肴。

图 2-41 篮花花刀示意图

(5) 菊花花刀

方法一：在厚度超过 25mm 的原料上，用直刀直剖间距为 2～4mm 的平行刀纹，深至原料的 4/5 处；将原料 90°转向，用相同刀法再剖平行刀纹，如图 2-42 (a) 所示；然后将原料切成约 2.5cm 见方的块，打开呈菊花状。此花刀适用于鱼肉、里脊肉、鹅肝、豆腐等原料，如制作菊花豆腐、菊花鱼块等菜肴。

方法二：在片状原料（或将片状原料对折）的一边（或对折处）用直刀法直剖间距 2～4mm 的平行刀纹，深至原料底部，呈连刀片状，如图 2-42 (b) 所示；将连着的一端卷起来，原料即呈菊花状。此花刀适用于海蜇皮、墨鱼、千张、蛋皮、萝卜等原料，如制作花式凉菜、火锅料摆盘等。

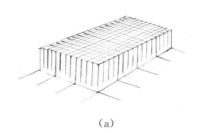

(a)

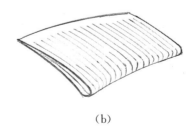

(b)

图 2-42 菊花花刀示意图

(6) 杨柳花刀

在原料表面横向用斜刀法斜批或反剞间距为2~3mm的平行刀纹,深至原料2/3处,再顺长用直刀法直剞(或斜刀法反剞)三刀,第四刀切断,如图2-43所示。此花刀有两刀成片、三刀成片、四刀成片之分,具体视菜肴要求而定。此花刀适用于墨鱼、猪腰、芹菜等原料,如制作火锅的腰花摆盘,以及莞爆鱿鱼丝、蜈蚣腰花等菜肴。

(7) 梳子花刀

在原料表面顺长用直刀法直剞间距约为2.5mm的平行刀纹,深至原料2/3处,然后顶纹斜批(也可直切)成片,一般有单片或双片连刀,如图2-44所示。此花刀适用于墨鱼、鱿鱼、猪腰等原料,如制作双椒花枝片、雪菜目鱼花等菜肴。

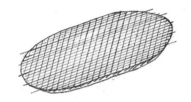
图2-43 杨柳花刀示意图

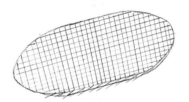
图2-44 梳子花刀示意图

(8) 鱼鳃花刀(又称眉毛花刀)

在原料表面顺长用直刀法直剞间距约为0.25cm的平行刀纹,深至原料约2/3处,再顶纹斜批(也可直切,视原料厚度而定)成片,如图2-45所示。它与梳子花刀的不同之处是:三片或四片连刀。此花刀适用于墨鱼、鱿鱼、猪腰等原料,如制作葱油腰花、酸菜目鱼花等菜肴。

(9) "万"字花刀

在原料的四角边缘约5mm处下刀,用直刀法剞至原料1/2处,再用小刀90°转向,往中心方向延伸,如图2-46所示。原料受热收缩后,呈现出"卍"(读"万"音)字纹理。此花刀适用于带皮猪肉等原料,如制作樱桃肉等菜肴。

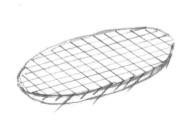
图2-45 鱼鳃花刀示意图

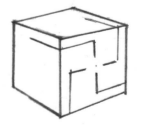
图2-46 "万"字花刀示意图

(10) 棋格花刀

在原料的表面用直刀法对切两刀,刀深至原料3/4处,将原料表面分成四等分。在对角的2个"格子"表面,根据原料的大小直剞3~5刀,在另外2个对角的"格子"表面横剞3~5刀,皆深至原料的1/4(或1/2)处,呈现出棋格刀纹,如图2-47所示。此花刀适用于带皮猪肉和去皮冬瓜等原料,如制作葱焖酥方,红烧冬瓜等菜肴。

(11) 回纹花刀（又称螺旋花刀）

从原料一角的边侧约 3mm 处进刀，用直刀法（如将原料竖起，则用平刀法）剖至原料底部；剖至近角边缘，90°旋转刀锋，继续剖至近角边缘，再 90°旋转刀锋，直至剖到原料中心位置；将原料表皮朝下，中间填入辅料，翻扣后原料呈现出螺旋回纹状，如图 2-48 所示。此花刀适用于带皮猪肉等原料，如制作螺旋肉、金牌扣肉等菜肴。

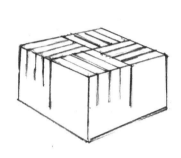

图 2-47 棋格花刀示意图

图 2-48 回文花刀示意图

(12) 竹节花刀

将原料切成 5cm×2.5cm 的长方块，在原料两端约 5mm 处各直剖 2 道深至原料 2/3 处的平行刀纹，再顺长直剖 4~6 条间距为 2~3mm、深至原料 4/5 处的平行刀纹，如图 2-49 所示。原料受热后，卷曲呈竹节状。此花刀适用于鱿鱼、猪肝、猪腰等原料，如制作炒竹节腰花等菜肴。

(13) 水草丝花刀

将管状原料压扁，一边剖开，剖开处用直刀法斜剖间距为 1.5mm、深至底部的平行刀纹（原料另一侧相连），如图 2-50（a）所示；将原料放入水中，浸泡一段时间后，原料卷曲呈水草花状，如图 2-50（b）所示。此花刀适用于大葱、小葱等原料，如制作菜肴的盘饰和点缀。

图 2-49 竹节花刀示意图

图 2-50 水草丝花刀

(14) 凤尾花刀

将菜帮弧面用斜刀法横向剖片，刀深近底部，片厚约 1mm，剖 10 余刀后将其切断，如图 2-51（a）所示；在顶部留 10~15mm，其余部分用直刀法直剖数刀至底；将原料放入水中，浸泡一段时间后，原料卷曲呈凤尾状，如图2-51（b）所示。此花刀适用于白菜帮、油麦菜帮、西芹等蔬菜，如制作花生酱拌油麦菜、蔬菜色拉等菜肴。

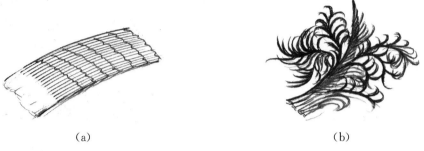

图2-51 凤尾花刀示意图

（15）金鱼花刀

将原料分为左右两半，一半的表面用直刀法斜剖间距为3mm的平行刀纹，深至原料3/4处，再用相同方法交叉剖平行纹；另一半用直刀法切3～6刀，刀深至底将其切断，如图2-52所示；原料受热后，卷曲呈金鱼状。此花刀适用于鱿鱼、墨鱼等原料，如制作双色金鱼、金鱼戏莲等菜肴。

（16）鱿鱼花刀

将鱿鱼尾部的一半用直刀法直剖间距为3mm的平行刀纹，深至原料3/4处，再用相同方法交叉剖平行刀纹；将鱿鱼尾部的另一半用直刀法切丝，深至原料底部，如图2-53所示。原料受热后，卷曲呈鱿鱼状。此花刀适用于鱿鱼的三角形尾部，如制作酸辣鱿鱼等菜肴。

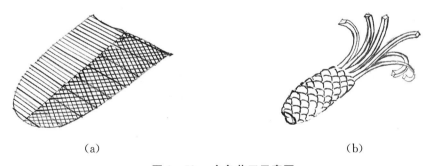

图2-52 金鱼花刀示意图

图2-53 鱿鱼花刀示意图

(17) 剪刀花刀

将边长约 70～80mm、厚约 10mm 的方形原料，一分为三，长宽比为 3∶1。用平刀法在原料长的一侧剖刀，深度以另一侧刚露出刀锋为准；将原料 180°转向，在长的另一侧用同样方法剖刀。然后，在原料长的一侧的 7/8 处至另一侧的 1/8 处，斜剖一刀，深至原料的 1/2 处，如图 2-54（a）所示。将原料翻面，用相同的方法斜剖一刀，将两端分离成剪刀块，如图 2-54（b）所示。此花刀适用于豆腐干，如制作五香鸭块等菜肴的配料。

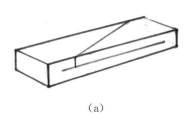 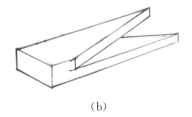

（a）　　　　　　　　　　　　　　　（b）

图 2-54　剪刀花刀示意图

(18) 篱笆花刀

将长约 8～10mm 的长方形厚片，在顺长一侧的中间用平刀法平剖，深至原料的 2/5 处；将原料旋转 180°，用同法剖刀。然后在原料的一面用直刀法斜剖间距为 6mm 的平行刀纹，深至原料的 1/2 处；将原料翻面，用同法剖刀。拉松原料呈篱笆状，如图 2-55 所示。此花刀适用于黄瓜、萝卜、莴笋等原料，如制作花式拼盘造型和热菜的点缀等。

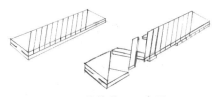

图 2-55　篱笆花刀示意图

(19) 佛手花刀

方法一：在长方形片状原料一端的约 4/5 处，用直刀法剖上 4～6 刀，刀深至底，如图 2-56（a）所示。原料受热后卷曲呈佛手状，如图 2-56（b）所示。此花刀适用于海蜇皮、鱿鱼、墨鱼等原料，如制作椒麻海蜇、金汤佛手墨鱼等菜肴。

方法二：将扁状的卷形原料用直刀法在 3/4 处直剖四刀，刀深至底，剖第五刀时将其切断，然后将五指分开（或嵌入其他原料中），呈佛手状，如图 2-56（c）所示。此花刀适用于蛋皮卷、白菜卷、茄子等原料，如制作佛手蛋卷、佛手白菜虾卷等菜肴。

方法三：将条状的圆形（或方形、扁方形）原料，用平刀法在原料一端平批至离另一端 5～10mm 处，再从上至下批间距为 3～12mm（视原料而定）的平行刀纹；用直刀法在一端的 5～10mm 处直剖，刀距同前，刀深至底，使原料呈一端相连的丝条状，如图 2-56（d）所示。此花刀适用于茄子［如图 2-56（e）所示］、茭白等原料，如制作炸熘佛手茄子、瑶柱烩茭白等菜肴。

方法四：取条状圆形原料约 1/4 处的半弧形条（圆弧在上），在其 1/5 处用直刀法斜剖 8 道间距 1～2mm 的刀纹，刀深至底，然后将其切断。将双片弯折，单片不动，即呈五片佛手状，如图2-56 (f) 所示。此花刀适用于黄瓜、心里美萝卜等原料，如制作菜肴的围边点缀等。

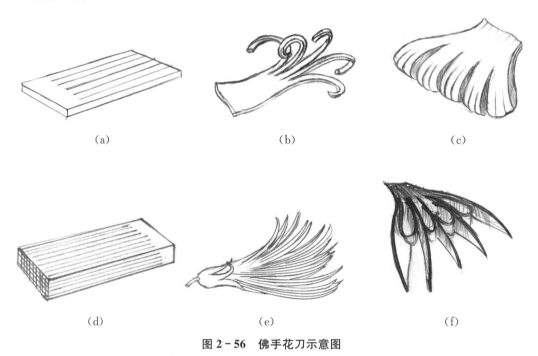

图2-56 佛手花刀示意图

（20）麻花花刀

用刀尖在片状原料（长、宽、厚约为80mm×30mm×2mm）上划三刀，刀深至底，两端各留约10mm，将原料一端从中间刀纹处穿过，呈麻花形，如图2-57所示。此花刀适用于萝卜、莴笋、蛋干、里脊肉等原料，如制作莴笋里脊、椒麻萝卜等菜肴。

（21）渔网花刀

将原料上下左右各切掉薄薄的一片，处理成圆柱形，然后平稳放置。在原料的一面用直刀法直剞间距为6mm的平行刀纹，深至原料2/5处；再将原料上下翻身，用相同刀法剞上相同间距的平行刀纹。将原料侧面朝上，用相同刀法在刚才的刀纹中间，剞上相同间距的平行刀纹；再将原料上下翻身，用相同刀法剞上对应的相同间距的平行刀纹，如图2-58所示。最后用平刀法边批边旋原料至圆心，拉开原料呈网状。此花刀适用于心里美萝卜、胡萝卜、青萝卜等原料，如制作菜肴垫底或盘饰等。

图2-57 麻花花刀示意图

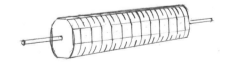

图2-58 渔网花刀示意图

（22）灯笼花刀

将原料修成半径约为 5mm 的半圆柱形，然后在圆弧面用直刀法横向直剞间距为 2mm 的平行刀纹，深至原料 3/4 处，如图 2-60（a）所示。将原料翻面，在底部用直刀法斜向剞平行刀纹，深度和刀距同前，如图 2-60（b）所示。然后抓住原料两端向底部弯曲，即呈灯笼状。原料的长度应根据是制作整只灯笼还是半只灯笼来调整。此花刀适用于心里美萝卜、胡萝卜、青萝卜、黄瓜等原料，如制作花式拼盘和热菜盘饰等。

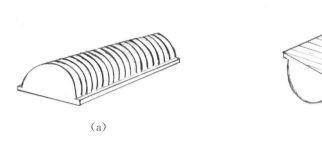

图 2-59　灯笼花刀示意图

（23）玉米花刀

在一端宽、一端窄的原料表面，用直刀法顺长直剞间距约为 12mm 的平行刀纹，刀深至原料 2/5～3/5（视原料而定）处，剞至原料窄端时应将刀距变窄。将原料 90°转向，用直刀法横向剞间距为 5mm 的平行刀纹，深度同前，剞至原料尖端时应将刀距变窄，

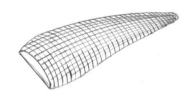

图 2-60　玉米花刀示意图

如图 2-60 所示。原料受热后卷曲呈玉米状。此花刀适用于带皮鱼肉、墨鱼等原料，如制作柠檬玉米鱼、丰收玉米等菜肴。

（24）葡萄花刀

将一端宽、一端窄的带皮鱼肉皮面朝下，用直刀法在鱼肉上剞间距为 20mm 的交叉平行刀纹，深至原料约 4/5 处，如图 2-61 所示。原料受热后卷曲，呈一串葡萄状。此花刀适用于带皮、肉质较厚的鱼肉，如制作茄汁葡萄鱼等菜肴。

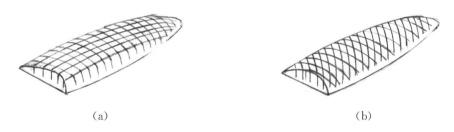

图 2-61　葡萄花刀示意图

（25）松鼠鱼花刀

方法一：先将鱼头连胸鳍一起斩下，然后将鱼身一剖为二（鱼尾处不分开），再去掉脊骨。将一半鱼肉皮朝下平铺于砧板上，用直刀法顺长直剞 8～10 刀，刀距约为 10mm，刀深至原料 4/5 处；用斜刀（呈 25°角）横向从尾至头批平行刀纹，刀深

同前,距前刀约 30～40mm 下刀,剞成数个 10×10mm(或 10×15mm)的方形条,再用同法将另一半鱼肉剞刀,如图 2-62(a)所示。最后拎起鱼尾,将鱼身倒挂,检查剞刀是否均匀,再配上鱼头造型。此花刀适用于肉质较厚的黄鱼、鲤鱼、鳜鱼等原料,如制作松鼠鳜鱼、刺猬鲤鱼等菜肴。

方法二:将鱼斩下鱼头、鱼尾,剔去脊椎和肚档,分别将两扇鱼肉皮朝下平排铺于砧板上,用直刀法斜剞间距为 4～6mm 的平行刀纹,刀深近皮,如图 2-62(b)所示;再取用鱼的下颚造型,做成松鼠状,如图 2-62(c)所示。此花刀适用于肉质较厚的黑鱼、鲤鱼等原料,如制作松鼠鳜鱼等菜肴。

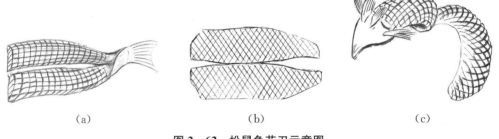

图 2-62 松鼠鱼花刀示意图

(26)狮毛花刀

将洗净冰冻数小时的整鱼,在离鱼头 120～160mm 处的表面下刀(视鱼肚大小而定),用平刀法平批至头部,下刀时刀口较浅,行刀时深为 5mm,刀锋行至近头部位置时向下倾斜(即切到最后 15mm 处逐渐抬高刀的角度)。在距第一刀的刀口约 8mm 处批第二刀,与第一刀方法相同,直至批完,如图 2-63(a)所示。再用剪刀从第一片开始,将鱼肉剪成 5mm 宽的丝,也可在鱼肉之间插入垫板用刀划丝。单面完成后,将鱼翻身,用同法处理反面,得到鱼肉丝(近头部长、近尾部短)数百条,如图 2-63(b)所示。此花刀适用于肉质较厚的鳜鱼、草鱼、鲤鱼等原料,如制作金毛狮子鱼、狮毛鳜鱼等菜肴。

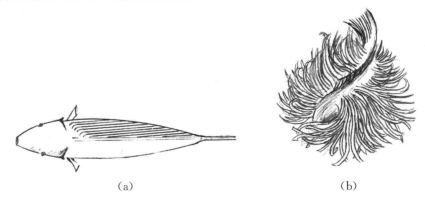

图 2-63 狮毛花刀示意图

(27)珊瑚花刀

将已去头尾、脊骨、肚档的带皮鱼肉平放在砧板上,在离尾部约 60mm 处下刀,用斜刀法连续批片(厚为 3mm),剞刀至近皮,如图 2-64 所示。然后从第一片鱼肉开始,用剪刀将其剪成 3mm 宽的丝;或者直接放在砧板上,一片一片用刀尖(跟)切成丝,完成后呈两端丝短、中间丝长的珊瑚状弧形。此花刀适用于肉质较厚的黑鱼、鳜鱼、草鱼等原料,如制作金丝珊瑚鱼等菜肴。

图 2-64 珊瑚花刀示意图

(28) 开屏花刀

方法一:先将鱼头连胸鳍一起斩下,剪掉背鳍,从背部过脊骨剞刀,刀深至底,刀距 15mm,鱼腹约 20mm 处相连,剞至尾部 30~40mm 处切断,如图 2-65 (a) 所示。每片鱼肉截面朝上排列成弧形装盆,如孔雀开屏,如图 2-65 (b) 所示。此方法适用于肉体较宽的鳊鱼等原料,如制作孔雀开屏等菜肴。

方法二:斩去头鱼,从背部开刀,去掉背鳍、脊骨,鱼肚处相连将其摊开;在左右两扇鱼肉上剞刀,刀距 15mm,刀深至底;装盘时,鱼片截面朝上。此方法适用于鲈鱼、鳜鱼等原料,如制作葱油鲈鱼等菜肴。

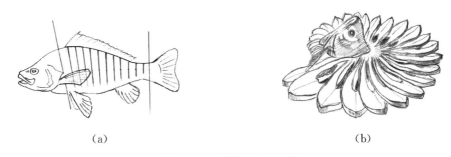

图 2-65 开屏花刀示意图

(29) 树叶花刀

以宽约 25mm、厚约 3mm、上弧下平的菱形黄瓜皮的一个锐角点为圆心,用直刀法放射式剞刀,深度至底,然后用刀口平敲,使刀纹散开呈树叶状,如图 2-66 所示。此花刀适用于黄瓜、萝卜等瓜果蔬菜,如制作花式拼盘的花叶和热菜的盘饰。

(30) 松针花刀

将带皮瓜果切成宽约 15mm、厚约 2mm、上弧下平、中间厚两边薄的弧形条,用直刀法以弧形条的一点为圆心放射式剞刀,深度至底,旋剞至三角形切断,用刀口平敲,使刀纹散开呈松针状,如图 2-67 所示。此花刀适用于黄瓜、萝卜、大头菜等瓜果蔬菜,如制作花式拼盘的松针、羽毛和热菜的盘饰。

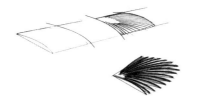

图 2-66 树叶花刀示意图

图 2-67 松叶花刀示意图

（31）车轮花刀

将柱状或半圆形原料，用直刀法横向剞间距为 3～6mm 的平行刀纹，刀深至原料约 4/5 处，如图 2-68（a）所示。原料受热后卷曲呈车轮状，如图 2-68（b）所示。此花刀适用于牛鞭、鱼条、茄子、莴笋等原料，如制作蒜子鞭花、炸熘车轮、肉末嵌茄子等菜肴。

图 2-68　车轮花刀示意图

（32）蜈蚣花刀

将经过处理的猪黄管横放，用直刀法直剞间距为 5mm 的平行刀纹，刀深至原料 1/2 处；然后在第二刀和第三刀之间用直刀法对角斜剞，同样在第四刀和第五刀之间对角斜剞，使用同法连续斜剞数刀，如图 2-69（a）所示；将剞好的刀纹向两边展开，呈蜈蚣状，如图 2-69（b）所示。此花刀适用于猪黄管，如制作芙蓉黄管、管炷脊髓等菜肴。

图 2-69　蜈蚣花刀示意图

（33）如意花刀

在正方体的一面的中间位置用直刀法剞刀，刀深至原料 1/2 处，再用同样方法在其他五个面继续施刀：原料向右翻滚 90°剞第二刀，逆时针旋转 90°剞第三刀，再向右翻滚 90°剞第四刀，逆时针旋转 90°剞第五刀，继续向右翻滚 90°切第六刀，拉开即呈三头如意丁，如图 2-69 所示。此花刀适用于莴笋、胡萝卜、毛笋、方火腿、鸡蛋干等原料，如制作三色如意丁、如意虾仁等菜肴，或用于凉菜点缀等。

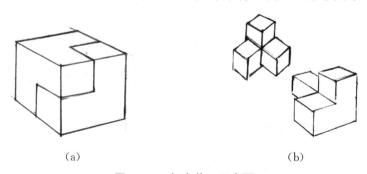

图 2-70　如意花刀示意图

（34）葱结花刀

将长约 70～80mm 的京葱段竖放案板上，在一端的横截面上用直刀法剞米字纹，刀深至原料约 2/5 处，中间套上红椒圈；再在葱段的另一端也剞上米字纹，刀深同前，如图 2-71（a）所示。将剞好的葱段放入水中，浸泡一段时间后，葱段卷曲呈葱结花状，如图 2-71（b）所示。此花刀适合葱白、京葱、芥蓝菜等原料，一般用于围边或某些鱼类菜的点缀等。

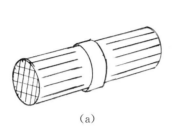
(a)

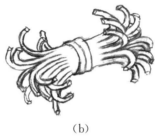
(b)

图 2-71　葱结花刀示意图

第 3 章　烹调基本知识

学习目标

- 熟练掌握火候，能对烹饪原料进行初步熟处理
- 了解各种传热介质的导热作用
- 掌握各种传热介质的导热方法

3.1 火候的运用

▶ 微课学习指导

请在学习本节内容前观看微课3.1，对本节重、难点内容进行预习；课后再观看一遍微课，检查自己是否已经掌握本节的所有知识点。

烹调离不开加热，而在制作菜肴的过程中，"加热"一词常被"火候"取代，并赋予了更深刻的意义。

火候是指根据原料的性质、形态和菜肴的制作要求，给予原料的加热量。而影响火候的因素主要有三个：一是火力的大小，二是加热时间的长短，三是传热介质和炊具的传热速度。这三个因素对菜肴特点或风味的形成都起着极其重要的作用。

由于烹饪原料的种类繁多、形状各异，加工方法又多种多样，成品的质感也千变万化，所以火候的精准掌握是烹调中难度较高的一项技术。如何掌握好火候，前人已总结出一些经验，供大家参考。

一、火力

中国烹饪的特点之一，就是使用明火加热。燃料燃烧的程度、热辐射及热气的强弱，通常被称为火力。燃烧处于剧烈状态或燃料充足时，其火力就大，热辐射就强；反之，则火力小，热辐射弱。根据这一特征，可以将火力分为旺火、中火、小火、微火四种。

（一）旺火

旺火又称武火、急火、猛火，是最强的一种火力，火焰高而亮，热辐射强，热气逼人。菜肴想要达到外焦里嫩等口感，一般采用旺火加热。旺火适用的烹调方法主要有炸、烹、爆、汆等。

（二）中火

中火的火力小于旺火。菜肴要想达到熟而不烂、质嫩入味的口感，一般采用中火。中火适用的烹调方法主要有烧、熘、扒、熬、煮等。

（三）小火

小火的火焰低，热辐射弱，其火力小于中火。要想使原料入味、汤汁浓稠，或使菜肴达到一定的色泽和保持原料的嫩度，一般采用小火。小火适用的烹调方法有煎、贴、焖、烤等。

（四）微火

微火的火力小于小火，热辐射很弱，一般用于较长时间的烹调，促使原料吸收

汤汁，达到质地酥烂的要求。微火适用的烹调方法主要有炖、焖、煨、酱、卤等。

二、掌握火候的一般原则

(一)必须适应烹调方法的需要

不同的烹调方法对火候的要求各不相同，应根据烹调方法的特性选择相应的火候。例如，快速成菜的烹调方法炒、爆、炸，一般采用旺火。

(二)根据原料种类及其性质确定火候

不同种类的原料由于性质不同，加热时对火候的要求也不同。例如，质嫩的原料需旺火烹制，质老的原料需小火或微火烹制。

(三)根据原料形状大小确定火候

加工后的原料，形体较大的一般采用小火或微火，进行长时间加热；而形体较小的一般采用旺火或中火，进行短时间加热。

(四)根据原料的投入量确定火候

菜肴的投料标准不同，其投入量也有差异。一般原料的投入量大，原料在烹调时所需热量就大，就必须采用旺火、中火进行加热，使其在较短的时间内达到成熟，反之则用小火、微火。

(五)根据饮食习惯确定火候

我国地广人多，由于气候、生活习惯、物质条件等众多因素的影响，人们在饮食上的要求和标准也存在着很大的差别，所以必须根据当地人的饮食习惯确定火候。例如，广东人吃蔬菜要求脆嫩爽口，那么就必须选用旺火、短时间加热的方法进行制作，从而符合广东人的饮食习俗。

三、掌握火候的方法

(一)根据原料变化确定火候

火候必然通过锅中菜肴的变化反映出来。如动物类原料是根据其血红素的变化来确定火候的，油温在60℃以下时肉色几乎无变化，在65～75℃时内部变成粉红色，在75℃以上时肉完全变成灰褐色。如猪肉丝下锅后变成灰褐色，则原料已基本断生。

(二)根据原料质地情况确定火候

食物原料的质地存在着一定的差异，加热时必须根据原料的质地情况决定加热时间和原料投放顺序。例如，韧性的原料需采用旺火、短时间加热，使其达到脆嫩的要求。

(三)根据菜肴的风味特点确定火候

我国地域广阔,人口众多,饮食习俗也各不相同,对菜肴的要求也各不相同,从而形成不同特色的地方菜,加热时必然根据地方菜的菜肴标准选择火候。例如,江苏名菜清炖狮子头,应采用小火、长时间加热;四川名菜宫爆肉丁,应采用旺火、短时间加热;山东名菜九转大肠,应分别采用旺火、微火,长时间加热;广东名菜四宝炒鲜奶,应采用小火、短时间加热。由此可见,火候的运用必须根据每一道菜肴的标准来掌握,才能保证成品的质量和特点,达到美食的要求。

3.2 初步熟处理

▶ **微课学习指导**

请在学习本节内容前观看微课3.2.1、3.2.2,对本节重、难点内容进行预习;课后再观看一遍微课,检查自己是否已经掌握本节的所有知识点。

初步熟处理也称加热预处理,是根据烹调的需要,对加工整理后的原料进行加热预处理,使之成为半熟、成熟或软烂状态的半成品,为正式烹调做好准备的一种烹调工艺。

一、初步熟处理的方法

原料的初步熟处理方法很多,主要有焯水、油炸、汽蒸、走红四种方法,正好对应水锅、油锅、蒸锅、汤锅,所以,烹饪行业习惯将这四种初步熟处理的方法称为"开四门"。

(一)焯水

焯水在烹饪行业常被称为"打水焯""开水锅"等。它是指把经过初步加工的原料放入水锅内加热,使之成为半熟或刚好成熟的状态,为正式烹调做好准备的一种预处理方法。

焯水的应用范围较广,无论是动物类原料还是植物类原料,只要烹调需要都可以进行焯水。但焯水有可能造成原料营养素的流失和呈味物质的损失。

在实际运用中,根据水的温度不同,焯水可分为冷水打焯和沸水打焯两种方法。

1. 冷水打焯

冷水打焯是指将烹饪原料投入冷水锅中加热,使其达到预期的成熟度,然后捞出备用的一种预处理方法。它适用于一些形体较大、质地紧密、腥膻等异味较重、血污较多的烹饪原料。通过冷水打焯,使原料的血污和异味在加热的过程中排出体外,有利于之后进行刀工处理和正式烹调。例如,植物类原料中的笋、萝卜、芋艿,动物类原料中的牛肉、羊肉以及内脏等,均可采用冷水打焯。

【操作要点】

(1) 锅中的水应没过原料,在加热过程中要经常翻动原料并撇去浮沫。

(2) 根据原料的性质和烹调的要求来确定原料加热的成熟度。

(3) 有特殊气味的原料应与其他原料分开打焯。

2. 沸水打焯

沸水打焯是指将烹饪原料投入沸水锅中加热,使其在短时间内达到预期的成熟度,然后捞出备用的一种预处理方法。它适用于一些形体较小、质地软嫩或脆嫩的烹饪原料。通过沸水打焯,使原料的质地产生变化,有利于后期烹调制作。例如,植物类原料中的芹菜、胡萝卜、菠菜,动物类原料中的鸡肉块、小排骨等,均可采用沸水打焯。

【操作要点】

(1) 锅中水量要多,火要旺,原料的投入量要少,使其快速成熟。

(2) 根据原料的性质和烹调的要求来确定原料加热的成熟度,并掌握好焯水的时间和水温。

(3) 为了保色,绿色蔬菜在焯水前应在水中加入一定量的盐,并在焯水后将绿色蔬菜立刻投入冷水中冷却。

(二) 油炸

油炸在烹饪行业常被称为"开油锅"。它是指把经过初步加工的原料放入大油量的锅中加热,使之成为半熟或刚好成熟的状态,为正式烹调做好准备的一种预处理方法。它一般适用于水产、禽畜类原料,以及经过拍粉挂糊或淀粉含量较高的植物类原料。

在实际运用中,油炸可分为过油和走油两种预处理方法。

1. 过油

过油是指将加工处理后的烹饪原料投入油锅内加热,使其达到预期的成熟度,然后捞出备用的一种预处理方法。

【操作要点】

(1) 如原料需要拍粉,要等其还潮后再下锅,可减少粉层脱离的现象。

(2) 要根据原料的性质和成品的特点控制好油温,过油后的原料表面应呈浅黄色,原料内部刚刚成熟。

(3) 原料出锅后,要将发生粘连的半成品扯开,并拣去碎屑。

2. 走油

走油又称跑油,是指将脂肪含量高的动物类原料投入热油锅内加热,使其内部油脂析出、皮层起皱,形成特有的风味。

【操作要点】

(1) 锅中的油量要多,便于翻动原料,使之受热均匀。

(2) 原料下锅时油温应稍高,使原料的表皮起泡起皱,再慢慢地走油。

(3) 要将原料表面的水分擦干，再小心地将其放入油锅中，要防止热油飞溅，造成烫伤事故。

(三) 汽蒸

汽蒸在烹饪行业常被称为"开蒸锅"。它是指将加工处理后的烹饪原料放入蒸箱（笼）中，利用蒸汽加热使之成为符合菜品要求的状态，为正式烹调做好准备的一种预处理方法。

在实际运用中，汽蒸可分为旺火沸水蒸和小火沸水蒸。

1. 旺火沸水蒸

旺火沸水蒸是指利用旺火、足气来加热原料，一般适用于体形大、质老或整只的禽类原料，以及蹄膀、火腿、蹄筋、肉皮等原料。如旺火沸水蒸可用于香酥鸭、汽锅鸡、回锅肉等菜肴的前期预处理。

【操作要点】
(1) 控制好火候和原料的成熟度，要符合菜肴的品质要求。
(2) 原料一般少加汤汁或不加汤汁。
(3) 对于有特殊异味的原料要单独蒸制。

2. 小火沸水蒸

小火沸水蒸是指利用弱气徐徐加热原料，一般适用于体形小、质嫩或制作艺术造型菜肴的原料。如小火沸水蒸可用于莲蓬豆腐、清蒸蟠龙等菜肴的前期预处理。

【操作要点】
(1) 蒸制蓉类或蛋类菜肴时要加盖或用保鲜膜进行密封，以防菜肴进水或起孔。
(2) 保持气压低弱，必要时可将蒸箱留有一定的缝隙，泄掉一小部分蒸汽降压蒸制。

(四) 走红

走红在烹饪行业常被称为"开汤锅"（其实走红仅是开汤锅的其中一项内容）。它是指将烹饪原料投入汤锅中上色，使其表面增加一层颜色的一种预处理方法。

走红在实际运用中会采用不同的方法，如卤水走红和过油浸卤走红等。

1. 卤水走红

卤水走红是指将烹饪原料放入有色的卤水中加热，通过吸附作用使原料表面增加颜色的一种预处理方法。

【操作要点】
(1) 卤水走红一般使用酱油、糖色、红曲米等调味品。
(2) 操作时要先用大火烧开，再改用中小火。锅底放竹箅垫，以防锅底焦煳。
(3) 有些原料应用绳线捆扎或用纱布包裹，以防碎散。

2. 过油浸卤走红

过油浸卤走红是指将烹饪原料的表面抹上调味品，投入热油中加热，使其表面形成颜色后,再浸入调好的卤水中进一步上色的一种预处理方法。

【操作要点】

(1) 原料在热油中加热时要用旺火,促使调味品中的糖类成分焦化,使原料表面形成一定的色彩。

(2) 卤水应提前制作好,原料浸入卤水后用小火加热。

二、初步熟处理的作用

(一) 去腥解腻

部分动物类原料带有腥、膻、臊、臭等异味,有些植物类原料口感涩苦。一些原料经过焯水预处理,可以去除异味、改善口感;有些动物类原料的脂肪较多,通过走油预处理,可以起到去油解腻的作用。

(二) 杀菌消毒

原料在生长的过程中,农药、化肥等有害物质可能残留在其表层;在加工、运输、储存等过程中,原料也可能会被微生物污染。原料经过焯水预处理,可以去除表面残留物,起到杀菌消毒的作用。

(三) 增色定型

有些原料颜色暗淡,经过走红预处理,可以改变原料的色泽,使其色泽丰富。原料经油炸预处理,可以改变其形状,达到菜品的要求。

(四) 加快速度

主、辅原料的质地常常老嫩不一,有些原料较大、质地较老,难以在短时间内成熟,通过初步熟处理使各种原料的成熟度趋于一致,可缩短正式烹饪的时间,加快出菜速度。

第4章　烹调工艺技法

── 学习目标 ──

- 了解各种烹调技法及它们之间的关系
- 熟练掌握热菜、冷菜的烹调技法，并能结合火候进行烹调加工烹调工艺技法是指将经过初步加工或切配后的原料，再通过加热、调味使之成熟，制成不同风味的菜肴。烹调工艺技法是烹饪过程的核心，菜肴的色、香、味、形、质大部分是通过各种烹调技法的运用而体现的。

正确掌握和熟练运用烹调工艺技法，适当运用美学原理对菜肴进行造型，并与器皿和谐搭配，对于菜肴的质量保证、显现特色、促进食欲，都具有极其重要的意义。所以，烹调工艺技法同时也肩负着美化菜肴、增加菜肴附加值的重任。

4.1 烹调工艺技法分类

▶ 微课学习指导

请在学习本节内容前观看微课 4.1，对本节重、难点内容进行预习；课后再观看一遍微课，检查自己是否已经掌握本节的所有知识点。

烹调工艺技法有多种分类方法，根据原料加工时的传热介质的不同，可分为液态介质传热烹调技法、气态介质传热烹调技法、固态介质传热烹调技法、特殊混合烹调技法、微波辐射烹调技法等五种；根据成菜的性质，可分为热菜制作工艺、冷菜制作工艺两种；根据烹调的工艺特点和风味特色，可分为炸、炒、熘、爆、烹、炖、焖、煨、烧、扒、煮、汆、烩、煎、贴、塌、蒸、烤、涮等几十种。

一、热菜烹调工艺技法分类

根据现代新型的烹调设备和新产生的烹调方法，我们以传热介质分类方法为主，结合其他分类方法对烹调工艺技法进行分类，整理出若干种热菜烹调工艺技法，如表 4-1 所示。

表 4-1　热菜烹调工艺技法分类

按传热介质分类		技　法	备　注
液态介质传热烹调技法	水传热法	水焐	
		水浸	又称"汤浸"
		汆	又称"汤爆"
		灼	
		煮	
		炖	习惯称"清炖"，分为带水炖和隔水炖
		烩	
		焖	
		烧	红烧	
			白烧	
			干烧	

续表

按传热介质分类		技　法		备　注
		焖		
		扒		
		烀		
		煨		
		软溜		
		涮		
油传热法		油焐		
		油浸		又称"浸炸"
	炸	清炸		
		干炸		
		软炸		
		酥炸		
		面拖炸		
		脆炸		
		香炸		
		纸包炸		
		卷包炸		
		松炸		
		油淋		
	炒	生炒		
		熟炒		
		煸炒		
		滑炒		
		软炒		
	爆	蒜爆		
		葱爆		
		酱爆		
		芫爆		
		烹		
	熘	脆熘		又称炸熘或焦熘
		滑熘		
		煎		
		贴		
		焗		

续表

按传热介质分类		技 法		备 注
气态介质传热烹调技法	水蒸气传热法	蒸	清蒸	又有隔水蒸、带水蒸之分
			粉蒸	
			包蒸	
			上浆蒸	
	热空气传热法	烤		
		烟熏		
固态介质传热烹调技法	金属传热法	铁板烧		
		烙		
	砂石传热法	石烹（砂炒）		
	盐传热法	盐焗（盐炒）		
特殊混合烹调技法	水、油传热法	蜜汁（起黏）		
		挂霜（出霜）		
		拔丝（出丝）		
		琉璃（结壳）		
微波辐射烹调技法	微波传热法	微波		

二、冷菜烹调工艺技法分类

根据冷菜独有技法和热烹冷制技法，结合其他分类方法，我们整理出若干种冷菜烹调工艺技法，如表4-2所示。

表4-2 冷菜烹调工艺技法分类

按技法分类	技 法		备 注
冷菜独有技法	蘸	生蘸	
		熟蘸	
	拌	生拌	
		熟拌	
		混合拌	
	炝	生炝（醉）	
		熟炝	

续表

按技法分类	技法			备 注
	浸渍	盐水浸		
		糖水浸		
		卤水浸		
		果汁浸		
		醋浸		
		鱼露浸		
		酒浸	生醉	
			熟醉	
			干醉	
		糟	生糟	
			熟糟	
		泡	水泡	
			干泡	
	腌制	盐腌	生料干腌	成品可冠名"咸",如咸火腿、咸鸡
			熟料干腌	
			生料湿腌	
			熟料湿腌	
		酱油腌	干腌	成品可冠名"酱",如酱鸭、酱鲫鱼
			湿腌	
		碱腌		
	热制	卤		
		冻		
		炸收		
		酥		
		制松		
借用热烹技法	蒸			
	煮			
	烧			
	起黏(蜜汁)			
	出霜(挂霜)			
	结壳(琉璃)			成品可冠名"琥珀",如琥珀桃仁
	炸			
	烟熏			
	烤			

4.2 热菜烹调工艺技法

▶ 微课学习指导

请在学习本节内容前观看微课 4.2，对本节重、难点内容进行预习；课后再观看一遍微课，检查自己是否已经掌握本节的所有知识点。

热菜烹调工艺技法又称热熟烹调技法，是指将原料通过加热、调味成熟的烹调技法。下面按传热介质分类的方法进行介绍。

一、液态介质传热烹调技法

液态介质传热烹调技法是以液态的水或油作为传热介质，对原料进行加热使之成熟的工艺技法。液态介质传热烹调技法包括水传热法和油传热法两种。

(一) 水传热法

水是无色无味的液体，又能溶解多种物质，因此食物原料经水处理后，对食品的风味通常不会产生不良的影响，但也要防止某些水溶性营养素的流失，特别是水溶性维生素的流失。水传热法是中国烹饪中最重要的一类技法，它使菜肴成品具有软、烂、嫩、醇、厚、湿润等多种风味。

1. 水焓

水焓是指将加工切配后的原料放入冷水或温水中，用小火或中火加热，水温保持在 85～95℃，使其缓慢成熟的一种加工技法。

【菜品特点】

汤宽味鲜，质地细腻。

【原料】

多选用极嫩的蓉泥状原料制成丸、珠形的半成品，如鸡片、虾珠、鱼丸。

【具体操作】

把原料加工成丸、片、珠等状，逐个放入冷水或温水中，用小、中火加热至汤水升温，保持 85～95℃的水温约 2 分钟，使原料成熟，加入调味品，起锅装盘。

【说明】

①整个加热是缓慢升温的，水不能沸腾，防止冲散原料。

②烹制时是否勾芡可根据成菜要求而定。

③此法也可以作为涨发中的辅助程序。如涨发海参，将海参加热至水沸，再离火保持 85℃左右的水温进行加热涨发。

2. 水浸

水浸是指将原料投入沸水或沸汤中，使水温保持在 90～100℃，让原料缓慢成熟的一种加工技法。

【菜品特点】

肉质细腻，质感嫩滑。

【原料】

多选用已加工成片、块状或整形的、质地较嫩的动物类原料，如鱼、虾。

【具体操作】

选用鱼虾类原料，加工成片、块或整形投入量大的热水中，中火加热，使原料成熟；出锅装盘，淋入碗芡，撒上葱、姜、蒜、椒丝、胡椒、香菜等料，再淋上热油。

【说明】

①水浸比氽的温度要低，需反复加热保持水温。

②水浸比水煏的温度略高，区别在于水浸是水沸腾后再放原料，需保持90～100℃的水温，而水煏则是原料与水一起在常温下缓慢加热使原料成熟。

3. 氽

氽也称为"汤爆"，是指将质地较嫩的小型原料，经过加工切配，上浆或不上浆，再投入量大的沸水或鲜汤中，短时间加热使之成熟的一种加工技法。

【菜品特点】

汤宽量多，滋味清鲜，质地爽口。

【原料】

多选用已加工成片、丝、条、丸状的动植物类原料，如猪肚仁、鸭肫、猪肉丸、牛肉丸。

【具体操作】

炒锅置旺火上，放入清水或鲜汤烧沸，将已上浆（或不上浆）的原料抖散下锅，放入辅料、调味品，再烧至沸起，撇去浮沫，盛入汤碗成菜。或将制成形的半成品投入烧沸的清汤内氽熟，并加入辅料、调料等，同时起锅成菜。

【说明】

①氽比其他的水介质加热的时间都短，往往原料一变色即被捞出，所以原料都加工成小型。

②有些较嫩的原料可以上浆后再氽，以保持其嫩度。

③如果氽时使用鲜汤，则实际沸腾时水温会略高于100℃，故称为"汤爆"或"水爆"。

④汤爆（水爆）与油爆相仿，是将原料放入开水快速焯至半熟（或不焯），再投入调好味的沸汤（沸水）中烫熟，捞出成菜（或需另起锅，烹入碗芡翻拌成菜）的一种加工技法。

4. 灼

灼是指在原料下锅前，先用旺火起油锅，下葱姜起香，加酒和水，煮沸后放入小型原料，熟后起锅。

【菜品特点】

无汁无芡，突出本味。

【原料】

小型水产原料和植物类原料。

【具体操作】

将小型水产原料或植物类原料进行腌渍（或不腌渍），置锅加油，旺火加葱姜炒出香味，加酒和水捞出葱姜，煮沸后放入原料，加热至熟捞出，或再用旺油颠翻，烹酒出锅。

【说明】

①灼为广东风味菜肴技法，与汆类似，要旺火快炒，但灼需要提前炝锅。

②起锅后装盘，无汁无芡，随带味碟供蘸食。

5. 煮

煮是指将原料或经初步熟处理后，放入量大的汤水中，先用旺火加热至沸，再用中火或小火使原料成熟、调味成菜的一种加工技法。煮的水温一般保持在沸腾状态，加热时间在30分钟以内。

【菜品特点】

汤宽味鲜，汤菜合一，口味醇正，不勾粉芡。

【原料】

多选用丝、片、条、块状的猪肉、豆制品、蔬菜，以及整形的鱼等原料。

【具体操作】

锅内先放入汤或水，投入原料，用旺火烧沸，移小火或中火上继续加热使之断生，调味后再煮至原料入味，起锅装盘。有些菜肴在加热过程中不加调味料，上桌后以调料蘸食。

【说明】

①煮与烧较类似，但汤汁比烧宽，所以煮制类菜肴一般注重汤的质量；但作辅助加热或煮白切肉、白斩鸡时，会使用清水加热。

②按汤的色泽，煮又分清煮和白煮。清煮加水或清汤，先加原料后加热，汤清见底。白煮加白汤，烧沸后下原料，汤汁浓郁。

6. 炖

炖是指将经过加工处理的大块或整形原料，放入足量水中，大火加热至水沸后，用小火长时间进行加热，使原料熟软酥糯的一种加工技法。

【菜品特点】

汤多味鲜，原汁原味，形态完整，软熟不烂。

【原料】

多选用已加工成条、块状或整形的禽、畜类和食用菌原料。

【具体操作】

将洗净的原料放入沸水中焯一下，除去血腥浮沫，捞出放入炖锅或陶瓷器皿内，加足热水用旺火烧沸，撇去浮沫，加盖移至小火或微火上加热至熟软酥糯，待汤汁浓香时，按菜肴要求调味（或不调味）成菜。

【说明】

①一般加热的时间为1~3小时，加热工具多用砂、陶器。

②为保持原料的香味,有时以桑皮纸封住器皿口。
③因炖的加热时间长,故绿叶蔬菜不宜采用此法。
④为使菜肴汤汁清澈,也可采用隔水长时间加热的方法(目前一般使用蒸汽),虽采用了蒸的技法,但习惯叫"清炖"。

7. 烩

烩是指将多种易熟或经过初步熟处理的小型原料,放入锅内,加入鲜汤和调味品,用中火加热至沸,勾入宽芡的一种加工技法。

【菜品特点】

用料多种,汁宽芡厚,菜汤合一,滑腻爽口。

【原料】

多选用加工成片、丝、丁、粒、蓉泥的小件原料,如鸡肉、鱼肉、虾仁、鲍鱼、鱼肚、海参、冬笋、蘑菇、火腿、木耳、蚕豆、荔芋、番茄等。

【具体操作】

选用鲜香细嫩、易熟无异味的原料,经焯水等初步熟处理后晾凉,切配成相宜的丝、片、条、丁等形状(或先切配成形,经上浆滑油);炒锅洗净置于中火之上,油下锅烧至三成热,放姜、葱炒出香味,倒入鲜汤烧沸出味,撇去姜、葱和浮沫;投入原料、调味品短时间加热入味,用湿淀粉勾芡成菜起锅。

【说明】

①一些本身无鲜味(或有异味)的原料,如水发海参、鱿鱼等,可先用鲜汤将其煨制一下。
②有些不宜过分加热的原料,如番茄、蚕豆、菜心等,可在烩制的后期或起锅前加入。
③进行初步熟处理的原料,控制在八九分的成熟度为宜。
④芡汁的浓稠度,以食用时清爽不糊、不掩盖色彩为宜。

8. 焗

焗是指将原料先改刀腌渍,加调料和汤水,放入砂锅等密封容器,中大火加热使之入味成熟的一种加工技法。

【菜品特点】

汁浓味醇,香气四溢。

【原料】

小型的鱼虾,或加工成块的动植物类原料。

【具体操作】

将小型或加工成块的动植物类原料进行腌渍,然后过油(或煎、煸、焯水);取砂锅等密封性较好的器皿,底垫洋葱圈或葱段等,加油少许,放入原料,加调料和汤,用中大火加热收汁,溢出香味至熟成菜。

【说明】

①焗为广东、广西风味菜肴技法,与焖相似,但比焖的火力旺、时间短。
②焗多用密封性较好的砂锅。

9. 烧

烧是指将经切配加工和熟处理（炸、煎、煸、煮或焯水）的原料，加适量的汤汁和调味品，先用旺火烧沸，再用中火或小火烧透至浓稠入味的一种加工技法。烧的加热时间一般在30分钟以内，原料质地软老的可适当延长时间。按工艺特点和成菜风味，烧可分为红烧、白烧、干烧；还可根据配料和调味不同，分为葱烧和酱烧。

（1）红烧

红烧是指在原料中加入有色调味品，用中小火加热，收汁起稠成菜的一种加工技法。

【菜品特点】

色泽红亮，质地酥软，鲜香味厚。

【原料】

多选用已加工成块、条形或整形的动植物类原料。

【具体操作】

将切配好的原料，经过焯水或炸、煸、煮等方法制成半成品，入锅加鲜汤，旺火烧沸，撇去浮沫，再加入有色调味品，改用中火或小火，烧至熟软汁稠，收汁起锅，成菜装盘。

【说明】

①烧制前可在锅内垫上竹垫或加入葱结、姜块等，以防粘锅。

②烧制时可进行二次调味。在撇去浮沫后进行基础调味，在收汁前进行定味调味。

③收汁的时机应控制在菜肴恰好成熟至酥的阶段，并采用自然收汁的方法，不另勾芡。

④如烧整形原料，应保持菜肴的形态完整。

（2）白烧

白烧是指在原料中加入无色调味品，用中小火加热，收汁起稠成菜的一种加工技法。

【菜品特点】

色白素雅，本香本味，汤汁宽薄，鲜而不腻。

【原料】

多选用加工成块、条状或整形的新鲜无异味、质地细嫩的动植物类原料。

【具体操作】

将切配好的原料，经过焯水或炸、煸、煮等方法制成半成品，入锅加鲜汤，旺火加热至沸，撇去浮沫，再加入无色调味品，改用中火或小火，加热至熟软汁稠，收汁起锅，成菜装盘。

【说明】

①白烧的汤汁较红烧的汤汁宽薄。

②动物类原料在烹制时一般汤汁浓白，在烹制植物类原料时加入虾干、鱼干也会使汤汁浓白。

（3）干烧

干烧是指将原料加入豆瓣辣酱等调味品，先用旺火加热至沸，再用中小火加热使之浓稠入味、自然收汁成菜的一种加工技法。干烧的汤汁基本收干（或尚留有少许），其汤汁（包括滋味）已渗入原料内部或黏附在原料表面。

【菜品特点】

色泽红亮，香辣醇厚。

【原料】

多选用牛、鹿、蹄筋、鱼、虾、鸡，以及部分茎、荚豆、茄瓜类蔬菜等块状或整形原料。

【具体操作】

豆瓣辣酱炒香出味，放入经油炸或滑油的以条、块或自然形态为主的鱼、虾、鸡、蔬菜等原料，再加入黄酒、酱油等调味品，先用旺火加热至沸，再用中小火加热至浓稠入味，自然收汁成菜。

【说明】

①豆瓣辣酱应以中火温油炒香至油呈红色后，加入汤汁烧沸出味，去除豆瓣渣，再放入原料烧制。

②原料经油炸或滑油的方法处理，使其形状固定不易烧烂，既增加了菜肴的香味，又能缩短烹调时间。

③对易碎的原料可用勺舀汁淋在原料上，使其入味；如遇整条鱼则待汤汁收干后，先把整条鱼装盘，再把少量油汁淋于鱼上。

④干烧不能让菜肴呈现汤汁，而是让油汁呈现略带水分的状态。

10. 焖

焖是指将初步熟处理的原料，投入汤汁用旺火加热至沸，投入调味品加盖用小中火长时间加热，使之成熟并收汁至浓稠成菜的一种加工技法。

【菜品特点】

形态完整，汁浓味醇，熟软醇鲜或软嫩鲜香。

【原料】

多选用质地老韧、加工成大块的动植物类原料，如鸡肉、鸭肉、鹅肉、兔肉、猪肉、鱼肉、蘑菇、鲜笋、蔬菜等。

【具体操作】

将经炸、煸、煎、炒或焯水等熟处理的原料投入鲜汤中，旺火加热至沸，撇去浮沫，加入调味品至沸；基本定味后，盖严锅盖，将锅移至小火上加热至原料软熟。根据原料含胶质的多少、菜肴软嫩质感等具体情况，决定收汁是浓是淡、是否勾芡。

【说明】

①根据色泽和调味的不同，焖可分为黄焖、红焖、油焖。

②焖多用砂锅，并且加盖，含有"闷"之意。

11. 扒

扒是指将经过初步熟处理的原料，切配后整齐地叠码成形，放入锅内，加入汤汁和调味品，加热使之入味，勾芡后大翻勺，保持原形装盘的一种加工技法。扒比烧的加热时间略长。

【菜品特点】

外形美观，汁少味浓，酥软香醇。

【原料】

多选用无骨、扁薄、整形的干制品动植物类原料，如驼掌、鱼翅、海参、鲍鱼、鱼肚、猴头菇等。

【具体操作】

烹调前按菜肴的成形要求，将加工切配好的原料采用叠、排、摆等手法，分别码在盘内（或碗内、竹垫）成形，再将姜、葱等调料炝锅制汤，至沸出味后拣去姜、葱，加入调味品，将原料从盘内滑入（或连竹垫放入）锅中，使用中小火加热使原料入味熟透，酌情勾芡收汁（边收汁边转动菜肴），成菜时大翻勺装盘。用竹垫扒制的菜肴，可直接取出翻扣在盘内，锅内收浓汤汁后再浇淋在菜肴上。

【说明】

①根据色泽的不同，扒可分为红扒、白扒；根据形态的不同，扒可分为整扒、散扒；按烹调器皿的不同，扒可分为蒸扒（用碗摆好原料上笼蒸制）、烧扒（用盘摆好原料滑入锅内）、排扒（用竹制锅垫摆好原料入锅扒制）；按调味的不同，扒又可分为鸡油扒、奶油扒、葱油扒、香油扒等。

②蒸扒的菜肴在蒸制入味成熟后，另起炝锅将碗内原汁滗入收浓，碗内菜肴翻扣在盘内，浇淋收浓的原汁成菜。

12. 焅

焅是指将经过加工成形、不上浆、不挂糊的原料，经热处理后加入调料和汤汁，先用旺火加热至沸，再用中小火加热至浓稠入味成菜的一种加工技法。

【菜品特点】

质地酥嫩，汤少汁浓，色红味醇。

【原料】

多选用加工成小块的动植物类原料。

【具体操作】

先将原料经过炸或煎等热处理后，放入锅内（或原煎锅内），加调味品和汤汁，用中火加热至沸，马上改小火加热至原料入味，待汤汁减少时收汁起锅。

【说明】

①在焅制时，多用小火，防止焦煳。

②运用此法需要收干汤汁，所以加工前要将原料先炸或煎，减少原料中的水分，使汤汁能渗入原料中或黏附在原料上。

13. 煨

煨是指将原料经炸、煸、炒、焯水等初步熟处理后，放入汤水中，大火将汤水加热至沸后，用微火长时间加热使原料成熟的一种加工技法。煨的加热时间一般在1~2小时，比炖的时间略短。

【菜品特点】

形态完整，味醇汁宽，熟软酥香。

【原料】

多选用已加工成块、段或整形的动物类原料。一般以禽、畜、鳖龟类原料为主。

【具体操作】

陶罐内加入鲜汤，放入原料后用旺火烧沸，撇去浮沫，加入调味品烧沸加盖，改用微火加热至原料酥软，装盘成菜。

【说明】

①菜肴含有多种原料的，除采用初步熟处理调节不同原料的成熟程度外，还可用先后投料的办法，使不同原料的成熟程度一致。

②在制作鱼类菜肴时，由于鱼的质地较嫩，故煨制的时间应控制在10分钟左右。

③煨与炖一样重菜也重汤，大火加热至沸后，等蛋白质溢出、汤汁浓白后，再改用微火。

④煨制菜肴的复合味以咸鲜味、咸甜味、香糟味为主，色泽不宜过深，味感应醇香鲜美，突出主料本身的滋味。

14．软溜[①]

软溜又称蒸溜、煮溜，是指将质地柔软细嫩或加工成半成品（有固态状和流体状）的主料，先经蒸汽（或沸水）加热至熟，再淋上芡汁成菜的一种加工技法。

【菜品特点】

鲜嫩滑软，汁多味美。

【原料】

多选用质地软嫩的鱼、虾、鸡脯肉、里脊肉等。

【说明】

①软溜是用水将原料加热成熟，炸熘是用油将原料加热成熟，但二者后期处理方法相同。

②软溜的卤汁比炸熘稍宽、稍薄。

15．涮

涮是指用火锅将汤汁烧沸，食者自行夹住成形的原料放入汤汁内，烫至成熟后直接（或蘸调味料）食用的一种加工技法。

【菜品特点】

原料丰富，鲜嫩醇香，口味自选。

【原料】

多选用加工成小型的片、条、段、丸、花的畜肉、禽蛋、水产、蔬菜、豆制品类原料。

---

① 烹饪行业习惯把用油传热的工艺称为"熘"，用水传热的工艺称为"溜"，此部分内容将在"7.5 熘（溜）制工艺"中进行详细介绍。

【说明】

① 不选用新鲜度差、有异味、质老筋多的原料。一些需用水浸漂的原料，如鸡鸭肠、血、脑花、豆腐、海参等，要不时更换清水，防止变味变质。

② 在涮制过程中可放入大白菜、细粉丝、酸菜等辅料；涮制完毕后，还可以放入面条或水饺食用。

(1) 红汤火锅

【菜品特点】

原料多种，麻辣味厚，质感多样。

【具体操作】

首先要调制好火锅卤汁，然后再配各种主辅料，边烫边食。

(2) 涮羊肉火锅

【菜品特点】

料精肉薄，调料多样，鲜嫩醇香。

【具体操作】

用火锅将鲜汤烧沸，把切成薄片的主料放入沸汤烫至断生刚熟，随即蘸上调味品食用。

(3) 奶汤火锅

【菜品特点】

原料精细，质嫩清香，汤鲜醇厚。

【具体操作】

先制好奶汤或鱼汤，调制好汤味后，再将各种生肉片、时令蔬菜等放入，边烫边食。

(4) 鸡汤火锅

【菜品特点】

原料多样，汤宽菜热，原汁原味，鲜香醇厚。

【具体操作】

将切配后的主辅原料，在配盘中整齐且有艺术性地摆出图案，如"梅兰竹菊""诗琴书画"，随后端上桌，食者一边欣赏一边夹着原料在沸腾的鸡汤中将其烫熟，再蘸调料食用。

【说明】

"什锦火锅""什锦砂锅"是将原料切成薄片，直接有顺序地排入火锅或砂锅，放入调味品，掺入鲜汤烧沸出味，此类火锅不属于鸡汤火锅。

(二) 油传热法

油传热法采用的食用油脂有豆油、菜油、棉子油、花生油、芝麻油、猪油、羊油、牛油、鸡油、奶油、葵花油、茶油、椰子油、棕榈油、橄榄油等。食用油脂根据种类和纯度不同，燃点也不同。行业习惯以300℃为燃点，每成油温为30℃，通常讲的"五成油温"为150℃，低油温一般为两三成，高油温一般为七八成。所以，我们要利用油的高温特性，适度地调节和控制油温，使食物最终达到脆、酥、焦、嫩、滑等口感。但是高温也易对食物营养造成破坏，因此若用油作传热介质，原料一般需要经过挂糊、上浆、拍粉等预处理。

为了减少原料中的水分和营养的流失，如何调节油温显得至关重要，一般可以通过火力与投料的数量控制油温。如果炉火旺，下料时，油温应略低些；如果炉火小，下料时，油温应略高些。如果原料数量少，油温可略偏低；如果原料数量多，油温应略高些。

1. 油焙

油焙是指将原料投入大油量的冷油锅中，用中小火缓缓加热，油温一般控制在两三成。

油焙是由冷油到温油的加热过程，多作为干制原料用油涨发的一种辅助手段。

【菜品特点】

成形完整，细腻油润。

【原料】

多选用加工成块、条、粒的动植物类原料中的干制品。

【具体操作】

将原料投入大油量的冷油锅中，油温缓慢加热至100℃左右，待原料成熟后起锅。

【说明】

在油焙的加热过程中要控制好油温。

2. 油浸

油浸又称浸炸，是指将原料投入100℃左右的油锅中，保持油温，使投入的原料缓慢成熟的一种加工技法。油浸与油焙的区别在于：油焙是将原料投入冷油中加热，而油浸是将原料直接投入热油中。

【菜品特点】

色泽自然，软嫩香滑。

【原料】

多选用质地较嫩的小型动物类原料或整形鱼类原料。

【具体操作】

将原料投入100℃左右的油锅中，保持油温，小幅降温、升温直到原料成熟；起锅后，调味食用。

【说明】

①油浸时用油要多于原料，一般油与原料的比例为4∶1，使原料浸没于油中。

②有时为保持原料的嫩度，在加工前尽可能不调味，以防水分流失，肉质变老。

3. 炸

炸是指将经过加工处理的原料，放入大油量的中高温油锅中加热至成熟的一种加工技法。炸应用的范围很广，是一种既能单独成菜，又能配合其他烹调技法成菜的加工技法。由于油温较高，一般炸的菜肴的原料要提前进行挂糊、拍粉，防止在

炸的过程中水分流失过多。

炸法可分为清炸、干炸、软炸、酥炸、香炸、面拖炸、纸包炸、卷包炸、脆炸、松炸、油淋等。

（1）清炸

清炸是指将原料加工处理后，用调味品将其码味腌渍，不经挂糊上浆，直接用旺火热油加热使之成熟的一种加工技法。有时还在原料表面涂抹饴糖等调味料，使原料上色增脆。

【菜品特点】

口感清爽，外香脆、里鲜嫩。

【原料】

多选用新鲜易熟、质地较嫩的原料，或是已蒸煮酥烂的原料。

【具体操作】

原料用精盐、黄酒、姜、葱等码味腌渍，根据原料的大小确定油温高低（一般控制在六成油温），投入原料加热至成熟后起锅；待油温升到七成以上，复入油锅使原料变至香脆，捞出装盘。

【说明】

①清炸原料应以黄酒、食盐腌渍为主，慎用酱油，以防原料经油炸后变黑。

②整形原料因形体较大，不易熟透，应分锅加热，使菜肴呈现外香脆、内鲜嫩的质感。

③清炸成菜后，若是整形原料要迅速改刀装盘，及时上桌，以保证菜肴质感。

（2）干炸

干炸是指将原料加工处理后，用调味品将其码味腌渍，再进行拍粉或挂水粉糊，投入热油用旺火加热使之成熟的一种加工技法。

【菜品特点】

色泽浅黄，咸鲜干香。

【原料】

多选用质地较嫩，已加工成形的块、条状原料。

【说明】

干炸油锅中的油要勤过滤，去尽粉渣等物，防止粉渣焦煳，影响菜肴质量。

（3）软炸

软炸是指先将原料码味、腌渍后，挂上全蛋糊，投入热油用中旺火加热，捞出后再入油锅复炸，使之香脆成菜的一种加工技法。

【菜品特点】

外香脆、里软嫩，色泽浅黄。

【原料】

多选用加工成片、块、条状，质嫩且无骨（或去骨）的动植物类原料。

【具体操作】

小型无骨原料经腌渍后，再均匀地挂上全蛋糊，逐个放入四五成油温的油锅中，避免相互粘连，待原料定型成熟后捞出；油温上升至七成时，再次投入原料，复炸至表皮金黄色，起锅装盘。

【说明】

可配椒盐味碟随菜上桌。

（4）酥炸

酥炸是指将鲜嫩原料挂上酥粉糊，也可将原料码味后蒸至软熟或烧煮入味至软熟，放入热油锅内加热使之成熟的一种加工技法。

【菜品特点】

色泽深黄，表层酥松、内部酥嫩。

【原料】

多选用加工成片、块、条或整形的动植物类原料。

【具体操作】

方法一：将生料挂糊，放入中温油锅内炸至外表定型、内部成熟，捞出，待油温上升到七成时再复炸至表皮酥脆，起锅装盘。

方法二：原料腌渍后蒸至酥烂（不挂糊），放入中温油锅后逐渐升高油温，炸至表皮酥脆，起锅装盘。

【说明】

①若酥炸采用整形的动物类原料，可在腌渍时加花椒等增加香味。

②可配椒盐跟碟蘸食。

（5）面拖炸

面拖炸是指将原料挂上面拖糊，投入中火热油中加热使之成熟的一种加工技法。

【菜品特点】

色泽金黄，外脆里嫩。

【原料】

小型的鱼虾、蔬菜，或加工成丝状的动植物类原料。

【具体操作】

将小型或加工成丝的原料与用面粉、鸡蛋、发酵粉和水调制而成的面拖糊一起拌匀，加入调味料，投入中火的油锅内，加热成熟至金黄色，出锅装盘。

（6）脆炸

脆炸是指将原料挂上脆皮糊，投入中火、热油锅中加热使之成熟的一种加工技法。

【菜品特点】

外壳饱满，气孔细密，色泽金黄，外脆里嫩。

【原料】

多选用加工成块、条、丸等状的无骨动植物类原料。

【具体操作】

原料加工成块、条、丸等状，挂上用面粉、干淀粉、植物油、发酵粉、清水调制的脆皮糊，投入中火、热油锅内加热成熟至金黄色，出锅装盘。

【说明】

调制脆皮糊时，多搅容易起筋，不易挂上糊；少搅则会影响炸制品的丰满度。

（7）香炸

香炸是指将加工成片、条、球等形状的原料用调味品腌渍，拍上干面粉，裹上蛋液，再滚上粘料后，用旺火热油加热使之成熟的一种加工技法。

【菜品特点】

外香脆、里鲜嫩，松香可口。

【原料】

多选用加工成片、条、球的动植物类原料。

【具体操作】

原料腌渍后，拍干面粉，裹上蛋液，再均匀地滚上粘料（如面包屑、桃仁末、芝麻、松子等），用手压实；放入四成油温锅内炸至成熟，起锅，待油温升到七成时再复炸，起锅装盘。

【说明】

①如是植物、水果原料，则要加快加热速度，以防内部酥软。

②为了提高加工速度，可在蛋液中加入面粉（增加蛋液稠度），将原料腌渍后直接涂上蛋液，然后滚上粘料。

③可用吉士粉替代面粉，增加香味。

（8）纸包炸

纸包炸是指将加工成细小形状的原料用调味品腌渍后，用特殊纸张包裹成形，再用中油温加热使之成熟的一种加工技法。

【菜品特点】

外形整齐，原汁原味，鲜嫩细腻。

【原料】

多选用加工成丝、粒、丁、末、泥等动植物类原料。

【具体操作】

将加工成碎小形状的原料用调味品腌渍（或上浆）后，用锡纸、玻璃纸等将其包裹成形，投入中油温的油锅中加热至成熟，起锅装盘。

【说明】

①用纸包裹原料时，应在纸上抹油，以免原料与纸粘连影响食用。

②用纸包裹原料时，要留下一个开包的小角，方便食用时打开。

③包裹时，每份原料的分量应一致，大小均匀。

④炸制时油温不宜过高，否则包裹材料容易爆裂。

（9）卷包炸

卷包炸是指将加工成碎小状的原料经调味腌渍，或上浆，或加热成熟后，用猪网油、豆腐皮等卷成各种形状，外表拍粉、挂糊（或不挂糊），然后用旺火热油加热使之成熟的一种加工技法。

【菜品特点】

外皮焦脆，里边细嫩，口味咸鲜，色泽金黄。

【原料】

多选用加工成碎小状的丝、粒、丁、末、泥等动植物类原料做馅料。

【具体操作】

方法一：原料经腌渍，或上浆或加热成熟后，用猪网油、豆腐皮、糯米纸等原料包裹后，拍粉、挂糊，入大油量、五成油温的锅中，成熟后捞出；待油升温后再次入锅，加热至表皮酥脆，起锅装盘（大块的需改刀装盘）。

方法二：原料腌渍，或上浆，或加热成熟，用豆腐皮、春饼等原料包裹后，直接入五成油温的锅中加热至成熟；最后升高油温至原料表皮酥脆、色泽金黄，起锅装盘。

【说明】

①用猪网油包大卷时，加温前需用刀尖在表皮上扎几个小眼，防止炸裂，起锅后改刀装盘。

②用豆腐皮卷包时，入锅油温要适当降低，以防产生焦苦味。

(10) 松炸

松炸是指将原料调味，并挂上蛋泡糊，用小中火、温油加热使之成熟且表面呈浅黄色的一种加工技法。

【菜品特点】

色泽浅黄，蓬松绵软。

【原料】

多选用加工成片、条、块等形状的动植物类原料。

【具体操作】

选用软嫩无骨的原料，加工成片、条或块状，经调味，拍少量的粉，挂上蛋泡糊；将原料用小中火、温油加热至成熟，表面呈浅黄色起锅，装盘成菜。

【说明】

①松炸的原料均以小型原料为主，主要是减轻原料的重量，防止加热时原料下沉，成菜时原料不居中。

②鸡蛋清打起泡后，要加干淀粉成糊，干淀粉多了影响口感，少了会使蛋泡缺少支撑，成菜后难以定型。

③松炸与其他炸法的不同之处，主要是温油加热，成品松软不脆。

(11) 油淋

油淋也叫油泼，是指将原料用调味品腌渍后（或不腌渍），先行成熟，而后置于漏勺上，用手勺反复淋入热油，使之脆亮，改刀装盘后再淋上调味汁的一种加工技法。

【菜品特点】

色泽红亮，外皮脆香，内部鲜嫩。

【原料】

多选用整形的鸡、鸽等禽类原料。

【具体操作】

将鲜活质嫩的原料用调味品腌渍后（或不腌渍，或涂糖浆），先行成熟；再置于漏勺上用手勺反复淋入热油（或入中温油锅加热），使之表皮脆亮；起锅后沥尽油，改刀装盘，再淋上调味汁。

【说明】

①原料在加工时，要保持原料表皮的完整。

②原料表皮涂抹糖稀或酱油时，要求均匀。

③调味汁一般由葱末、姜末、酱油、白糖、醋、麻油、味精、鲜汤调制而成。

4. 炒

炒是指将小型原料，用少量油，以旺火快速翻拌成熟的一种加工技法。根据工艺特点和成菜风味，炒可分为生炒、熟炒、煸炒、滑炒和软炒等。

（1）生炒

生炒是指将切配好的小型原料，不经上浆挂糊，直接用旺火热油快速颠翻成菜的一种加工技法。

【菜品特点】

鲜香嫩爽，汁薄入味。

【原料】

多选用加工成丝、丁、片、条状的肉类、豆制品和蔬菜原料。

【具体操作】

将切配好的生料直接下锅，用旺火热油加热，加调味料翻炒均匀，至熟或刚断生，勾芡或不勾芡均要及时出锅。

【说明】

①如荤素合炒，则将荤料先行炒熟起锅，再炒素料，近成熟时放入荤料一起合炒成菜。

②根茎类蔬菜如需要保证成菜后有嫩脆的口感，烹制前可加少量精盐拌匀，以不渗透出过多的水分为宜。

③勾芡要薄。

④生炒烹制，一般颠拌要迅速，使原料受热一致，以保持原料的鲜嫩。

（2）熟炒

熟炒是指将经过初步熟处理，再切成丝、丁、片、条等状的小型原料，不经上浆、挂糊，直接用旺火热油快速颠拌，加调味料成菜的一种加工技法。

【菜品特点】

酥香滋润，见油不见汁。

【原料】

主料多采用加工成丝、片状的香肠、腌肉、酱肉等原料，辅料宜用青蒜、大葱、柿子椒、蒜薹等香辛味浓郁且质地脆嫩的原料。

【具体操作】

热锅少油中火，将原料反复翻拌，加入调味品、辅料，待炒出香味后即可出锅装盘。

【说明】

①有些不易迅速成熟的辅料，如蒜薹、鲜笋等，可预先加工成熟。

②若使用豆瓣酱、甜酱、豆豉等调味品，颠翻至出香味，才有理想的调味效果。

(3) 煸炒

煸炒又称干煸、干炒，是指将原料直接用旺火热油快速翻拨加热，使之干香滋润成菜的一种加工技法。

【菜品特点】

干香滋润，酥软脆嫩，亮油无汁。

【原料】

多选用加工成丝、条、丁状的动植物类原料。

【具体操作】

选用细嫩无筋的瘦肉或新鲜脆嫩的根茎类蔬菜，切成粗细均匀的丝（条、丁）状；炒锅滑油后，投入原料，用中火热油（120~150℃）翻炒至干香，滗出余油，放入调料、辅料继续颠拌均匀入味，起锅装盘。

【说明】

①煸具有不码味、不上浆挂糊、不勾芡的特点。

②煸与爆炒和滑炒的区别在于用油量的多少，煸使用的油量少，但油温高。

③干煸与生炒相似，生料不上浆，但干煸的时间比生炒时间长。

(4) 滑炒

滑炒是指将经刀工处理后的原料，码味上浆，投入中温油、中（小）油量的锅中用中火加热至熟，再与配料翻拌并勾芡的一种加工技法。

【菜品特点】

柔软滑嫩，芡汁紧包。

【原料】

多选用加工成丁、丝、片、条、粒和花形的动物类原料。

【具体操作】

原料切配后用盐、蛋清、芡粉上浆（也有少数不上浆），投入中小油量的温油锅中滑散沥油，另炝锅后放入配料、调料，再加芡汁与原料一起快速翻炒，出锅装盘。

【说明】

也有使用水替代油加热的，因为滑炒时的油温与沸水的水温非常接近，故效果相仿，且滑嫩不腻，称为"水滑"。

(5) 软炒

软炒是指将加工成流体、泥状、颗粒的半成品原料，先与调味品、鸡蛋清、淀粉调成泥状或半流体，再倒入中低温油中用手勺或铲子轻轻推动，使之凝结成菜的一种加工技法。

【菜品特点】

细嫩软滑，鲜香油润。

【原料】

主料多采用鸡蛋清、牛奶、鱼、虾、鸡肉、豆腐、豆类、薯类等原料，辅料多采用火腿、菜心、蘑菇等原料。

【具体操作】

把原料剔净筋络，捶砸成细蓉（豆薯类预熟后，制成细泥），加入鸡蛋清、干淀

粉和水搅拌；炒锅滑锅后，下多量油加热至三至五成，缓慢放入调好的原料，用手勺匀速地来回推动原料，使其凝结；起锅沥油，另炝锅放入辅料、调料、芡汁和凝结成片状的主料，和匀后出锅装盘。

【说明】

根据成菜是半凝固或软固体的要求，视主料的吸水性、干淀粉的糊化性能，掌握好鸡蛋清、牛奶、鲜汤之间的比例。

5. 爆

爆是将原料处理后，投入大油量、高油温的锅中快速加热成熟，并用碗芡调味勾芡的一种加工技法。爆根据使用的佐料不同，可分为蒜爆、葱爆、酱爆、芫爆。

【菜品特点】

脆嫩滋润，汁紧油亮。

【原料】

多选用质地较嫩、成熟较快的动物类原料。

①蒜爆、芫爆类菜肴一般都选用质地脆嫩的动物类原料。质地爽脆的动物类原料有鱿鱼、墨鱼、海螺、肚尖、肺、猪腰等，质地韧嫩的动物类原料有鸡肉、鸭肉、猪瘦肉、牛肉等。有时也可用蔬菜或豆制品类的原料制作蒜爆类菜肴，如蒜爆豆腐。

②酱爆类菜肴一般选用各种脆嫩的、加热后不易出水的动植物类原料。

③葱爆类菜肴一般选用鲜嫩的牛肉、羊肉。

【具体操作】

（以蒜爆为例）将原料剖上花刀（也有少数不剖），码味上浆（或不上浆）。取小碗一只，放入蒜泥、酒、盐、味精、湿淀粉和水，制成碗芡（注意掌握好水和湿淀粉的比例）。将原料投入中油量、高温的油锅中快速加热，起锅沥尽余油；再将原料投入留有底油的锅内，倒入碗芡快速翻拌，起锅装盘。

【说明】

①不上浆的原料，在入油锅前先入沸水锅中使其花纹定型，捞出再油爆成菜；

②上浆时，湿淀粉宜干宜少，码匀拌匀。

③在加热后起锅，要沥尽余油，使原料均匀裹上芡汁，最后不淋明油或少淋明油。

④成菜达到稠而不干，芡汁紧包，油亮滋润，食毕盘内无余汁为佳。

6. 烹

烹是指将原料经炸或煎，然后在原料上淋上不加芡粉的调味汁，使之入味的一种加工技法。

【菜品特点】

外酥香，里鲜嫩，略带汤汁，爽口不腻。

【原料】

多选用质地细嫩、粗纤维较少或加工成丝、条状的小型动植物类原料。

【具体操作】

原料改刀成条、块状拍粉（或不拍粉），投入中高温油中快速炸至外脆断生；起锅沥尽油，原锅炝锅，放回原料，淋入调味汁颠翻入味，出锅装盘。
【说明】
①烹又称炸烹，烹饪行业有"逢烹必炸"之说。加工成段、块、条等形状的原料均采用"炸"，少数加工成扁平状的原料采用"煎"。
②"烹"多选动物类原料。
③用于烹菜的复合型调味汁有茄汁味、咸鲜味、糖醋味、家常味、荔枝味等，不加芡粉。
④烹法菜肴有时也可以将淋汁的过程移到餐桌上，以增加进餐的气氛，如锅巴系列菜肴。

7. 熘

熘是指将经上浆，或拍粉、挂糊的原料，加热成熟，淋上稠汁，或将原料投入芡汁中搅拌，使原料入味的一种加工技法。熘根据操作不同，一般可分为脆熘、滑熘。

（1）脆熘

脆熘又称炸熘、焦熘，是指将加工成形的主料用调味品腌渍入味，挂上水粉糊或拍干粉等，然后用旺火、热油加热使之松脆，再淋上卤汁的一种加工技法。

【菜品特点】
外脆里嫩，味浓汁宽。
【原料】
多选用加工成片、条、块、球等形状、质地细嫩的动植物类原料。
【具体操作】
原料改刀，用适量调味品腌渍入味，拍粉（挂糊），入大油锅炸至成熟（呈金黄色）；起锅沥尽余油，复炸，另炝锅后用糖醋汁（柠檬汁、甜辣酱）调味勾芡，倒入原料翻拌（或淋于原料之上）成菜。
【说明】
①若是整条或整只的原料需剞上花刀。
②多量生产时一般主料先炸熟待用，之后再用旺油复炸，淋汁成菜。

（2）滑熘

滑熘是指将加工成小型的无骨原料上浆、滑油至熟后，勾以宽芡的一种加工技法。
【菜品特点】
汁宽滑嫩，鲜香醇厚。
【原料】
多选用加工成丝、片、条状的动植物类原料。
【具体操作】
原料加工成丝（或片、条）状，用盐、蛋清、芡粉上浆，投入中小油量的温油锅中滑散沥油；另炝锅后放入配料、调料、主料，勾宽芡，出锅装盘。
【说明】
在调料中加入酒糟，称为"糟熘"；加入茄汁，称为"茄熘"；加入柠檬汁，称

为"酸熘"。

8. 煎

煎是指用锅底或平锅，用低温、少量的油加热扁平状的原料，使原料单面或双面加热至成熟（呈金黄色）的一种加工技法。

【菜品特点】

外松脆、里鲜嫩。

【原料】

多选用扁平状的块或加工成扁平状的丝、粒、蓉等动植物类原料。

【具体操作】

把扁平状原料或加工成扁平状的原料，加酒、胡椒、盐腌渍，放入小油量的油锅中用小火加热，至表面金黄、内部成熟，滗去余油，淋入调味汁（或不淋汁），出锅装盘。

【说明】

①煎分为单面加热和双面加热，多数菜肴采用双面加热，酿豆腐、鸡蛋等少数菜肴采用单面加热。

②在加热前，一定要滑锅，防止原料粘锅。

③加热时，原料多半是在油中半露半没；较厚的原料可加入多量油使原料内部完全熟透，再沥尽油，继续加热至两面金黄。

9. 贴

贴是指将多种原料叠加后，放入少量油的锅中单面加热至成熟，再加调味汁成菜的一种加工技法。

【菜品特点】

色形美观，菜肴底面油润酥香，表面鲜香细嫩。

【原料】

多选用鱼肉、虾肉、鸡肉、猪肉、豆腐等原料，或加工成扁平状长方形、方形、圆形的无骨原料。

【具体操作】

将原料加工成长方形（或方形、圆形）片状，码味上浆，一般底部为肥膘，上面放两层以上的片（多为鸡肉、鱼肉、虾肉等），中间用鱼蓉黏合，最上面一般涂抹鱼蓉，并缀以图案；底部加热至结壳时，加水、酒后略加盖，利用蒸汽使原料成熟，最后水分蒸发至原料底部金黄，起锅装盘，并淋上亮芡或撒上调味料。

【说明】

①在黏合前，可在肥膘上戳几个小洞，撒上干淀粉，防止加热后变形与主料脱离。

②有些不易成熟的原料或整形原料，采用蒸汽加热至七八分熟后，再放入少量油的锅中单面加热至成熟。

③一些不淋芡汁的菜肴，可直接撒盐、胡椒粉等添味。

10. 熻

熻是指将原料挂糊后放入油锅内加热至两面金黄，再加入调味品，并掺入适量鲜汤，用小火收干汁水，或勾芡淋明油成菜的一种加工技法。

【菜品特点】

质酥鲜嫩，味香醇厚，色泽金红。

【原料】

多选用鱼肉、虾肉、鸡肉、猪肉、豆腐等加工成扁平状或长方形的无骨原料。

【具体操作】

将切配成形的原料，先用精盐码味，拍上一层面粉后在鸡蛋液里拖一下，放入小油量锅中用小火加热，原料呈金黄色后起锅。另起一锅，在原料中加入适量鲜汤和调味品，用小火收汁，勾芡（或不勾芡）、淋明油后起锅装盘。

【说明】

①需选用细嫩易熟的原料。

②面粉不宜拍得太厚。

二、气态介质传热烹调技法

气态介质主要利用热辐射或热对流的方式进行传热。在气态介质中加热原料，不会产生在水中加热出现的溶解与扩散现象；但是在气态介质中加热原料，调味料很难融入原料内部，所以使用气态介质加热原料一般在加工前或加工后进行调味。

气态介质传热烹调技法主要分为热空气传热法和水蒸气传热法两种。

(一) 热空气传热法

热空气传热是利用干热空气或辐射热能直接将原料加热成熟。热空气传热的设备有炭炉、电烤箱、熏盆等。它的最大特点是能使原料脱水变脆、肉质坚实、香味诱人。根据加热的介质，热空气传热可分为烤和烟熏两种。

1. 烤

烤是指将经过腌渍或加工的半成品原料，放入炉具中（或放在炉具上）加热，使原料成熟的一种加工技法。

根据烤炉设备的不同，烤可分为暗炉烤和明炉烤；根据操作方式的不同，烤可分为叉烤、吊烤、盘烤、泥烤、锡纸烤、火焰烤等。

【菜品特点】

色泽美观，形态大方，皮酥肉嫩，香味醇浓。

【原料】

多选用扁平状或整形的鱼肉、禽肉、畜肉和粮食类原料，以及蔬菜、豆制品等。

【具体操作】

原料经过腌渍或加工成半熟制品后（一般采用大块或整形原料），放入以柴、炭、煤、液化气、天然气为燃料的烤炉或红外线烤炉中，此为暗炉烤。如用明炉烤，则将原料用铁叉、铁签串上，放在敞开的烤炉上，根据原料的大小、质地，决定烤炉温度的高低和烤制时间的长短。小型原料要经常转动；大型原料要根据要求，在翻动的同时掌握好关键部位的加热，加热至原料内部成熟、表面黄亮，出炉装盘或改刀装盘。

【说明】

①根据成菜的要求，有些原料在腌渍后，表面涂以糖色或蜂蜜，经过风吹结壳后再行加热。

②有些原料在加热过程中进行调味，有些原料在装盘后，带味碟上桌蘸食。

③明炉烤和自助烤在原料的成形上应酌情加工，多加工成小型原料。

④有些原料用纸或荷叶包裹后，外面涂上泥巴，再行烤制。通过酒糟泥和荷叶的包裹隔热，使原料受热均匀，既保持本味，又增添了包裹材料的香味。

2. 烟熏

烟熏是指将成熟或接近成熟的原料置于加热设备中，利用制烟材料所释放的烟气加热，使菜肴带有烟香味，同时使原料成熟的一种加工技法。

根据原料生熟程度不同，烟熏可分为生熏和熟熏。

【菜品特点】

风味独特、色泽红黄。

【原料】

多选用鸡肉、鸭肉、鱼肉等动物类原料和少数的植物类原料。

【具体操作】

原料加工成小件或片，或蒸至即将成熟，放在设备中的铁网上，点燃制烟燃料，产生浓烟（无明火）后关门使浓烟与原料充分接触。浓烟熏制5～10分钟后，原料带有制烟燃料的特殊香味，并且充分成熟，出炉后装盘或改刀装盘。

【说明】

①制烟燃料一般有茶叶、竹叶、木屑和松树枝等，在实际运用中为便于取材，有时也使用锅巴、大米、糖等原料替代，但香味不及树叶与树枝。

②有些地方将经过腌渍的大块生原料用制烟燃料熏制风干，食用时再另行加工成熟。

③烟熏的菜肴含有一些对人体不利的成分，故使用时应有选择性。

（二）水蒸气传热法

水蒸气传热主要是利用水沸后形成的蒸汽加热原料使之成熟，也就是人们常说的"蒸"。蒸与其他技法相比，更能保持原料的水分和成品的原味，能使质地较嫩的原料成菜时保持鲜嫩，使质地较老的原料口感酥烂。因此，根据原料的性能和成菜的要求，要适当调整加热的气压。

按蒸汽的气压，水蒸气传热法可分为弱气加热法、中气加热法和强气加热法三类。

1. 弱气加热法

弱气加热法是指将原料放入低压气体蒸汽设备中，快中速加热使原料成熟的加工技法。

【原料】

多选用加工成蓉、泥的鱼虾或蛋奶制品。

【具体操作】

原料调味制成蓉状或液体状，放入蒸箱（或蒸笼），用低压气体对原料进行加热；有时加热设备还要留出一定的缝隙，将部分蒸汽泄出，使蒸汽在不饱和状态下，在中短时间内将原料加热成熟。

【说明】

①加热蛋泡糊，时间应控制在 30～60 秒。

②加热蛋糕，时间应控制在 30 分钟左右。

③加热鱼蓉菜，时间应控制在 3～5 分钟。

2. 中气加热法

中气加热法是指将原料放入饱和蒸汽设备中加热，使原料成熟的加工技法。

【原料】

多选用加工成形的或整形的动植物类原料。

【具体操作】

改刀成形或整形的原料，调味后放入蒸箱（或蒸笼）；用中压气体对原料加热，根据原料的质地和形体的大小，掌握加热时间（一般整鱼类为 5～7 分钟，质地较老的禽畜类为 2～3 小时），达到符合品质要求时出笼。

【说明】

①中气加热是将原料放入饱和蒸汽中加热，蒸汽处于动态平衡中，生成的蒸汽数量与泄出的蒸汽数量相一致，比弱气蒸的压力大大增加，加热温度较高，所以在开盖或开门时要注意安全。

②使用中气加热的菜肴多为预先装盘，出笼后可直接上桌。但有时为了防止高档餐具在加热过程中破损，可先用普通器皿来加热，上桌时再换盘。

3. 强气加热法

强气加热法是将原料放入高压蒸汽中加热，使原料成熟的加工技法。

【原料】

多选用质地老、体形大、质地要求酥烂的禽畜类原料。

【具体操作】

改刀成形或整形的原料，经调味后放入高压锅，用高压气体对原料进行加热，等小孔出气后加高压阀。根据原料的质地和形体的大小，掌握加热时间，一般为 5～20 分钟，达到酥烂后出锅装盘。

【说明】

①关闭火源后，等高压锅自然冷却（或用凉水冷却）至无气压时才能开盖，确保安全。

②高压锅可隔水加热或直接加热，如直接加热，原料不能超过容器的 2/3，以防浮沫堵住气孔，发生意外。

知识链接

蒸

蒸是利用水沸后形成的蒸汽加热原料使之成熟的一种技法，其特点是保持了菜肴的原形、原汁、原味，能在很大程度上保存菜肴的水分和各种营养素。它能使质老难熟、质嫩易熟的问题得到充分解决。因此，在运用蒸的技法时要根据原料的性能和成菜的要求，调整加热的气压。根据原料的加工方法，蒸可分为清蒸、粉蒸、包蒸、上浆蒸等；根据原料在蒸汽中的加热过程，蒸还可分为隔水蒸、带水蒸等。

（1）清蒸是指单一原料不加调料或加入单一调料（一般为咸鲜味），放入蒸汽中加热。它具有质地细嫩、清淡适口的特点。

（2）粉蒸是指将原料改刀后进行腌渍，再粘上一层米粉，放入蒸汽中加热。它具有软糯滋润、醇浓香鲜的特点。

（3）包蒸是指将原料码味后，外裹粽叶或荷叶等，再放入蒸汽中加热。它具有香味独特、形状美观的特点。

（4）上浆蒸是指将原料用蛋清、淀粉上一层厚浆后，再放入蒸汽中加热。它具有色泽光亮、口感滑嫩的特点。

（5）隔水蒸是指原料加调味料后不加汤汁，然后放入蒸汽中加热。为了防止蒸汽进入，器皿上还要加盖或包上保鲜膜。它具有造型完整、原汁原味的特点。

（6）带水蒸是指将原料放入容器中，加入适量的汤水，加盖（或不加盖）放入蒸汽中加热。它具有形态不变、汤清汁宽的特点。

三、固态介质传热烹调技法

固态介质传热的主要方式是传导，因此在烹调中大多不作为快速加热的介质（金属除外）。由于使用起来并不方便，所以除非特殊需要，一般固态介质传热的使用频率不高。通常，固态介质传热烹调技法有金属传热法、砂石传热法、盐传热法等几种类型。

（一）金属传热法

1. 铁板烧

铁板烧是将原料放在金属（铁板）之上，利用金属的温度加热原料，使原料成熟的一种加工技法。

【菜品特点】

风味别致、浓香鲜嫩。

【原料】

多选用经过加工调味成半熟的小型动植物类原料。

【具体操作】

将鲜嫩原料加工成小块，调味烹制成八九成熟；另将铁板烧红，倒入少量油，放上红葱圈或葱白（防止粘锅、增加香味），倒入半成品后马上加盖，利用铁板的温度将原料二次加热，约1~2分钟后开盖食用。

【说明】

一般为了增加气氛，将铁板烧红后，端到餐厅台面上完成后续程序。

2. 烙

烙是指将原料放在铁锅上，利用铁锅金属的温度加热原料使之成熟的一种加工技法。

【菜品特点】

干香松软，酥脆适口。

【原料】

多选用粮食类原料。

【具体操作】

将粉质的粮食类原料加水调制成面团，摊成薄饼；铁锅烧红，锅底抹少量油，放上薄饼，用铁锅的热量，将饼两面（或单面）加热使之成熟，起锅食用或另作他用。

【说明】

烙一般少用或不用油，主要传热介质是金属。

(二) 砂石传热法——石烹

石烹是将原料放在烧烫的石锅内（或烧烫的石头上），利用石材的温度加热原料，使原料成熟的一种加工技法。

【菜品特点】

风味独特，口味香醇。

【原料】

多选用虾、牛蛙等小型易熟的动植物类原料。

【具体操作】

方法一：将小型原料加工调味成半熟制品，或使用小型的生鲜原料；另将石锅烧烫，放上少量油、红葱圈、葱白或生菜（防止粘锅、增加香味），倒入半成品（或生鲜原料）、调料，利用石锅的温度加热原料，约1~2分钟后原料成熟。

方法二：鹅卵石烧烫，放入坚固的陶罐中，端上桌后将小型的生鲜原料和热的调味汁倒入陶罐中，加上盖子，用石头的热量使汤汁沸腾产生热气，原料成熟后开盖食用。

【说明】

①石锅的加热原理与铁板烧类似，只是加热的固体介质不同。

②盛放鹅卵石的容器应选用坚固结实的陶罐等。

(三) 盐传热法——盐焗

盐焗是指将原料放在盐中，通过盐的传热使原料成熟的一种加工技法。

【菜品特点】

肉质结实，香味独特。

【原料】

多选用禽类和水产原料。

【具体操作】

方法一：锅内放入量为原料4~5倍的粗盐，在粗盐中埋入经过调味腌渍、用纸包裹的原料，用中小火缓慢加热，使原料成熟。

方法二：先将粗盐炒烫，然后倒入盛放小型原料（已调味腌渍、用纸包裹）的餐具中，使原料正好置于盐的中间，用盐的温度使原料成熟。

【说明】

①此加热法由于用盐作为介质，所以在加热前，原料要用锡纸或韧性好的棉纸包裹起来，以防菜品过咸。

②如不用纸包裹，则要选用颗粒较大的盐为介质或易熟带壳的原料，并采用快速加热法。

③目前为了快速成菜，常采用微波盐焗法，在原料上面施一层薄的粗盐，然后将其加热成熟。

四、特殊混合烹调技法——油、水传热

特殊混合烹调技法是指将糖、油、水混合加热调味的一种特别技法。它是将糖与水、油介质加热，使糖受热产生一系列的变化，最终形成不同状态的成品。

特殊混合烹调技法常用的有四种：①起黏——烹饪行业习惯称其为蜜汁（以下统称蜜汁）①，②出霜——烹饪行业习惯称其为挂霜（以下统称挂霜），③出丝——烹饪行业习惯称其为拔丝（以下统称拔丝），④结壳——烹饪行业习惯称其为琉璃（以下称为琉璃）。这四种技法呈现的状态其实是一个连续的过程，将糖投入水中溶解，经过一定时间的加热，糖汁起黏，形成蜜汁；继续加热，水分蒸发，溶液开始过饱和，糖晶体析出冷却后形成糖霜；如果继续加热到颜色变化，则是糖的熔化阶段，黏性增大，在冷却前拉出晶莹的糖丝；如将原料裹上糖浆后冷却，就会形成一层琉璃状外壳。

（一）蜜汁

蜜汁是指将原料投入糖水中加热，使之渗入甜味，糖汁收浓后成菜的一种加工技法。

【菜品特点】

表面光亮，酥糯香甜。

【原料】

多选用水果、蔬菜和畜肉腌制品。

---

① 为了帮助学生更好地应对以后的实习工作和未来的就业，书中一些专用名词我们尽量采用烹饪行业的习惯称法。——编者

【具体操作】

原料中加糖、加水，用火或蒸汽将原料进行加热，捞出原料，再用大火使糖液起黏，淋浇于原料上或倒入原料拌匀。另一种方法是在原料中加糖、加水，用火将原料进行加热，直接收浓汁成菜。

【说明】

熬糖一般有两种方法：一种是以水为介质，针对无色的甜菜；另一种是以油为介质，用糖先上色再加水熬汁，针对有色的甜菜。

(二) 挂霜

挂霜是指将经过熟处理的原料，倒入熬制的糖液中，冷却后形成一层类似白霜的一种加工技法。

【菜品特点】

洁白似霜，松脆香甜。

【原料】

多选用小型的干果仁和挂糊炸制的水果、蔬菜和畜肉。

【具体操作】

方法一：将糖放入水中，用小火缓慢加热使糖充分溶解，根据糖液中起泡的情况掌握好温度；当糖泡由大变小时，立即放入原料翻拌至冷却出霜成菜。

方法二：将原料裹上酱汁，再滚上糖粉。

【说明】

①挂霜的糖与水的比例一般为 3∶1。原料与糖液的比例一般为 1.5∶1。

②加热时应注意火力的控制，开始的火力不能太大，否则溶解的速度小于蒸发的速度，将造成熬糖失败。当糖液的温度达到 110℃ 左右时，是结晶的最佳温度，糖液冷却到 80℃ 左右时，糖霜开始出现。

③挂霜的技法既可以应用于热菜，也可以应用于凉菜。

(三) 拔丝

拔丝是指将经过油炸的半成品，放入熬制的糖液中，翻拌出锅，拉动原料出丝成菜的一种加工技法。

【菜品特点】

色呈琥珀，外脆里嫩，口味甜香。

【原料】

多选用水分少、纤维少的果蔬原料。

【具体操作】

原料加工成小块或圆球，经拍粉、挂糊、油炸至成熟；另起锅，将糖放入水或油中，用中火加热至颜色变酱红色；当舀一勺糖液徐徐倒出，用嘴吹气能使其变成丝状时，在锅内放入已成熟的原料，颠翻至糖液均匀包裹原料，出锅装盘。

【说明】

①拔丝的糖与水的比例一般为 6∶1，糖与油的比例一般为 30∶1，原料与糖液

的比例一般为 3∶1。

②加热时应注意火力的控制，刚开始加热时的火力不能太大，否则糖色发黄将无法判断原料的老嫩程度。

③当糖液的温度达到160℃左右时即能出丝，糖液冷却后迅速凝结成玻璃状，形成淡黄、透明、脆硬的糖丝。

(四)琉璃

琉璃是指将原料放入熬制的糖液中，之后取出冷却，在原料表面形成一层脆糖的一种加工技法。

【菜品特点】

明亮晶莹，口味甜香。

【原料】

多选用水分少、纤维少的果蔬原料。

【具体操作】

选用小型的整形原料或加工成小块、圆球的原料，挂糊油炸至成熟（也有可生食的原料不挂糊和油炸）；另起锅，将糖放入水中，用中火加热，熬至水分蒸发、糖液浓稠，放入原料，裹上糖液后冷却成菜。

【说明】

①琉璃熬糖与出丝相同，只能用水不能用油。

②加热时也要注意火力的控制，使糖液中间微沸，熬制的浓度大于等于拔丝糖汁的浓度。

③一般原料用蘸汁法裹上糖液，这样能使原料之间不粘连，形状美观。

五、微波辐射烹调技法——微波加热

微波加热就是利用微波原理，采用蒸煮烧、蒸烤烘对原料进行加工使其成熟的一种技法。

【菜品特点】

快捷便利，适用度高。

【原料】

多选用经过初加工的动植物类原料。

【具体操作】

略。

4.3 冷菜烹调工艺技法

冷菜又名凉菜。冷菜烹调工艺技法是指将经过初步加工或切配后的半成品原料，通过调味或加热调味晾凉制成不同风味菜肴的烹调技法。冷菜一般有蘸拌、浸渍、腌制等手法，也有通过加热烹制手法，再晾凉加工成菜，还有借用热菜的烹调技法制作的冷菜。在此将冷菜独有的技法整理了若干种，但借用的热菜烹调技法在此不再赘述。

(一) 蘸

"蘸"又分生蘸和熟蘸，是指将新鲜原料直接加工成小块装盘，或将原料经加热成熟，经改刀装盘，然后带调料上桌。

1. 生蘸

生蘸是指将经刀工处理后的原料直接装盘，由食者自行选蘸调味品食用的一种加工技法。

【菜品特点】

清香鲜嫩，清脆爽口。

【原料】

多选用可生食的新鲜蔬果和水产原料。

【具体操作】

选用可生食的新鲜蔬果或水产原料，经刀工处理成片（或条、段）状后直接装盘，搭配甜酱、芥末酱、千岛汁、酱油等，由食者自行蘸食。

【说明】

一般搭配有多种蘸料，食者自选蘸食或调和蘸食。

2. 熟蘸

熟蘸是指将原料加热成熟（不加调料），冷却后直接装盘或经刀工处理后装盘，由食者自行选蘸调味品食用的一种加工技法。

【菜品特点】

原汁原味，香醇味美。

【原料】

多选用畜肉、禽蛋、水产类和新鲜蔬果原料。

【具体操作】

原料通过蒸、煮、氽等方法制熟，经刀工处理成片（或块、段）状后直接装盘，带酱油、辣酱、椒盐、白糖等上桌，由食者自行蘸食。

【说明】

一般放有多种蘸料，食者自选蘸食或调和蘸食。

(二) 拌

"拌"又称凉拌，是指将原料加工成丝、片、条、块等较小的形状，调味拌匀的一种加工技法。拌一般分为生拌（生料凉拌）、熟拌（熟料凉拌）和混合拌（生熟料混合凉拌）。

1. 生拌

生拌是指将生料用调味品拌匀成菜的一种加工技法。

【菜品特点】

制作方便，成菜清鲜爽口。

【原料】

多选用已加工成丝、片、条、块等状,质地较脆的动植物类原料。

【具体操作】

将原料清洗干净,加工成丝(或片、条、块等)状,加入调味品搅拌均匀,装盘成菜。

【说明】

①生食原料的清洗一般使用凉开水、过滤水或矿泉水。

②生拌菜的调味品多为盐、酱油、醋、麻油、味精和糖。

2. 熟拌

熟拌是指将晾凉的熟料,用调味品拌匀成菜的一种加工技法。

【菜品特点】

卫生快捷,除异留香。

【原料】

多选用已加工成丝、片、条、块等状,质地较嫩的动植物类原料。

【具体操作】

方法一:将原料清洗后蒸、煮成熟,晾凉后加工成丝(或片、条、块)状,放入调味品搅拌均匀,装盘成菜。

方法二:将原料清洗后加工成丝(或片、条、块)状,通过氽、煮等方式制熟后,放入调味品搅拌均匀,装盘成菜。

【说明】

绿色蔬菜原料为了保色,在焯水时水量要大,沸水中可加入少量的盐;成熟后及时出锅,用凉(冰)水过凉。

3. 混合拌

混合拌是指将生料和晾凉的熟料,用调味品拌匀成菜的一种加工技法。

【菜品特点】

荤素搭配,清香爽口。

【原料】

荤料多选用畜禽类原料制熟成丝、片状,素料多选用新鲜蔬菜或水果。

【具体操作】

原料清洗干净后,将荤料煮熟并加工成丝(片)状,与加工成形的素料一起加调味品拌匀,装盘成菜。

【说明】

混合拌也可素料在下、荤料在上,然后将调味汁淋在上面。

(三) 炝

"炝"分为生炝和熟炝两种。有些地方也把炝称为"炝拌"。炝与拌的方法类似,不同之处是炝的调料一般为花椒和酒,以麻、醉等辛辣口味为主。

1. 生炝

生炝又称醉炝，烹饪行业习惯简称为"醉"，是指将鲜活水产原料放入白酒、黄酒及辛辣调味品中，短时间腌渍成菜的一种加工技法。

【菜品特点】

口味醇厚，肉质鲜嫩。

【原料】

多选用鲜活的虾、蟹等水产原料。

【具体操作】

将鲜活虾、蟹洗净（蟹要切碎）放入容器中，倒入一勺白酒焖制片刻，倒出余水与白酒，加入黄酒、酱油、大蒜、辣椒、胡椒粉、糖、醋等调味品进行腌渍。虾的蹦跳速度减缓时（蟹的腌渍时间应延长）即可食用。

【说明】

鲜活原料在生炝前要放在清水中静养一段时间，让其尽吐腹内杂质后再行制作。

2. 熟炝

熟炝是指将小型的生料用沸水烫熟后，用复合调味料在热锅中拌匀成菜的一种加工技法。

【菜品特点】

鲜嫩味醇，香辣清脆。

【原料】

多选用已加工成片、块状的动植物类原料。

【具体操作】

原料清洗干净后，加工成丝、片、条、块状或花刀形，焯水制熟后放入复合型调味料，加热颠匀后装盘成菜。

【说明】

热炝原料焯水后应及时加调味料加热颠匀。调味料一般为花椒、胡椒面、胡椒油、酱油、米醋，口味比凉拌的菜肴稍重。

(四) 浸渍

浸渍是指将原料浸于溶液中，经过物理和化学反应，使之入味或"成熟"的一种加工技法。

1. 盐水浸

盐水浸是指将原料加热至熟后凉透成菜，改刀后放入调好味的盐水中，使之入味成菜的一种加工技法。

【菜品特点】

湿润入味，皮脆爽口。

【原料】

多选用已加工成片、块状或整形的动物类原料。

【具体操作】

将原料煮熟、晾凉,加工成片、块状或花刀形,放入调好味的汁水中(汁水一般由盐、水或盐、水、少量酒组成);浸泡1天后,原料入味即可食用。

【说明】

①动物类原料在加热时可适当放点葱、姜、酒,用来去腥。

②盐水浸不可采用浓鸡汤、肉汤浸渍,这两种汤因胶质厚,在冷却后易结冻,影响菜肴的美观。

2. 糖水浸

糖水浸是指将原料放入调好的浓糖水中,使之入味成菜的一种加工技法。

【菜品特点】

口感爽脆,适口不腻。

【原料】

多选用可生食的水果、蔬菜类原料,如萝卜、藕、黄瓜等原料。

【具体操作】

选用可生食的水果、蔬菜类原料,将其清洗消毒后,加工成片(或丝、卷)状,放入容器内排紧或压实,倒入浓糖水,浸渍12~24小时后即可食用。

【说明】

①根据原料本身的含水量,决定糖水的浓度。

②在糖水中可加入少量的盐、醋、柠檬酸等,以增加菜肴风味。

③原料直接加糖拌制,属于凉拌,不属于此类技法。

3. 卤水浸

卤水浸是指将煮熟或炸过的半成品,放入调制好的卤汁中浸泡入味,或与卤水一起加热再行浸泡,使之入味成菜的一种加工技法。

【菜品特点】

色泽红亮,醇香味浓。

【原料】

多选用猪肉、鱼、豆制品,以及禽和禽蛋类原料。

【具体操作】

原料加工成熟后,浸于调制好的卤汁之中(或与卤水一起加热再行浸泡);待卤汁渗透原料后,将原料取出改刀装盘,或酌情淋上卤汁即可食用。

【说明】

原料投入卤水中时,二者的温度要相同。

4. 果汁浸

果汁浸是指将原料放入水果浓汁中,使之入味成菜的一种加工技法。

【菜品特点】

色泽艳丽,酸甜适口。

【原料】
多选用可生食的水果和爽脆的蔬菜类原料，如莲藕、黄瓜、梨、荸荠、山药等。
【具体操作】
选用适宜的原料清洗消毒（或制熟），然后加工成片（或丝、卷）状，放入容器内，倒入果汁，浸渍几十分钟后即可食用。
【说明】
有些原料不预先浸渍，而是直接装盘后淋上果汁，再进行浸渍。

5. 醋浸

醋浸是指将原料放入酸醋中浸渍使之入味的一种加工技法。
【菜品特点】
香酸可口，风味奇特。
【原料】
多选用禽蛋和蔬菜类原料，如鸡蛋、黄瓜、花生、蒜头等。
【具体操作】
将洗净的原料整件（或加工成片、块状）放入容器中，加入适量糖或盐调味，倒入酸醋将原料浸没，加盖密封，约浸泡5～10天后启盖食用。
【说明】
①醋浸的口味较为特殊，有时为了使人们能够适应，可添加一些糖以缓解酸味。
②醋浸是利用醋的酸味使原料入味，在整个加工过程中原料不发酵。

6. 鱼露浸

鱼露浸是指将煮熟的半成品放入鱼露中，浸泡入味成菜的一种加工技法。
【菜品特点】
香醇味鲜，皮脆肉糯。
【原料】
多选用家禽、家畜及其内脏等原料。
【具体操作】
将原料洗净，加工成熟后晾凉，切成大块放入容器内；鱼露加鲜汤加热后晾凉，倒入容器，将原料浸渍5～6天后即可食用。
【说明】
鱼露是由鱼酱和虾酱制成，故鱼露也称虾油露。

7. 酒浸

酒浸是指用酒、盐将原料浸渍入味的一种加工技法。一般将原料用酒浸5天以上即可食用。酒浸习惯称"醉"，根据原料的生熟，可分为生醉、熟醉和干醉。
【菜品特点】
酒香浓郁，味鲜细嫩。
【原料】
多选用禽畜原料和鱼、蟹等水产原料。

【具体操作】

①生醉：原料洗净沥干后放入容器内，加入由黄酒、酱油、糖等调制而成的汁水，浸渍数天后即可食用。

②熟醉：原料洗净，加工成熟后晾凉，放入容器内，加入由黄酒、酱油、糖（或白酒、盐）等调制而成的汁水，浸渍1～2天后即可食用。

③干醉：其实是生醉的一种，是对风干腌制品再加酒进行浸渍，起到杀菌保质、增加香味的作用。

【说明】

①生醉的原料一般为鲜活水产原料。如醉湖蟹，在醉制前将蟹放在清水内，让其吐尽腹内杂质，再行制作。调料一般以黄酒为主，辅以酱油（增味）、糖（去酒的苦味和酱的腥味），浸渍数天可食。

②熟醉的原料一般为禽畜类熟料和制熟的香螺、玉螺等。

③干醉一般用于风干腌制品的再加工，如将咸鱼、咸鲞切成段后喷入白酒或黄酒，密封以增加香味和延长保存期。

8. 糟

糟是指将原料置于糟和盐的浸渍液中，密闭入味、增香的一种加工技法。糟使用的原料有生、熟之分，故糟有生糟、熟糟之分。

【菜品特点】

酒香浓郁，酥糯不腻。

【原料】

多选用鸡、鹅及其内脏和水产原料。

【具体操作】

①生糟：原料洗净，加入糟汁，压实密封，浸渍10天后即可取出，熟处理后可食用。

②熟糟：原料煮熟后晾凉、切块，放入容器内，加入糟汁，上放糟包（也可放入酒酿卤），压实密封数天后即可食用。

【说明】

①糟汁的制作：将香糟500g、黄酒2 000mL、白糖15g混合搅拌均匀，然后用纱布包住过滤成汁。

②酒酿卤的制作：将酒酿1 500g（不计汁）、白酒1 500mL、白糖100g、炒制花椒2g混合搅拌均匀即可。

9. 泡

泡是指将新鲜的蔬菜原料放入一定浓度的盐溶液中厌氧发酵至熟的一种加工技法。泡有水泡和干泡两种。

【菜品特点】

咸酸微辣，蒜香浓郁。

【原料】

多选用卷心菜、大白菜、萝卜、胡萝卜、黄瓜、莴笋、豇豆等新鲜蔬菜。

【具体操作】

①水泡：蔬菜洗净晾干后切片，与配料（大蒜、红椒）拌匀，塞入特制的泡菜坛，装满压紧，倒入盐水淹没原料，并且加盖密封，造成缺氧的环境，5天后即可开盖食用。

②干泡：蔬菜洗净晾干，将整料（或整叶，也可对剖几刀）涂抹上酱料，塞入泡菜坛装满压紧，密封7天后即可取出改刀食用。

【说明】

①原料清洗后，要晾干水分再行制作。

②制作泡菜要使用特制的坛子，在口径的凹口处可以用水封口，这样可完全杜绝外界空气的进入，使厌氧的乳酸菌更好地发酵。

③如果原料发酵过头，酸味太重，食用时可加糖减轻酸味。

④干泡的酱料一般用蒜末、辣椒面、盐、香油、白糖、梨末等调制而成。

（五）腌制

腌制是指利用盐、糖等溶液的渗透作用，使原料中的水分脱出，调味汁进入原料内部，同时抑制微生物和酶的活动，达到防止食品腐坏的目的，从而延长保质期，并增添风味的一种加工技法。

1. 盐腌

盐腌是指利用盐的渗透作用，长时间腌渍原料使之入味的一种加工技法。

盐腌又分为干腌和湿腌。蔬菜经盐腌后可直接食用。

【菜品特点】

风味别致，咸香入味。

【原料】

多选用水产、禽畜和蔬菜等动植物类原料。

【具体操作】

(1) 干腌

① 生料干腌。把洗净的鱼类、禽畜类生料滴净血水后放入容器，一层原料一层盐，并且压实压严（可在原料上面再压数块石头），数天后启缸吊挂，先晾晒1~2天，再阴晾7~15天，食用时另行熟处理。

② 熟料干腌。把禽畜类原料煮熟后晾凉，放入容器，裹上盐，密封存放数天，改刀加工即可食用。

(2) 湿腌

① 生料湿腌。将蔬菜类原料放入容器，一层原料一层盐，并且压实压严（可在原料上面再压数块石头），一天内原料溢出水分，浸没月余后直接生食或加工成熟后食用。禽蛋类原料加饱和盐水浸20余天，煮熟可食。

② 熟料湿腌。将水产类原料煮熟后用浓盐水浸没，1天后可改刀食用。

2. 酱油腌

酱油腌是指利用酱油的渗透作用，将原料长时间浸没在酱油之中使之入味，晾干后蒸制成菜（或直接食用）的一种加工技法。

酱油腌有干腌和湿腌两种。

【菜品特点】

色红味咸，酱香浓郁。

【原料】

多选用禽畜及其内脏和鱼类等原料。

【具体操作】

①干腌：把禽畜类生料滴干血水，放入容器，用酱油浸没数天，启缸吊挂，先晾晒1～2天，再阴晾7～15天，食用时另行熟处理。

②湿腌：原料略用盐脱水，或手捏脱水，放入容器，用酱油浸没，腌渍数小时或数天后滤去酱油，食用时添加调味料（如香油、糖、味精等）。

【说明】

①干腌酱制工艺一般选用禽畜类原料，宜在冬天进行。吊挂风干时最好用太阳晒两次，以增加香味。

②无论是干腌还是湿腌，都要根据原料的大小来掌握晾晒时间，如小薄原料要缩短晾晒时间，以防脱水严重，影响口感。

③有时在酱油内放入八角、姜、酒等，来增加风味。

④湿腌酱制工艺一般选用蔬菜类原料，如萝卜、黄瓜等。

3. 碱腌

碱腌是指使用由纯碱、石灰、食盐等材料制成的混合制剂，对鲜蛋浸拌使之变性成熟的一种加工技法。碱腌鲜蛋俗称变蛋、皮蛋。

【原料】

多选用鸭蛋、鹌鹑蛋等禽蛋类原料。

【具体操作】

略。

【说明】现在制作变蛋已成为食品工业加工的范畴，既能大批量生产，又能保证产品的安全可靠，所以一般不列入烹饪工艺。

（六）热制

热制凉菜是指将原料加热烹调晾凉后成菜的一种加工技法，这是冷菜制作中常采用的技法。这些技法与热菜技法有所不同，具有冷菜的特色和风味。

1. 卤

卤是指将大块或整形原料，放入卤汁中，中火加热使之入味成熟，晾凉后装盘的一种加工技法。

【菜品特点】

色红酱香，滋润醇厚。

【原料】

多选用畜肉、禽蛋类原料及其内脏。

【具体操作】

锅底先放竹垫和葱姜，再放入整形或大块原料，加入调料或卤汁，大火加热至沸，中火使之成熟入味，至原料酥软起锅，晾凉后改刀装盘。

【说明】

①卤汁一般由酱油、黄酒、糖、葱姜、香料熬制。

②原料起锅后留下的卤汁，习惯称其为"老卤"，第二次卤制时加入，能有起色增香的作用。

③动物内脏建议焯水后卤制。

2. 冻

冻是指利用原料的胶质（或酌情加入含胶质的原料），经加热蒸煮使胶质充分溶化，再经冷却凝固成菜的一种加工技法。

【菜品特点】

外形晶莹透明，口感柔嫩爽口。

【原料】

多选用已加工成小块的畜肉、鱼虾、水果、禽蛋类原料。

【具体操作】

把富含胶质的鱼、羊肉等原料加热调味至熟，去骨、撕碎，趁热连汤水一起倒入容器中，冷却凝固后改刀或覆扣装盘。

本身没有胶质的原料，就要将用猪皮熬制的胶汁，或将鱼胶片、琼脂等熬制到适当浓度，调成菜品需要的口味，趁热倒入盛原料的容器中，冷却凝固后，改刀或覆扣装盘。

【说明】

如另加胶质，一般荤菜采用猪皮、鱼胶制成咸鲜味冻菜，水果类菜肴采用琼脂制成甜味冻菜。

3. 炸收

炸收是指将用油处理过的半成品入锅，加调味料用中火或小火加热，使之入味收汁成菜，晾凉后装盘的一种加工技法。

【菜品特点】

色泽棕红，醇厚酥松。

【原料】

鱼类、畜肉类、豆制品、禽及禽蛋类原料。

【具体操作】

原料加工成丝（或条、片、丁、块、段等）状，经油炸后沥尽油，放入复合调味料，中火加热，使之酥烂入味，收汁起锅，倒入容器晾凉。因晾凉后色无光泽，再加香油或辣椒油拌匀后装盘。

【说明】

炸收菜肴的口味多为复合味，如咸甜味、五香味、麻辣味、怪味、鱼香味、茄汁味、豉香味、糖醋味、咸鲜味和咖喱味等。

4. 酥

酥是指将经油熟处理后的原料排列于锅内，加含醋的复合调料，用小火焖至酥软，晾凉后装盘的一种加工技法。

【菜品特点】

骨酥肉烂，香酥适口。

【原料】

多选用整形或加工成块的鱼、排骨和海带等原料。

【具体操作】

原料加工洗净，炸至酥脆，沥尽余油；另起锅，锅内加酱油、糖、酒、香料及醋等调料，小火将已炸制的原料焖至酥软，收汁成菜，晾凉后装盘食用。

【说明】

收汁时为了使成菜湿润光泽，有时打破常规使用热菜中的芡粉，但要少且薄，只起光泽而看不到芡汁。

5. 制松

制松是指将原料通过油炸、烘烤、翻炒等方法，使之脱水成菜的一种加工技法。

【菜品特点】

形似细蓉，质地酥松。

【原料】

多选用鱼类、禽蛋类、豆制品及蔬菜类原料。

【具体操作】

原料加工成丝（或块、液）等，经油炸、翻炒后沥尽油，放在纸巾上吸净余油，拌入调味装盘。

【说明】

液体原料在加热前调味。

烹制工艺篇

　　烹饪工艺是一项实践性非常强的技术，它离不开深厚的理论知识的积累。只有实践和理论相结合，才能使学习更有效。

　　本篇以上浆、挂糊、勾芡和烹调工艺为任务目标，通过专业教师的示范，提高学生的学习兴趣。本篇甄选了一批全国各地烹饪职业技能鉴定的考核菜肴。要求学生通过各项任务的操作，了解典型菜肴的制作规律与操作要领，并提高自己分析问题和解决问题的能力，为以后的学习和职业发展打下扎实的基础。

本篇知识结构图

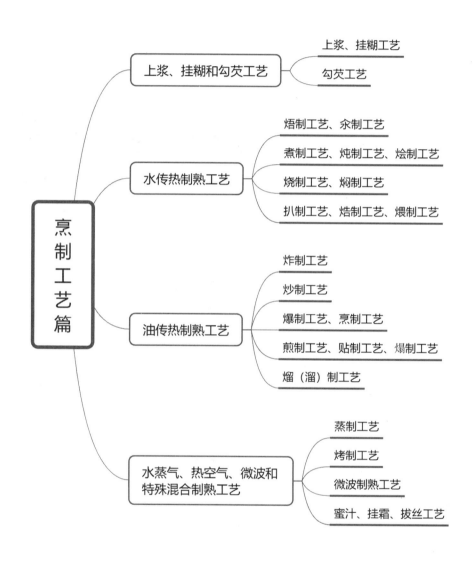

第 5 章　上浆、挂糊和勾芡工艺

学习目标

- 了解上浆、挂糊和勾芡的作用、种类和技法，以及它们之间的关系
- 熟记上浆、挂糊和勾芡的方法，并能结合实际进行运用

5.1 上浆、挂糊工艺

> **微课学习指导**
>
> 请在学习本节内容前观看微课 5.1，对本节重点、难点内容进行预习；课后再观看一遍微课，检查自己是否已经掌握本节的所有知识点。

上浆、挂糊是指在烹饪原料表面挂上一层黏性的流体物质或半流体物质。上浆是把蛋清、淀粉及调味品直接加在原料上，然后抓匀；挂糊是先用淀粉和水或蛋液调制成糊，再把原料在糊中拖过，使之挂上一层薄糊。上浆和挂糊对菜肴的色、香、味、形各方面均有很大影响。

一、上浆、挂糊的作用

（一）减少原料的营养物质的流失

在高温烹制的条件下，菜肴所含的蛋白质、维生素等营养成分往往容易破坏，经过挂糊、上浆可以保持营养成分，使之少受损失。同时，糊、浆本身是由淀粉、鸡蛋和一些调味品制成的，具有丰富的营养价值，这样相对地增加了营养成分。

（二）保持原料香脆：柔润：鲜嫩

鸡、虾、鱼、肉等韧性材料如不上浆、挂糊，直接投入旺火热油中烹调，会使原料表面骤受高温而导致肉质收缩，原料内部的水分和鲜味也会随油耗干，使菜品干瘪、老硬，既不鲜又不嫩。上浆挂糊后，原料间接经油加热成熟，保持了水分和鲜味，而外部的浆、糊经热油烹制，形成一层香脆、松酥、光润的薄层，整个菜品外酥里嫩，鲜美可口。

（三）保持原料切口加工的形态

鲜嫩、松软、易碎散的鸡、鱼、虾以及比较细小的片、丁、丝、条等肉品，经过烹调后极易破碎变形，如果用浆、糊保护，不仅可以保持原料的原形，还能使菜肴形态变得更加饱满，色泽更加艳丽。

二、浆、糊的原料和种类

（一）浆、糊的原料

浆、糊的主要原料有淀粉、面粉、鸡蛋，其中淀粉所起的作用最为重要。淀粉的糊化能形成一定的保护层和黏稠度，一般选用糊化速度快、糊化效果好、黏度上升快、透明度高的淀粉，如马铃薯淀粉、玉米淀粉、甘薯淀粉等。

(二) 浆、糊的种类

1. 浆的种类

(1) 水粉浆

水粉浆主要是由干淀粉和水调制而成,然后将其加入已码味的原料中,拌匀抓透。它适用于熘、炒、氽等方法烹制的菜肴,如炒猪肝、爆腰花等。

(2) 蛋清粉浆

蛋清粉浆主要是由鸡蛋清、湿淀粉调制而成,然后将其加入已码味的原料中,拌匀抓透。蛋清粉浆是常用的浆料,适用于滑熘、滑炒、软炒等方法烹制的菜肴,如滑熘里脊、滑炒鸡丝冬笋、水晶虾仁、四宝炒鲜奶等。

(3) 全蛋粉浆

全蛋粉浆主要由全蛋液、湿淀粉调制而成,然后将其加入已码味的原料中,拌匀抓透。它适用于熘、炒、爆等方法烹制的深色菜肴,如熘肉片、钱江肉丝、酱爆肉丁等。

(4) 苏打粉浆

苏打粉浆主要由鸡蛋清、湿淀粉、苏打粉、水、精盐和白糖调制而成,然后将其直接加入原料中,拌匀抓透,促使原料充分吸收浆水,达到嫩化原料的目的。它适用于熘、炒等方法烹制的深色菜肴,如蚝油牛肉、尖椒牛柳、沙茶牛肉等。

(5) 脆皮浆

脆皮浆主要是由米醋、湿淀粉和饴糖等搅拌而成,然后将其抹在半熟或全熟的原料表面,再将原料挂在通风处吹干或晾干。脆皮浆适用于炸、烤等方法烹制的菜肴,如脆皮鸡、脆皮烤鸭、脆皮大肠、炸乳鸽等。

2. 糊的种类

糊的调制较为复杂,由于使用原料的性质、比例不同,其种类也有一定的差异。常用的糊有以下八种。

(1) 水粉糊

水粉糊主要是由干淀粉和水调制而成(干淀粉与水的比例约为 5∶4)。它适用于干炸、熘、烹等方法烹制的菜肴,如干炸肉段、炸烹肉片、糖醋鲤鱼等。

(2) 全蛋糊

全蛋糊主要是由全蛋液、干淀粉、面粉和水调制而成(面粉与干淀粉的比例约为6∶4)。它适用于炸、熘、烹、锅烧等方法烹制的菜肴,如软炸虾仁、糖醋鱼块、清烹鸡条、锅烧肘子等。

(3) 蛋清糊

蛋清糊主要是由鸡蛋清、干淀粉和水调制而成。它适用于软炸、拔丝等方法烹制的菜肴,如软炸鸡脯、酥白肉、拔丝山药等。

(4) 蛋泡糊

将鸡蛋清搅打成蛋泡状,再加入干淀粉轻轻翻拌均匀,即为蛋泡糊。它适用于松炸、蒸等方法烹制的菜肴,如高丽大虾、鸳鸯飞龙汤等。

(5) 干粉糊

干粉糊不用预先调糊,实际上是一种将原料码味(或用网油卷包成形)后,直接拍上干淀粉或面粉的一种方法。它适用于煎、炸、烹、炒等方法烹制的菜肴,如松鼠鳜鱼、抓炒豆腐等。

(6) 拍粉拖蛋糊

拍粉拖蛋糊不用预先调糊,它是将面粉或干淀粉先拍在原料表面,然后再拖上一层鸡蛋液的一种挂糊技法。它适用于煎、㸆、焖等方法烹制的菜肴,如锅㸆豆腐、油泼鱼扇等。

(7) 拍粉拖蛋滚渣糊

拍粉拖蛋滚渣糊是一种将码味后的原料,先拍上面粉,后拖上鸡蛋液,再均匀滚上各种香型粉屑物(如面包糠、椰蓉、芝麻、花生仁、核桃仁、松子等)的一种挂糊技法。它主要适用于炸的菜肴,如奶油鸡球、椰蓉鱼片、芝麻肉条、果仁鸭方、松子大虾、银丝鸡球等。

(8) 发粉糊

①酥粉糊。酥粉糊是由面粉、发酵粉和水调制而成,适用于酥炸的菜肴,如苔菜拖黄鱼。

②面拖糊。面拖糊是由面粉、鸡蛋、发酵粉和水调制而成,适用于面拖炸的菜肴,如苔菜拖黄鱼、面拖小虾、面拖蔬菜。

③脆皮糊。脆皮糊是由面粉、干淀粉、发酵粉、色拉油、蛋清和水调制而成,适用于脆炸的菜肴,如脆皮大虾、脆皮鲜奶。

三、上浆、挂糊的操作要领

(一) 上浆的操作要领

1. 上浆的步骤

上浆的步骤如图 5-1 所示。

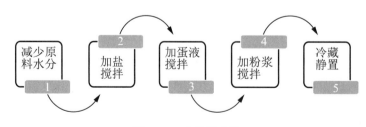

图 5-1 上浆的步骤

原料在上浆前,必须用干毛巾或吸水纸将原料中的水分吸掉一部分,再用精盐(可加料酒、葱姜汁、味精等)抓捏,对原料进行码味,使盐分与原料内部的水分充分结合;之后加入鸡蛋液,鸡蛋液具有良好的亲水性,与原料中含盐的水分融合,产生胶粘类物质渗入原料的内部,并包裹在原料表面;再根据原料的干湿程度加入一定量的湿淀粉,通过搅拌使淀粉与胶粘类物质搅拌均匀(肉眼可见白色的淀粉渗入原料的纤维之中),使原料从里到外有了混合保护液。最后,原料需要静置片刻,使这保护液得到稳定。

2. 浆的浓稠度

浆的浓稠度主要是根据原料性质和烹调要求确定的。

质嫩形小的原料,浆要稠一些;质老形小的原料,浆要稀一些。因为质嫩的原料一般含水量较多,吸水性能较差,所以上浆时浆要稠一些,既可防止原料丢失水分,又能避免脱浆;反之,质老的原料含水量较少,吸水能力较强,所以上浆时浆要稀一些,有利于原料充分吸收水分,达到嫩化的目的。此外,冷冻的原料,浆要稠一些;新鲜的原料,浆要稀一些。立即烹调的原料,浆要稠一些;等待烹调的原料,浆要稀一些。

无论浆是稀是薄,都必须抓拌均匀,使浆均匀地包裹在原料表面,防止出水现象的发生。

(二)挂糊的操作要领

1. 调糊的步骤

糊的种类较多,有水粉糊、全蛋糊、蛋清糊、发粉糊等,但无论是哪种糊,在调糊时,一般先慢后快、先轻后重、先厚后薄,使面粉颗粒充分调匀,糊才能均匀细腻、无颗粒。

以全蛋糊为例,在调糊时先磕入鸡蛋,打散后加面粉、干淀粉和少量水,调匀后再添足水量搅拌,使其厚薄适宜、细腻无颗粒。

2. 挂糊的关键

根据糊的种类把握好挂糊的时机。挂蛋清糊,一要及时使用,二要动作快;挂发粉糊,要先将糊静置数分钟,让其发酵后再挂糊;挂拍粉拖蛋糊,原料拍粉后要待干粉还潮,或用喷壶将其喷湿,再行挂糊。挂糊时要把原料表面均匀地包裹起来,形成一个完整的保护层,再入油锅炸制。

5.2 勾芡工艺

▶ 微课学习指导

请在学习本节内容前观看微课 5.2.1、5.2.2,对本节重、难点内容进行预习;课后再观看一遍微课,检查自己是否已经掌握本节的所有知识点。

勾芡是指根据烹调的要求,在菜肴接近成熟或成熟时,将调好的粉汁淋入锅内,使汤汁浓稠,黏附或部分黏附于菜肴之上的一种烹饪技术。

一、勾芡的作用

(一) 使菜肴卤汁稠浓，鲜美入味

一些旺火速成的烹调方法，由于加热时间较短，调味品很难渗入到原料中去，勾芡可使卤汁稠浓，增加原料的吸附力。烹调时只要稍加颠翻炒锅，卤汁就均匀地附着在原料表面，吃时就会有滋有味。

(二) 使菜肴形状美观，色泽鲜明

菜肴经过勾芡以后，由于增加了汤汁的黏性和浓度，芡汁均匀地包裹在原料表面，使菜肴的外形丰满美观，同时淀粉糊化后，产生了一种特有的透明光泽，使菜肴的色泽更加鲜明、艳丽。

(三) 能突出菜肴的风格

有些羹汤菜肴，勾芡后再加主料，可以使主料不沉底，浮游于羹、汤之中，既增加了菜肴的美观，又突出了主料的特点。另外，勾芡使菜肴具有一种滑润的口感，从而使菜肴形成了不同的风味。

(四) 能保持菜肴的温度

俗语说"一热顶三鲜"，菜肴的温度直接关系到菜肴的质地和味道。芡汁紧包原料，能延缓菜肴热量的散发，起到保温作用。

二、勾芡的粉汁

粉汁在一些地区也被称为粉芡，是菜肴勾芡时淋入的汁水。粉汁又分为纯粉汁和调味粉汁。

(一) 纯粉汁

纯粉汁是由淀粉和水调制而成，也就是调稀的湿淀粉。这种粉汁主要用于炒、烧、烩、焖、扒等烹调方法。在汤汁适量时淋入纯粉汁，使汤汁变得浓稠，增加成品的光泽、色泽、滋味和质感。

(二) 调味粉汁

调味粉汁是由鲜汤或水加上调味品和淀粉调制而成的。烹饪业习惯称其为碗芡、兑芡汁（本书后面统称为"碗芡"）。这种粉汁主要用于滑炒、熘、爆等烹调方法，一般在菜肴接近成熟时，将其加入菜肴中，使菜肴达到所要求的标准。

三、芡的种类

由于菜肴的烹调方法和菜肴成品的特点不同，其芡的浓稠度、使用方法也不相同。芡可分为包芡、流芡、米汤芡和玻璃芡四种。

(一) 包芡

包芡又称紧芡、厚芡。包芡的芡汁中淀粉含量较多，加热成熟后可使菜肴的汤汁成为黏稠的淀粉溶胶体，将原料均匀地包裹起来。它适用于爆、熘等方法烹制的菜肴，如油爆双脆、焦熘肉段、糖醋里脊等。

(二) 流芡

流芡是一种能够流动的芡（浓稠度较包芡要稀）。流芡的芡汁中淀粉含量适中，加热成熟后芡汁具有一定的黏稠度，能增进菜肴的滋味和色泽。它适用于烧、扒、熘、焖等方法烹制的菜肴，如扒肘子、熘鱼片、黄焖鱼翅等。

(三) 米汤芡

米汤芡是一种较稀的芡汁，类似米汤，芡汁透明、黏度小，正好能使原料浮游于羹汤之中不下沉。它适用于烩菜、羹汤等菜品，如酸辣汤、海参黄鱼羹、八珍海味羹等。

(四) 玻璃芡

玻璃芡是最稀薄的一种芡汁，透明度强，一般用于给菜肴做造型。它多用于蒸制的菜肴，如一品豆腐、鸳鸯荷花虾等。玻璃芡既能使造型菜肴不被损坏，又能增加菜品的光泽。

四、勾芡的方法

勾芡是烹调菜肴最后的一道工序，也是一个重要的环节。只有掌握了勾芡的方法，才能把握好菜肴芡汁的多少和稀稠，达到成品的要求。

勾芡的方法一般是根据烹调方法的要求和成品的特点决定的。在烹饪行业，常用的勾芡方法有拌芡、淋芡、浇芡三种。

(一) 拌芡

拌芡是使用最广的一种勾芡方法，具体又可分为调芡拌、兑芡拌、卧芡拌三种。

1. 调芡拌

调芡拌就是在菜肴的口味、色泽确定之后，将粉汁加入锅内，与原料和汤汁一起加热搅拌均匀的一种勾芡方法。它主要适用于炒、烧、焖、烩等方法烹制的菜肴，如宋嫂鱼羹、碎烧鱼块、虾子烩豆腐等。

2. 兑芡拌

兑芡拌是等菜肴接近成熟时，将预先兑好的碗芡倒入菜肴中搅拌，使原料表面均匀地包裹上芡汁的一种勾芡方法。它主要适用于炒、熘、爆等方法烹制的菜肴，如滑熘里脊、油爆肚仁等。兑芡拌具有操作迅速、简便的特点。

3. 卧芡拌

卧芡拌是在锅内加入调味品和粉汁，然后加热成芡，或倒入碗芡后进行加热，再倒入原料搅拌均匀的一种勾芡方法。它主要适用于熘、炒、爆等方法烹制的菜肴，如抓炒豆腐、焦炒肉条、樱桃肉等。卧芡拌操作方法较对简单，适用于量大的菜肴。

（二）淋芡

淋芡使用的是纯粉汁，其操作方法是：在菜肴接近成熟时，一边淋入粉汁，一边晃动锅中菜肴，使菜肴汤汁浓稠，并且芡汁均匀地附着于原料表面的一种勾芡方法。它主要适用于扒、焖等方法烹制的菜肴，如扒三白、黄焖鱼翅等。

淋芡是操作难度最大的一种勾芡方法，芡汁既要均匀，又要与原料相互融合，同时还要大翻勺，使成品具有形状整齐、形体完整的特点。

（三）浇芡

浇芡是在成品装盘后，将调味过的热芡浇在菜肴上的一种勾芡方法。它主要适用于炸、熘、蒸等方法烹制的菜肴，如糖醋鲤鱼、西湖醋鱼、八宝莲子鸡等。浇芡是使用较多的一种勾芡方法，具有形状美观、操作简便的特点。

五、勾芡的基本要求

（一）把握勾芡的时机

勾芡必须在菜肴接近成熟或成熟时进行，过早或过迟勾芡均会降低菜肴的质量。过早勾芡，芡汁久沸会变浑浊、失去光泽；过迟勾芡，因糊化时间不够，芡汁会因没有完全成熟而导致不透明。

（二）把控好芡汁的使用量

调芡拌和卧芡拌要根据汤汁的多少和火候情况，在汤汁微沸时，淋入适量的湿淀粉，并及时拌匀使之成熟。兑芡拌就要根据经验，在兑汁时加入适量湿淀粉，淋入原料中后及时均匀地颠翻，使芡汁紧包原料。所以，一定要把控好芡汁的多少和稀薄度。

（三）调味结束后勾芡

勾芡必须在菜肴的口味、色泽等确定后再进行，使菜肴不仅具有滋味、色泽，而且具有一定的光泽度；如果勾芡后再想调整菜肴的口味，就要再次勾芡，但这样会导致芡汁无光泽或出现流芡现象。

（四）根据情况灵活勾芡

勾芡虽然是形成菜肴属性的一项重要手段，但使用不当也会影响菜肴质量。例如，主料含胶质丰富或淀粉含量高的菜肴，就要少勾芡或不勾芡；如使用黏性调味品的菜肴，就不需要勾芡。有些生炒菜肴本不需要勾芡，但若用来围边，最好适当淋点玻璃芡。所以，要根据菜肴的烹制情况来灵活勾芡。

第 6 章　水传热制熟工艺

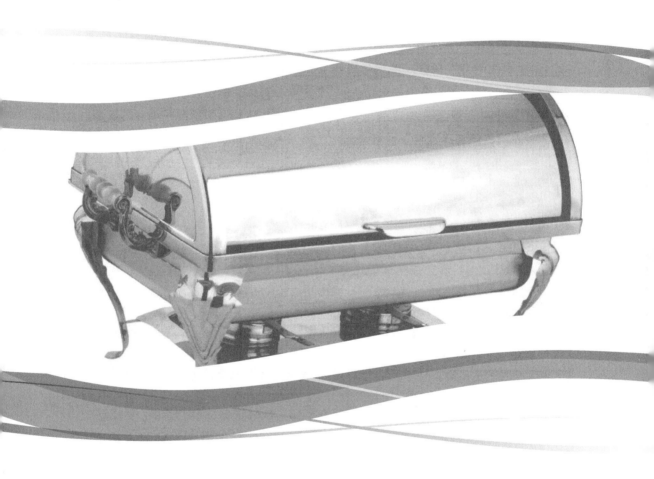

学习目标

- 了解水传热制熟工艺的原理
- 掌握水传热制熟工艺的典型菜肴的制作流程、制作关键和操作要领，并学会分析菜肴制作成功和失败的原因

水传热制熟工艺是液态介质传热烹调技法的一种，它分为直接制熟和用油热处理后再用水制熟两类。直接制熟就是将原料直接用水加热制熟，如焐、汆、煮、炖和烩等工艺。用油热处理后再用水制熟，是指原料在用水加热制熟前，对原料进行煎、炒、炸等初步熟处理，之后再用水加热制熟，如烧、焖、扒、煸、煨等工艺。

6.1 焐制工艺、汆制工艺

▶ 微课学习指导

请在学习本节内容前观看微课 6.1.1～6.1.3，对本节重、难点内容进行预习；课后再观看一遍微课，检查自己是否已经掌握本节的所有知识点。

一、焐制工艺

（一）实践操作

1. 清汤鱼圆工艺

【原料】

净鲢鱼肉 200g、熟火腿片 3 片（约 25g）、熟冬笋片 3 片（约 25g）、水发熟香菇 1 朵、豌豆苗（或青菜心）25g、精盐 14g、味精 2.5g、清汤 750mL、熟鸡油 2.5g。

【制法】

（1）将鱼肉先切成片、再切成丝，然后用双刀轻轻排剁至鱼泥起黏性，盛入器钵中，放入精盐、味精；加入清水 400mL，顺一个方向搅拌至鱼泥起小泡成蓉，静置 10 分钟，让其涨发。

（2）锅中放入冷水 1 500mL，将鱼蓉挤成鱼圆（约 24 颗）后入锅，中火加热至水温升高，用勺逐个翻转鱼圆，使其受热均匀；当水温升至 90℃左右，改用微火加热 5 分钟。

（3）将清汤舀入炒锅中，置于旺火上烧沸，然后把鱼圆轻轻放入锅中，加精盐、味精和豌豆苗；将鱼圆和汤倒入汤碗内，熟火腿片和熟冬笋片置于鱼圆上面，摆成三角形，中间摆上熟香菇，四周用汆熟的豌豆苗（或青菜心）点缀，淋上熟鸡油即成。

【特点】

汤清、味鲜、滑嫩、洁白。

【说明】

（1）传统制作鱼蓉的方法一般用刀锋将鱼肉慢慢刮下，再排剁。现在多为将鱼块直接投入粉碎机，打成蓉。

（2）制作鱼圆时，根据地区习惯，可直接用手把鱼蓉挤成球，或使用汤勺成形。

(3) 要掌握好火候，鱼圆在加热过程中应采用焐的方式。

【演绎】

类似工艺的菜肴有"斩鱼圆""鸳鸯狮子头""蟹黄鱼蓉蛋"等。

2. 白斩鸡工艺

【原料】

三黄鸡1只、生姜5g、葱白5g、精盐0.5g、花生油6mL。

【制法】

(1) 把葱白、生姜切成细丝，分别盛入两个小碟加精盐拌匀。用中火烧热炒锅，下花生油加热至七八成热，然后将油分别淋在两个小碟上，作为调料。

(2) 将鸡洗净，放入沸水中浸没，将鸡提出水面两次，倒出腹腔中的水，使鸡身内外温度一致；关火，加盖约焐15分钟至熟（以斩出来的鸡块仅骨髓带血为最佳），捞出鸡，放在冰水中浸没至凉透；捞出鸡晾干表皮，将鸡斩成小块后盛入碟中，蘸调料佐食。

【特点】

色泽金黄，皮脆肉嫩，滋味鲜美，百吃不厌。

【说明】

(1) 白斩鸡通常选用鲜嫩的三黄鸡。

(2) 鸡在焐制前在沸水中提两下，是为了使鸡受热均匀，避免破皮。

(3) 应掌握好火候，中途可用筷子戳腿部来检查成熟度。

(4) 鸡断生后，应趁热放入冰水（可直饮的）中浸没冷却，才能做到皮脆。

【演绎】

"醉鸡"通常是将白斩鸡斩件后浸入糟卤汁中制成。"手撕鸡"只是装盘的方式不同而已，制作方法与白斩鸡一致。

(二) 操作要领

(1) 焐制工艺因加热时间不长，故原料必须新鲜。

(2) 应掌握好火候，保证菜肴的质感和菜肴的形态。

二、汆制工艺

(一) 实践操作

1. 榨菜肉丝汤工艺

【原料】

猪里脊100g、榨菜80g、生姜1片、小葱结1个、精盐1g、味精1g、肉清汤250mL。

【制法】

(1) 将猪肉切丝放入碗内，加入冷水，浸出血水；将榨菜洗净后切成细丝，用冷水浸泡出咸味。

（2）置锅上火，加入肉清汤烧沸，放入葱、姜，片刻后放入肉丝、榨菜丝；待汤沸，撇去浮沫，将锅半离火，去掉葱、姜，加入精盐、味精调味，出锅装入汤碗。

【特点】

汤清见底，榨菜爽脆，肉丝鲜嫩。

【说明】

（1）榨菜丝和肉丝要切得粗细均匀。

（2）切忌旺火久沸，会使肉丝变老，以及汤色浑浊。

（3）如榨菜丝太咸，则不加盐或少加盐。

【演绎】

类似工艺的菜品有"西湖莼菜汤"等。

2. 三片敲虾工艺

【原料】

大河虾500g、熟火腿片40g、熟鸡脯肉40g、水发香菇50g、绿色蔬菜50g、黄酒15mL、精盐8g、味精3g、干淀粉200g、清汤800mL。

【制法】

（1）将河虾去头剥壳（留尾），剔除虾线，用清水洗净后沥干水，加精盐码味；把虾拍上干淀粉，用小木槌将其逐只轻轻排敲成薄片。

（2）虾片入锅，用旺火沸水氽熟，然后捞起放入清水中过凉。

（3）熟火腿、香菇、熟鸡脯肉均切成菱形片。

（4）将炒锅置旺火上，舀入清水烧沸。另取炒锅一只置中火上，舀入清汤，将沸时放入虾片，加精盐、黄酒、熟火腿片、熟鸡脯片、香菇片和绿色蔬菜，烧沸后撇去浮沫，放入味精即成。

【特点】

鲜美爽滑，清澈见底。

【说明】

（1）可将活虾放入冰箱约10分钟，方便剥壳。

（2）如使用明虾，可先将其剖成大片，再剔去虾线。

（3）敲虾时要边敲边撒粉，使虾片薄厚均匀，保持完整。

（4）虾片氽制的时间要短，口感才能保持嫩滑。

（5）清汤不能大沸，否则会造成汤色浑浊。

【演绎】

类似工艺的菜肴还有"汤爆双脆""汤爆螺片""三丝敲鱼"。

(二) 操作要领

（1）原料必须新鲜。

（2）一般刀工成形为薄片或小型块、条。

（3）灵活掌握火候，保证汤清鲜醇、质地鲜嫩或脆嫩。

(4) 所用的调料除葱、姜、酒外,只用精盐、味精,一概不用有色调料。

6.2 煮制工艺、炖制工艺、烩制工艺

▶ 微课学习指导

请在学习本节内容前观看微课 6.2.1～6.2.6,对本节重、难点内容进行预习;课后再观看一遍微课,检查自己是否已经掌握本节的所有知识点。

一、煮制工艺

(一) 实践操作

1. 鱼头浓汤工艺

【原料】

花鲢鱼头 750g、熟火腿 25g、菜心 50g、小葱结 10g、生姜 10g、黄酒 20mL、精盐 12g、味精 3g、熟猪油 30g、熟鸡油 5g、姜汁醋 10mL。

【制法】

(1) 将鱼头对剖,两侧鳃肉处各轻剖一刀,用清水把鱼头洗净。把鱼头用沸水烫一下,备用。

(2) 菜心对剖,熟火腿切薄片,生姜去皮拍松。

(3) 炒锅置旺火上烧热,滑锅后下熟猪油,至五成热时,将鱼头剖面朝上放入炒锅略煎,翻转鱼头;放入黄酒、小葱结、姜块,加沸水 1 750mL,盖上锅盖,用旺火加热 5～7 分钟;加入菜心,略滚约 1 分钟。

(4) 将鱼头取出盛入品锅,菜心放在鱼头的四周;捞去汤中的葱、姜,撇去浮沫,加精盐和味精调味。

(5) 将汤汁用细筛过滤后倒入品锅,排放好火腿片,淋上熟鸡油。上桌随带姜汁醋一碟。

【特点】

汤浓如奶,鱼肉嫩滑,鲜美可口,别有风味。

【说明】

(1) 鱼头必须新鲜。

(2) 原料需经油煎制,最好使用动物油脂煎制。

(3) 应加沸水煮制,并采用旺火使汤水沸腾。

(4) 一次加水到位,中途不掀锅盖加水。

(5) 待汤汁浓白再添加精盐调味。

【演绎】

类似工艺的菜肴有"奶汤鲫鱼""醋椒鲫鱼""雪菜大汤黄鱼"等。

2. 大煮干丝工艺

【原料】

方豆腐干 500g、熟鸡丝 50g、虾仁 50g、熟鸡肫片 50g、熟鸡肝片 50g、熟火腿丝 50g、冬笋片 50g、炒熟的豌豆苗 10g、虾子 15g、精盐 10g、白酱油 15mL、顶汤 500mL、熟猪油 150g。

【制法】

（1）选用黄豆制作的方豆腐干，片成厚约 1.5mm 的薄片，再切成细丝（干丝），放入沸水钵中浸烫；用竹筷轻轻翻动拨散干丝，然后将干丝沥去水，再用沸水浸烫两次（每次约 2 分钟），挤去干丝中苦味的黄泔水后放入碗中备用。

（2）将锅置旺火上，舀入熟猪油烧热，放入虾仁炒至乳白色，起锅盛入碗中。

（3）锅中舀入顶汤，放入干丝，再将熟鸡丝、熟鸡肫片、熟鸡肝片、冬笋片放入锅内一边，加虾子、熟猪油。把锅置旺火上加热约 15 分钟，待汤浓厚时加白酱油、精盐，盖上锅盖，加热约 5 分钟，把锅端离火口。

（4）将干丝盛在盘中，然后将肫、肝、笋、豌豆苗分别放在干丝的四周，上面再放上火腿丝、虾仁即成。

【特点】

色彩美观，干丝绵软，汤汁鲜醇。

【说明】

（1）干丝刀工成形要均匀，并且干丝需要经沸水浸烫去苦味。

（2）制作此菜必须用上好的顶汤。

（3）应掌握好火候，汤汁不能太少。

【演绎】

类似工艺的菜肴还有"咸笃鲜""火腿冬瓜汤"等。

(二) 操作要领

（1）通常情况下，煮制工艺以汤做菜，汤菜并重。

（2）煮制时的火候控制在汤水微沸。

（3）煮制的加热时间较短，一般为 5~30 分钟，以软嫩、入味为度。部分老韧的原料（如猪肚）在煮制时不易酥烂，需要经过初步熟处理后再煮制。

（4）原料不上浆，菜肴不勾芡。

二、炖制工艺

(一) 实践操作

1. 清炖狮子头工艺

【原料】

带骨猪肋条肉 600g、葱姜汁 30mL、黄酒 25mL、精盐 7.5g、干淀粉 25g、味精 5g、菜叶少许。

【制法】

（1）将带骨猪肋条肉去皮，批下子排，将子排斩成小块另用。再将猪肉切成绿豆粒大小，排剁成末；将猪肉末放入钵内，加葱姜汁、黄酒、精盐、味精搅拌上劲，并将拌好的肉末分成5份。

（2）将干淀粉用水调匀后沾在手掌上，把猪肉末逐份放在手掌中，用双手来回搓动，制成5个光滑的肉圆。

（3）将子排块下开水锅焯水后捞出洗净，再放入砂锅内，加清水（约500mL）、黄酒，用小火烧开后放入肉圆，肉圆上盖上菜叶，加盖，水沸后转微火加热约2小时。

（4）临上桌前揭去菜叶，放入新菜心略焖即成。

【特点】

猪肉肥嫩，汤清味醇，食后清香满口、齿颊流芳，令人久久不能忘怀。

【说明】

（1）猪肉肥瘦的比例随季节而变化，夏季肥瘦各半，其他季节六成肥、四成瘦。

（2）肉末要搅拌上劲；肉圆内部的咸味不能重，表面要光滑。

（3）肉圆下锅时，水要烫，火要旺，才不易松散；炖的过程中火要小，才能使肉的滋味外溢，并保持肉圆外表光滑完整，口感嫩如豆腐。

【演绎】

清炖狮子头如加入蟹粉、蟹黄，即成"清炖蟹黄狮子头"。

2. 火踵神仙鸭工艺

【原料】

肥鸭1只（约重20 000g）、火踵1只（约重350g）、葱结30g、姜块15g、黄酒15mL、精盐15g、味精3g。

【制法】

（1）将鸭子宰杀后去毛，在背部尾梢外横开一小口，取出内脏后洗净，并在背脊部直剖一刀（约长4cm）；鸭子放入沸水锅中煮3分钟，去掉血污，挖掉鸭骚，敲断腿梢骨后洗净。火踵用热水洗净表面污渍，再用冷水刷洗干净。

（2）取大砂锅一只，用小竹架垫底，将鸭子（鸭腹朝下）和火踵并排摆在上面，放入葱结、姜块（去皮、拍松），加清水约3 500mL；砂锅加盖置旺火上加热至沸，然后移至微火上焖炖至火踵和鸭子半熟，启盖，取出葱、姜弃之，火踵剔去踵骨后放回锅内；把鸭子翻个身，盖好锅盖，在微火上继续焖炖，直至火踵、鸭子酥烂。

（3）捞出小竹架，撇去浮油，取出火踵，将其切成0.6cm厚的片，整齐地覆盖在鸭腹上，加入黄酒、精盐，盖好锅盖后再炖5分钟，使佐料和原汁渗入鸭肉中。最后加入味精，连砂锅一起端上桌。

【特点】

火踵鲜红，鸭肉肥嫩，汤浓味香，诱人食欲。

【说明】

（1）应将鸭子内不可食用的部位清除干净，如鸭肺、鸭骚等。

（2）掌握好火候，既要保证长时间炖制，又要保证有足够的汤汁。

（3）最好使用大砂锅，这样才能使菜肴味香浓、汤鲜醇。

【演绎】

类似工艺的菜肴有"笋干老鸭煲""百鸟朝凤""贡淡炖鸡块""蛤蚧炖竹鸡"等。

3. 养生鸽子炖盅工艺

【原料】

乳鸽 2 只、太子参 10 根、熟火腿片 50g、枸杞子 10g、鸡汤 750mL、姜片 20g、小葱段 20g、胡椒粉 1g、精盐 2g、味精 1g。

【制法】

（1）乳鸽宰杀后去内脏，洗净后斩成件；太子参洗净，用清水浸泡 2 小时；枸杞子浸泡透。

（2）乳鸽用沸水焯水后洗净，除去血水。将乳鸽块、太子参、熟火腿片、枸杞子、姜片、小葱段分别放入 10 个小炖盅中，再倒入鸡汤，加胡椒粉，盖上盖子，贴上密封条，上蒸笼或在沸水锅中加热 2～3 小时，上桌前加入精盐和味精即可。

【特点】

肉质酥烂，汤清味鲜，营养丰富，有滋补作用。

【说明】

（1）太子参因味较重，不宜多放。

（2）鸡汤要选用清澈见底的清鸡汤。

（3）隔水炖应注意水锅中的水不能流入小炖盅内。

【演绎】

类似工艺的菜肴有"人参炖鞭花""清蒸八宝鸡""天麻野鸭汽锅"等。

(二) 操作要领

1. 带水炖操作要领

（1）原料需经过焯水处理，以去除血污和腥臊异味，无须煸、煎、炸等初步熟处理方法。

（2）一般以菜出汤，而不使用基础鲜汤。

（3）炖菜需冷水下锅，旺火烧沸，撇浮沫，再用小火或微火（恒温在 90～100℃）炖制 1～4 小时。

（4）通常不用有色调味品改变菜肴色泽。

2. 隔水炖操作要领

（1）原料必须无异味，通常不用鸭子、羊肉等腥臊味重的动物类原料。

（2）必须使用陶质的带盖容器，再用桃花纸（或桑皮纸、保鲜膜、锡纸）封口。

（3）原料需要经过焯水处理，以除去血水和腥臊异味。

（4）隔水炖注重原汁原味，但可以使用高级清汤；加热前只使用清除异味的葱、姜、黄酒等调味品，但量不宜过多；不添加糖、酱油、大料、桂皮等物，避免影响菜肴的本味。

(5) 隔水炖可以采用蒸汽炖，但不宜采用高压蒸汽。

 知识链接

"炖"能减少维生素的损失

炖运用小火长时间恒温（90～100℃）加热，一般使用砂锅，由于这类器皿内部呈多孔结构，传热速度比金属器皿缓慢和均匀，炖制时对原料组织结构的破坏较小，原料内脂肪难以乳化，变形沉淀的蛋白较少，加上良好的封闭环境，使鲜味物质的挥发减少，营养素的损失较小，形成了独特的风味。

（三）隔水炖与带水炖的区别

隔水炖与带水炖的区别如表 6-1 所示。

表 6-1 隔水炖与带水炖的区别

项目	隔水炖	带水炖
原料	一般选用富含蛋白质的、老韧的动物类原料（如老母鸡、龟鳖等），或名贵、无异味的原料（如鱼翅、燕窝等）；部分根、茎、菌菇类蔬菜可作为辅料同炖	可以是普通的原料，也可以是稍有臊膻味的原料，如鸭、牛、羊、猪等动物类原料；部分根、茎、菌菇类蔬菜可作为辅料同炖
热源	沸水的温度透过陶瓷内胆温和、均匀、持续地给原料和汤加热	直接加热，反复沸腾
营养保护	营养成分能充分溶解到汤水中	根据炖汤器皿和火候的不同，会损失一部分营养
汤色	清澈，不油腻	有白汤和清汤之分
举例	火腿炖鸽子、冰糖燕窝	清炖狮子头、老鸭煲

三、烩制工艺

（一）实践操作

1. 清烩鸡丝工艺

【原料】

净鸡脯肉 150g、黄酒 20mL、湿淀粉 25g、鸡油 5mL、精盐 3g、味精 2g、清汤 200mL、色拉油 500mL（约耗 40mL）。

【制法】

(1) 净鸡脯肉切丝，用黄酒、精盐、味精、湿淀粉上浆。

(2) 炒锅置中火上烧热，用油滑锅后加入色拉油，加热至三成热时，将上过浆的鸡丝入锅滑散至断生，然后沥净油。

(3) 锅洗净，加清汤、黄酒、精盐、味精，加热至沸后用湿淀粉勾薄芡，倒入鸡丝，淋上鸡油，推摇均匀，出锅装盘。

【特点】

色泽玉白，肉质滑嫩，汤汁厚薄适中。

【说明】

(1) 鸡丝上浆时要均匀上劲，入锅滑散时要掌握好油温和时间。

(2) 调味适中，勾芡厚薄适当，掌握好汤与原料的比例。

【演绎】

类似的工艺菜肴有"干贝鱼脑羹""烩丝瓜鱼片""翡翠鱼珠""烩金银丝""烩青豆里脊丝"等。

2. 宋嫂鱼羹工艺

【原料】

鳜鱼（或鲈鱼）1 条（重 600g 左右）、熟火腿 10g、熟冬笋肉 25g、水发香菇 25g、鸡蛋黄 3 个、葱结 10g、葱段 15g、葱丝 1g、姜块 5g、姜丝 1g、清鸡汤 250mL、黄酒 30mL、酱油 25mL、精盐 1.5g、味精 3g、湿淀粉 30g、米醋 25mL、熟猪油 50g、胡椒粉适量。

【制法】

(1) 将鱼去头、剖开后洗净，沿脊骨片成两半，鱼皮朝下放入盘中，加葱结、姜块（拍松）、黄酒，上蒸笼用旺火加热 6 分钟左右至熟；取出鱼后去掉葱、姜，滗出卤汁待用。

(2) 用竹筷拨碎鱼肉，除去鱼皮、鱼骨，再将鱼肉倒回卤汁中。

(3) 将熟火腿、熟冬笋肉、香菇均切成 2.5cm 长的细丝，鸡蛋黄打散。

(4) 炒锅置旺火上，下熟猪油烧热，放入葱段煸至有香味，加入清鸡汤。

(5) 汤沸时加入黄酒，捞出葱段，放入笋丝和香菇丝；再沸时，将鱼肉连同原汁入锅，加酱油、精盐、味精；再沸起，将湿淀粉调稀勾薄芡，然后将蛋黄液倒入锅内搅匀；待汤再沸时，加入米醋，并淋入剩余熟猪油，起锅盛入汤碗中，撒上火腿丝、葱丝、姜丝即成。上桌时随带胡椒粉。

【特点】

配料讲究，色泽黄亮，鲜嫩华润，味似蟹羹，故有"赛蟹羹"之称。

【说明】

(1) 主料和配料入锅后不宜久沸，要保持羹清透亮不浑浊。

(2) 芡汁要宽，但不宜太厚，能使原料悬浮即可。

(3) 勾芡之后加入蛋液，再沸时加醋、淋猪油。

【演绎】

类似工艺的菜肴还有"蟹黄珍珠羹""海鲜羹""酸辣乌鱼蛋""烩鱼白"等。

(二) 操作要领

(1) 原料应选用鲜香细嫩、易熟无异味的原料。

（2）初步熟处理的方法通常为焯水，有些鲜嫩的动物类原料也有用上浆、滑油的方法制熟。

（3）根据原料的性质不同，烩制的程序可以是先投料、后勾芡，也可以先勾芡、后投料。例如，水发海参、水发鱿鱼等可先用鲜汤煨入味，再勾芡；番茄、豆苗等可以在勾芡之后投入锅中。

（4）芡汁的稀薄程度，以食用时清爽不腻、不掩盖菜色为宜。

6.3 烧制工艺、焖制工艺

▶ 微课学习指导

请在学习本节内容前观看微课 6.3.1～6.3.4，对本节重、难点内容进行预习；课后再观看一遍微课，检查自己是否已经掌握本节的所有知识点。

一、烧制工艺

(一) 红烧

1. 实践操作

（1）红烧划水工艺

【原料】

青鱼 800g、熟冬笋 25g、水发香菇 15g、肥膘肉 15g、小葱段 15g、生姜 5g、黄酒 15mL、酱油 20mL、白糖 10g、味精 3g、湿淀粉 3g、熟猪油 40g、香油 5mL。

【制法】

①将青鱼宰杀后取鱼尾（稍斩齐），从尾肉处进刀，紧贴脊椎骨剖向尾梢，将鱼尾对剖成两扇（呈双尾状），每扇尾肉再直斩 3 刀，呈尾梢相连的 4 个长条，涂上酱油。

②香菇去蒂、洗净，大的对批成片；熟冬笋切片；生姜切成指甲盖大小；肥膘肉切丁。

③炒锅置中火上烧热，用油滑锅后下熟猪油，加热至七成热时把鱼尾（皮朝下）排齐入锅煎至金黄，然后用漏勺捞起。

④原锅放入小葱段、姜片和肥膘肉丁，略煸，下笋片、香菇，放入鱼尾（皮朝下），加白糖、黄酒、酱油和适量清水，烧约 5 分钟，收浓汤汁。

⑤加味精，用湿淀粉勾芡，沿锅边淋入熟猪油（边淋边转动炒锅），大翻锅将鱼尾翻身，淋上香油，放上小葱段，出锅。

【特点】

色泽红亮，卤汁稠浓，肥糯油润，肉滑鲜嫩。

【说明】

①鱼尾留肉应不少于 10cm，剖斩鱼肉不可切断鱼尾，以保持菜形的完整美观。

②鱼尾开条要根据鱼的大小而定，但每扇不应少于 4 条，以利于每条鱼肉的成熟时间一致。

③加汤水的量要适当，多则不易收汁味淡，少则主料不易烧透入味。

④火候要得当，用中小火烧焖；火候过旺，汤易干且未烧入味；火候过小，久烧又不易收浓汤汁，影响口味。

【演绎】

类似工艺的菜肴有"红烧鱼块""红烧鸡块""红烧元鱼"等。

(2) 麻婆豆腐工艺

【原料】

豆腐 400g、牛肉 75g、青蒜苗段 15g、豆豉 5g、郫县豆瓣 10g、辣椒粉 5g、花椒粉 2g、酱油 10mL、川盐 4g、味精 1g、湿淀粉 15g、姜粒 10g、蒜粒 10g、肉汤 120mL、熟菜油 100mL。

【制法】

①将豆腐切成 2cm 见方的块，然后放入沸水中加川盐浸泡，以去掉豆腐的腥味（内酯豆腐可以不焯水），烹调时再沥干水。

②将牛肉剁成末，郫县豆瓣和豆豉剁细。

③炒锅置中火上，下熟菜油加热至六成热，放入牛肉末煸炒至酥香，盛入盘中待用。

④炒锅重新置中火上，下熟菜油烧至六成热后放入郫县豆瓣炒出香味，然后下姜粒、蒜粒炒香，再下豆豉炒匀，下辣椒粉炒至红色后，加肉汤烧沸。

⑤下豆腐烧 2 分钟至冒大泡时，加入酱油、味精推转，用湿淀粉勾芡一次，随后加入牛肉末再烧 2 分钟；用湿淀粉第二次勾芡，推匀收汁淋入亮油，下青蒜苗段，断生后起锅盛入盘中，撒上花椒粉即可。

【特点】

在雪白细嫩的豆腐上，点缀着棕红色的牛肉酥馅、绿油油的蒜苗、红彤彤的汁色，视之如玉镶琥珀，闻之则浓香扑鼻，集麻、辣、烫、嫩、酥、鲜、香于一体。

【说明】

①豆腐块必须用沸盐水浸泡，以保证豆腐质嫩并有效除去石膏味、豆腥味，并且在烧制过程中有棱有角，不易碎。

②牛肉末一定要煸炒至酥香。豆腐入锅后应少搅动，以保持形状完整。

③炒郫县豆瓣、豆豉、辣椒粉时要用中火，切勿炒糊而影响口味。

④两个"烧 2 分钟"和两次"勾芡"很重要，可以防止豆腐出水。

【演绎】

类似烹调工艺的菜肴有"豆豉烧中段""肉末海参""蒜子蹄筋"等。

2. 操作要领

(1) 原料应保持新鲜，无变质、无异味。

（2）要恰当选用酱油、黄豆酱、红曲米等有色调味品，不提倡用糖色。

（3）红烧时，通常加适量的白糖或红糖以中和酱油、黄豆酱在加热后产生的酸味，因此红烧菜通常略带甜味。

（4）进行刀工处理时应根据原料和菜肴的特点，可以切片、切块、切段、制丸，但一般不宜切得过小、过薄。

（5）应掌握好加汤水的量，烧制过程中不宜添加汤水。

（6）应根据原料的特点和菜肴的要求，灵活掌握火候。一般有"先旺火烧沸、中小火烧制、旺火收汁"的规律，也有"文火烧肉，急火烧鱼"的说法。

（二）白烧

1. 实践操作——三鲜鱼肚工艺

【原料】

泡发鱼肚 400g、熟鸡肉片 50g、火腿片 25g、浆虾仁 100g、熟青豆 25g、葱白段 10g、姜片 10g、黄酒 20mL、精盐 5g、味精 3g、胡椒粉 1g、湿淀粉 20g、浓白汤 350mL、猪油 250g（约耗 50g）、鸡油 15g。

【制法】

（1）鱼肚改刀成菱形块，入沸水锅焯熟，沥去水后备用。

（2）虾仁用四成热油滑熟后沥尽油。

（3）锅烧热，加入少量猪油，投入葱白段、姜片炒香，加浓白汤烧沸，捞出葱、姜弃之。

（4）放入鱼肚、黄酒、精盐、火腿片、熟鸡肉片、熟青豆，烧透入味；再加入虾仁、味精、胡椒粉，调好味后用湿淀粉勾芡，浇入鸡油推匀，起锅即成。

【特点】

鱼肚绵软，卤汁浓白，口味鲜美。

【说明】

（1）鱼肚先用冷水浸泡，再冲洗干净。

（2）芡汁宜薄不宜厚。

（3）汤汁不宜多，否则成烩菜。

【演绎】

类似烹调工艺的菜肴有"咸肉冬瓜""火焖冬瓜球""虾子冬笋""白烧四宝""烧三鲜"等。

2. 操作要领

（1）原料应保持新鲜，无变质、无异味。

（2）原料的刀工成形与红烧一致。

（3）白烧工艺的原料仅焯水即可，无须油煎、油炸。

（4）白烧时，通常不加糖。

（5）白烧通常加白汤烧制，有时在烹制植物类原料时加入虾干、鱼干，使汤汁更浓白。

(6) 白烧的汤汁较红烧要宽薄一点。

(三) 干烧

1. 实践操作——干烧鲫鱼工艺

【原料】

鲫鱼2尾（600g）、五花肉100g、郫县豆瓣30g、醪糟汁50mL、黄酒50mL、泡红辣椒40g、大蒜30g、生姜30g、小葱30g、精盐2g、味精3g、白糖5g、醋5mL、肉汤750mL、熟菜油2 000mL（约耗150mL）。

【制法】

(1) 在鲫鱼的鱼身两侧各剞4～5刀（刀距2cm，刀深0.5cm），用精盐、黄酒抹匀鱼身，腌渍入味。将五花肉切成0.5cm见方的粒，小葱切成葱花，姜、蒜切成碎粒，泡红辣椒、郫县豆瓣剁细。

(2) 炒锅置旺火上，下熟菜油烧至七成热，放入鱼，炸至鱼皮稍皱时捞出；锅中留油（约50mL），加热至四成热时下肉粒煸酥，再下姜粒、蒜粒、泡红辣椒、郫县豆瓣煸香出色。

(3) 加入肉汤，烧沸后放入鱼，加精盐、醪糟汁、白糖，移至小火上烧至汁浓、鱼熟入味时，加味精、醋、葱花，然后转中火旋锅收汁，同时不断将锅内汤汁舀起浇在鱼身上，待只见红油不见汁时，起锅装盘即成。

【特点】

此菜为家常味型，形态完整，色泽红亮，咸鲜微辣，略带回甜。

【说明】

(1) 醪糟汁即甜酒酿，是用糯米蒸熟后加入酒曲，经发酵制成。

(2) 鱼下油锅炸制时油温要高，保持鱼皮完整。

(3) 煸炒肉粒、郫县豆瓣时火力应小，避免焦煳。

(4) 酱油和糖的用量要少，成菜后见油不见汁。应用小火收汁亮油，忌用大火。

【演绎】

类似工艺的菜肴有"豆豉烧中段""干烧明虾""干烧茭白""家常豆腐"等。

2. 操作要领

(1) 原料应保持新鲜，无变质、无异味。

(2) 原料的刀工成形与红烧、白烧类菜肴一致。

(3) 应根据原料的特点使用不同的初步熟处理方法。例如，易碎的原料宜使用油炸的处理方法，使原料在烧制过程中不易被破坏形状；蔬菜类原料适合使用油浸和水氽的处理方法，起定色、保鲜的作用；蹄筋、海参等原料可用鲜汤煨制，使之提前入味。

(4) 炒制酱料时应控制好火候，以免焦煳。

(5) 干烧应自然收汁，不应勾芡，保证菜肴见油不（少）见汁。

二、焖制工艺

(一) 实践操作

1. 东坡肉工艺

【原料】

猪肋条肉 1 500g、姜块 50g、小葱 100g（其中 50g 打成葱结）、白糖 100g、黄酒 250mL、酱油 150mL。

【制法】

（1）将猪肋条肉（以金华两头乌猪的肋条肉为佳）刮洗干净，放在沸水锅内煮 5 分钟，取出洗净，切成 20 块正方形的肉块。

（2）取大砂锅一只，用竹箅子垫底，先铺上小葱，放入姜块（去皮拍松），再将肉块皮面朝下整齐地放在上面，加白糖、酱油、黄酒，最后加入葱结，盖上锅盖，用桃花纸围封砂锅边缝，置旺火上加热。

（3）烧开后，改用微火焖 2 小时左右，至肉块八成熟时启盖，将肉块翻身（皮朝上），再加盖密封。用微火将肉块焖酥后，将砂锅端离火口，撇去浮油，将肉块皮面朝上装入特制的小陶罐中，加盖置于蒸笼内，用旺火蒸 30 分钟至肉酥透即成。

【特点】

以酒代水，焖蒸而成，色泽红亮，味醇汁浓，香糯不碎，肥而不腻。

【说明】

（1）原料应选用毛孔细、肥膘白的带皮肋条肉（五花肉）。

（2）肋条肉的厚度应适中，太厚则连肉批去整片肋骨，薄则剔除肋骨。

（3）应控制好火候，至猪肉酥烂、汤汁浓稠后再蒸制，使肉进一步酥烂出油。

【演绎】

类似工艺的菜肴有"干菜焖肉""五香肥鸭"等。

2. 冰糖甲鱼工艺

【原料】

活甲鱼 2 只（约 750g）、熟笋 100g、姜块 15g、葱结 5g、葱段 5g、蒜头 3 瓣、冰糖 125g、黄酒 50mL、米醋 25mL、酱油 75mL、湿淀粉 25g、熟猪油 65g。

【制法】

（1）把甲鱼宰杀后，用 90℃ 热水浸泡一下煺去表皮，斩去嘴尖、尾、爪尖，用刀尖在腹部剖十字刀，挖去内脏、喉管，洗净后斩去背壳尖骨，然后将甲鱼斩成块，再用冷水洗净。笋切成滚料块，待用。

（2）将甲鱼放入沸水锅中氽一下捞出，用清水冲洗干净。炒锅置旺火上，舀入 500mL 清水，把甲鱼块放入锅中，加入黄酒、姜块（拍松）、葱结，烧沸后改用小火，焖煮至甲鱼块酥烂，去掉姜块、葱结。

（3）另取炒锅置中火上，下熟猪油，投入蒜瓣略煸，将甲鱼连同原汁一起下锅，加入黄酒、冰糖、笋块、酱油；米醋；烧沸后改用小火焖煮 5 分钟，再改用旺火收汁，用调稀的湿淀粉勾芡，淋上熟猪油，边铲甲鱼块边转动炒锅，使芡、油均匀地

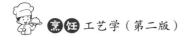

裹住甲鱼块；放入葱段，烧至起泡时出锅装盘，两边放上冰糖碎末即成。

【特点】

此菜烹制时使用芡汁、热油紧裹甲鱼，使其色泽光亮，并能保持较长时间的热度，甜酸咸香，绵糯入口，滋味鲜美。

【说明】

(1) 宰杀甲鱼时应把表皮、内脏、黄油等去除干净，避免留有腥臊味。

(2) 应严格控制好火候，避免焦糊。大火烧开，小火焖熟，旺火收汁，中火溶芡。

(3) 勾芡的多少应视卤汁的浓稠程度而定。

3. 黄焖鸡块工艺

【原料】

生嫩鸡350g、鲜笋75g、水发木耳75g、葱段10g、湿淀粉25g、黄酒15mL、熟猪油35g、酱油30g、白糖10g、味精1.5g、白汤250mL。

【制法】

(1) 将鸡切成数个5cm长、2cm宽的小块，入沸水氽2分钟，捞出。

(2) 将炒锅置旺火上烧热，下熟猪油，放入葱段煸至有香味时下鸡块，加黄酒、酱油、白糖和白汤，煮沸后把锅移至微火上，焖至汤汁稠浓时，把鸡块捞出，皮朝下排放在碗底和四周。

(3) 鲜笋切成滚料块，同水发木耳一起放入鸡汁锅内略煮，将笋和木耳捞出后铺在鸡块上面，然后浇上汤汁，入笼用旺火蒸约半小时后取出，再将碗中的汤汁滗入锅内，鸡块覆盖在盘中。

(4) 锅中汤汁加入味精，用湿淀粉勾薄芡，淋入熟猪油，均匀地浇在鸡块上即成。

【特点】

色泽黄亮，鸡块酥嫩，味鲜汁浓。

【说明】

(1) 焖制时必须一次加足水，中途不宜停火。

(2) 酱油宜少不宜多，色泽亮黄即可。

(3) 蒸制时最好在碗上盖上盖子，避免水进入碗中。

【演绎】

类似工艺的菜肴有"咖喱鸡块""黄焖甲鱼"等。

(二) 操作要领

(1) 原料一般采用走红等方法进行初步熟处理，以增加色泽效果。

(2) 根据原料的性质，控制好焖制的时间和汤水量。

(3) 尽量减少揭锅盖的次数，以保证焖制菜肴的色、香、味。

(4) 若原料的形状较大、胶质较多，则在焖制过程中要注意晃锅，以防锅底烧焦，也可在焖制之前在锅底码放一层葱、姜，或者垫上竹箅。

（5）焖制菜肴的汤汁不多，根据原料胶质的多少、收汁的浓稠情况决定是否需要勾芡。

（6）家禽、家畜类焖制菜肴可以用一些绿色蔬菜垫底或围边，既增加菜肴的色泽，又可减少菜肴的油腻感。

6.4 扒制工艺、烚制工艺、煨制工艺

▶ 微课学习指导

请在学习本节内容前观看微课 6.4.1、6.4.2，对本节重、难点内容进行预习；课后再观看一遍微课，检查自己是否已经掌握本节的所有知识点。

一、扒制工艺

（一）实践操作

1. 奶油扒白菜工艺

【原料】

白菜心 650g、清汤 125mL、牛奶 50mL、精盐 3g、黄酒 10mL、白糖 2g、味精 3g、湿淀粉 25g、鸡油 50g。

【制法】

（1）将白菜心剖开，入沸水锅焯熟，冷水过凉后切成 12cm 长、1cm 宽的条，排齐放入盘中。

（2）炒锅置旺火上，放入清汤、精盐、黄酒、白糖、味精，推入白菜条；汤沸后，改小火加热约 5 分钟。

（3）转旺火加热，用牛奶调匀湿淀粉，一边徐徐淋入锅中，一边旋动炒锅；沿锅边浇入鸡油，翻锅后装盘。

【特点】

清淡爽口，乳白黄亮。

【说明】

（1）白菜心焯水时应掌握好火候，不可过熟。

（2）用牛奶调制湿淀粉时，应掌握好芡汁的浓稠度。

（3）扒制工艺最大的特色是原料在锅内的整齐性，所以应掌握好翻锅技巧。

【演绎】

类似工艺的菜肴有"扒三白""鸡油扒菜心""白扒猴头"等。

2. 双冬扒鸭（红扒）工艺

【原料】

鸭子 1 只（约 2 000g）、冬菇 50g、冬笋 80g、排骨 500g、、熟猪油 35g、精盐

3g、黄酒 15mL、味精 3g、酱油 15mL、白糖 15g、湿淀粉 10g、桂皮 5g、八角 5g、姜块 40g、葱段 40g、麻油 5mL、烹调油 1 500mL（约耗 70mL）。

【制法】

（1）将鸭子宰杀、煺毛，从背脊处剖开一个小口去内脏、鸭骚，斩去鸭蹼、翅尖，洗净。冬菇水发涨透后洗去泥沙，去蒂，切成片。冬笋切片，葱段、姜块洗净拍松。桂皮、八角用纱布包起，制成香料包。排骨焯水，洗净待用。

（2）将鸭子的表皮用酱油涂抹均匀，放入约七八成热的油锅中，用旺火炸至金黄色捞出。

（3）另置锅上火，放入少量油，投入葱段、姜块煸至变色，加水、黄酒、酱油、白糖、精盐、香料包，用竹篦垫底，放入鸭子（鸭胸朝下）。旺火烧开，撇去浮沫，转小火将鸭子焖至酥烂。

（4）将鸭子取出，卤汁过滤待用。拆去鸭子的胸骨与腿骨，然后把鸭子皮朝下放在砧板上切成块状，再按整形将其排放盘中。

（5）炒锅置旺火上，加少量烹调油，投入冬菇片、冬笋片略煸，将鸭子推入锅中，倒入卤汁，加入味精；旺火收浓汤汁，转动炒锅，淋入湿淀粉勾芡，沿锅边淋入熟猪油，大翻锅，再淋上麻油，将鸭子整齐扒入盘中即成。

【特点】

色泽酱红，排列整齐，鸭肉肥糯，汁浓味鲜。

【说明】

（1）应掌握好火候，既要使鸭子酥烂，又要使汤汁适量。

（2）鸭子去骨斩块后，鸭皮要朝下，鸭块不能叠放，否则后续翻锅困难。

（3）转动锅子和大翻锅时要保持鸭肉的造型摆放。

【演绎】

类似工艺的菜肴有"红扒鱼翅""蚝油白菜""扒海参"等。

(二) 操作要领

（1）扒制工艺讲究原料在锅内始终保持排列整齐。

（2）转动炒锅是为了勾芡均匀，沿锅边淋入熟猪油是为了方便大翻锅。

二、焐制工艺

(一) 实践操作——干焐鸡块工艺

【原料】

带骨净鸡 400g、熟笋肉 50g、水发香菇 25g、葱末 5g、姜末 5g、白糖 20g、味精 2g、酱油 35mL、花椒 2g、黄酒 15mL、八角 2g、白汤 250mL、烹调油 750mL（约耗 120mL）、麻油 15mL。

【制法】

（1）把鸡剁成长方块，笋切滚料块，香菇对半切开。

(2) 把鸡块加少许酱油拌渍，入七成热油锅中炸至金黄色后捞出。

(3) 锅内留少许烹调油，下花椒、八角、葱末、姜末煸炒出香味，加入黄酒、酱油、白糖和白汤，放入鸡块，旺火烧沸；加盖转小火慢慢焓至汤汁将尽时，拣去花椒、八角，加入味精、麻油炒匀后装盘。

【特点】
酥烂香鲜，味浓厚。

【说明】
(1) 煸炒香料时应掌握好火候，避免香料焦煳。
(2) 焓至汤汁将尽时，应注意避免焦煳。

【演绎】
类似工艺的菜肴有"奶油焓大虾""干焓大虾""番茄鱼饼""葱焓鲫鱼"等。

(二) 操作要领

(1) 先将原料油炸或用油煎干原料中部分水分，以使卤汁能渗入原料之中或附于原料之上。
(2) 主料焓制之前，先将各种香料煸出香味。
(3) 焓制工艺犹如干烧工艺，汤汁焓至将尽，并且不勾芡。

三、煨制工艺

(一) 实践操作

1. 坛子肉工艺

【原料】

猪肘1个（约1 500g）、水发海参750g、水发鱼翅500g、干贝150g、母鸡肉1 000g、鸭肉1 000g、火腿750g、猪骨750g、鸡蛋10只、冬笋500g、水发冬菇750g、花椒2g、冰糖50g、黄酒750mL、生姜50g、小葱100g、精盐40g、胡椒粉10g、酱油20mL、味精5g、烹调油150mL（约耗300mL）、鲜汤2 500mL。

【制法】

(1) 猪肘刮洗干净切块，焯水至断生。鸡蛋煮熟，凉透后剥去蛋壳。海参、鱼翅、干贝、鸡肉、鸭肉、猪骨、冬菇分别洗净，然后把鸡肉、鸭肉切大块，鱼翅用纱布包好。花椒用纱布包好。生姜拍松，小葱打结。冬笋切片。

(2) 油锅置旺火上，加热至六成热时，依次将猪肘、鸡蛋、鸡肉、鸭肉炸至收缩结壳。

(3) 取陶质坛子一个，先将猪骨敲破垫底，依次放入火腿、猪肘、鸡肉、鸭肉、鱼翅、冬笋、冬菇、干贝、花椒包、精盐、酱油、冰糖、胡椒粉、黄酒、味精、生姜、小葱、鲜汤，盖上盖，并以桃花纸封口。在以谷糠壳或锯木屑为燃料的火中煨制约5小时，然后启盖，将鸡蛋、海参放入坛中，再盖上盖子、封口，继续煨制0.5小时。

（4）启盖，拣去花椒包、葱、姜，分别将各种原料改刀，装入深盘内，淋上原汁即可。

【特点】

色泽金黄，肉质软糯，味道浓厚，鲜香可口。

【演绎】

类似工艺的菜肴有"佛跳墙"等。

2. 龟肉汤工艺

【原料】

乌龟1只（约750g）、熟猪油50g、葱段10g、姜块2g、麻油20mL、味精2g、精盐3g、鸡汤750mL。

【制法】

（1）将乌龟剥开壳，去胆，剖开龟肠，斩去头、爪、尾，剩余部分斩成约3cm见方的块，与内脏一起洗净。

（2）炒锅置旺火上，下熟猪油加热至三成热，放入拍松的姜块、葱段炝锅，再放入龟肉块、内脏、麻油，煸炒几下后将其盛入陶罐中；在陶罐中倒入鸡汤，然后用中小火煨制约2小时；加入精盐、味精，继续煨制至汤浓白、肉酥烂即可。

【特点】

汤色乳白，龟肉酥烂鲜香。

【演绎】

类似工艺的菜肴有"瓦罐煨汤"等。

(二) 操作要领

（1）菜肴可能由多种原料组成，除采用初步熟处理调节成熟度外，还可以用先后投料的办法使原料的成熟度一致。

（2）火力不够、脂肪不足、断续加热，均不易使汤汁浓白；火力过高，则使汤汁蒸发过快。

（3）汤水应一次性加足，中途加汤水会影响汤汁的乳化。

（4）煨制工艺宜使用块状、段状或整形的动物类原料，以家禽、家畜、鳖龟类原料为主。

第 7 章 油传热制熟工艺

── 学习目标 ──

- 了解油传热制熟工艺的原理
- 掌握油传热制熟工艺的典型菜肴的制作流程、制作关键和操作要领,并学会分析菜肴制作成功和失败的原因

油传热制熟工艺也是液态介质传热烹调技法的一种。它以食用油脂为介质，可具体分为炸、炒、烹、爆、煎、贴、塌和熘等工艺。

7.1 炸 制 工 艺

▶ 微课学习指导

请在学习本节内容前观看微课 7.1.1～7.1.12，对本节重、难点内容进行预习；课后再观看一遍微课，检查自己是否已经掌握本节的所有知识点。

根据工艺特点和成菜风味，炸又分为清炸、干炸、软炸、酥炸、香炸、脆炸、松炸、卷包炸等。

一、清炸工艺

(一) 实践操作——清炸鸡块工艺

【原料】

鸡腿 2 个、黄酒 10mL、酱油 7.5mL、葱段 5g、生姜 5g、精盐 1g、烹调油 1 000mL（约耗 70mL）。

【制法】

（1）鸡腿剖开拆骨，用刀跟轻剁，切成数个小长方块，加精盐、黄酒、酱油、葱段、生姜（拍松）腌渍片刻。

（2）油锅置旺火上，加热至七成热，逐个投入腌渍过的鸡肉块，炸至外金黄、里断生后捞出，滤去油即可装盘。

【特点】

色泽红亮，外脆里嫩，口味咸鲜。

【说明】

（1）清炸菜肴水分流失较多，应控制盐的用量。

（2）掌握好火候，必要时采用复炸，达到原料外脆里嫩的效果。

（3）可以随带番茄沙司和椒盐上席，也可将用热麻油炸制的香葱花放入鸡块中，并撒上椒盐进行调味。

【演绎】

类似工艺的菜肴有"清炸里脊""清炸菊花肫""清炸猪排""椒盐大虾""脆皮乳鸽""脆皮鸡"等。

(二) 操作要领

（1）生料在炸制前需要腌渍码味，但一般不加味精。

（2）原料不挂糊、不上浆、不拍粉。

（3）根据原料老嫩、大小的情况掌握好火候，油温控制在五成至七成热。

(4) 菜名前冠以"椒盐"的,通常是将炸脆的原料放入内有热麻油、葱末和椒盐的锅中拌匀。

(5) 清炸一般适用成形为片、条、块状,以及整形的各种新鲜动物类原料。

二、干炸工艺

(一) 实践操作

1. 椒盐墨鱼条工艺

【原料】

墨鱼肉 400g、小葱 3 根、精盐 3g、黄酒 5mL、味精 1.5g、湿淀粉 60g、麻油 15mL、花椒盐 3g、烹调油 800mL(约耗 75mL)。

【制法】

(1) 墨鱼横向切成数个 6cm 长、0.5cm 粗的筷子条,小葱切段。

(2) 墨鱼条加精盐、黄酒、味精、葱段腌渍片刻。

(3) 油锅置旺火上,加热至五成热时,将墨鱼条均匀拍上湿淀粉放入油锅,炸至结壳后捞出;待油温升至七八成热时,再将墨鱼条入油锅炸至金黄色,捞出控去油。

(4) 锅中倒入麻油加热,放入葱段炝锅,再放入墨鱼条,撒上花椒盐,翻拌均匀后出锅装盘。

【特点】

色泽金黄,外松脆,里鲜嫩,口味咸鲜干香。

【说明】

(1) 墨鱼应横向切条,否则成熟后容易卷曲。

(2) 若墨鱼肉太厚,可先批片再直刀切。

2. 干炸里脊工艺

【原料】

猪里脊肉 400g、黄酒 5mL、精盐 1g、味精 1g、干淀粉 50g、花椒盐 4g、烹调油 800mL(约耗 75mL)。

【制法】

(1) 将猪里脊肉剔去筋膜,横切成菱形块,用精盐、味精、黄酒腌渍片刻,再用干淀粉拍裹均匀。

(2) 油锅置旺火上,加热至六成热时,将里脊块逐块放入油锅内,炸至结壳后捞出;待油温升至七成热时,将里脊块入锅复炸至外表金黄,捞出沥去油后装盘,带花椒盐上桌。

【特点】

色泽金黄,外脆里嫩,咸鲜干香。

【说明】

(1) 里脊肉应顶丝切片。

(2) 在腌渍里脊肉时应加入适量的水,以增加肉的嫩度。

(3) 里脊肉在下锅之前，应抖去表面多余的干淀粉。

(二) 操作要领

(1) 一般采用水粉糊挂糊，做到厚薄适中、包裹均匀。

(2) 如果原料拍了干淀粉，应等干淀粉还潮或抖去原料表面多余的干淀粉，再将原料投入油锅中。

(3) 灵活掌握火候。

三、软炸工艺

(一) 实践操作

1. 软炸仔鸡工艺

【原料】

鸡腿净肉 2 只、鸡蛋 2 个、黄酒 5mL、葱白末 2.5g、姜汁水 5mL、酱油 5mL、精盐 1.5g、味精 1.5g、湿淀粉 15g、面粉 40g、胡椒粉少许、甜面酱 1 碟、花椒盐 1 碟、烹调油 750mL（约耗 75mL）。

【制法】

(1) 用刀背将鸡肉（皮朝下）拍平，再交叉排剁几下（刀口深至鸡肉的 2/3 处），然后将鸡肉切成数个边长约 1.3cm 的菱形块；把鸡肉块与黄酒、葱白末、姜汁水、酱油、胡椒粉、精盐、味精一起拌匀，腌渍片刻；再磕入鸡蛋拌匀，然后加入湿淀粉和面粉搅匀待用。

(2) 油锅置中火上，加热至五成热时，将鸡肉块逐块下锅，炸至结壳捞出，拣去碎末；待油温升至七成热时，再将鸡肉块下锅复炸至金黄色，出锅装盘，上桌随带甜面酱、花椒盐。

【特点】

色泽黄亮，外层松软，鸡肉鲜嫩。

【说明】

(1) 鸡肉也可以切成约 1cm 宽、5cm 长的条。

(2) 面粉要与湿淀粉充分拌匀，且面粉不能太干。

(3) 初炸时油温不能高，复炸时油温需高一些。

2. 桂花鱼条工艺

【原料】

净鱼肉 200g、鸡蛋黄 3 个、葱末 2g、姜末 2g、精盐 2.5g、黄酒 10mL、胡椒粉 0.5g、味精 2g、面粉 40g、干淀粉 40g、甜面酱 1 碟、花椒盐 1 碟、烹调油 1 000mL（约耗 80mL）。

【制法】

(1) 将鱼肉切成数个 6cm 长的筷子条，加入葱末、姜末、精盐、黄酒、胡椒粉、味精拌匀，腌渍约 8 分钟。

(2) 面粉、干淀粉、鸡蛋黄加水调成蛋黄糊待用。

(3) 油锅置旺火上，加热至五成热，把鱼肉条挂上蛋黄糊，分批入油锅炸至结壳后捞起；待油温升至七成热，再将鱼条入锅复炸至金黄色，捞起装盘，上桌随带甜面酱、花椒盐。

【特点】

色如金桂花，软、嫩、鲜。

【说明】

(1) 鱼肉应剔去红肉，用水冲洗两遍，减少腥味。

(2) 调制蛋黄糊时应掌握好面粉与干淀粉的比例，若面粉过多，成品表面容易裂开。

【演绎】

类似工艺的菜肴有"软炸鸭肝""软炸猪肝"等。

3. 椒盐鳗片工艺

【原料】

去骨河鳗 200g、香菜 15g、葱末 25g、姜末 10g、鸡蛋清 1 个、面粉 20g、干淀粉 20g、黄酒 25mL、精盐 2g、胡椒粉 1g、沙姜粉少许、丁香粉少许、味精 2g、甜面酱 1 碟、色拉油 1 000mL（约耗 25mL）。

【制法】

(1) 河鳗顺中心脊骨线对切开，再用斜刀法将其片成数个"蝴蝶片"，加入黄酒、精盐、胡椒粉、沙姜粉、丁香粉拌匀，腌渍片刻，然后将鳗鱼肉逐片摊开，每片鳗鱼肉上放上葱、姜末，然后逐片合拢。

(2) 鸡蛋清中加适量清水，加入面粉、干淀粉调成糊。

(3) 油锅置中火上，加热至五成热时，将鳗鱼片逐片挂糊投入油锅中，炸至结壳捞出；待油温升至七成热时，将鳗鱼片入锅复炸至浅黄色，捞出装盘，跟甜面酱碟上席。

【特点】

色泽浅黄，外香软、里鲜嫩，口味咸鲜干香。

【说明】

(1) 河鳗体表有黏液，用斜刀法片鳗鱼时可以垫上毛巾，避免打滑。

(2) 挂糊时应防止蝴蝶片分开，导致葱、姜末掉落在蛋清糊中影响菜肴的美观。

(3) 初炸时油温不应过高，否则容易出现"爆炸"现象。

【演绎】

类似工艺的菜肴有"软炸口蘑""软炸鱼条"等。

(二) 操作要领

(1) 软炸所用的糊有全蛋糊、蛋黄糊、蛋清糊三种，粉料有面粉和淀粉两种。

(2) 糊不能过厚，挂糊要均匀。

(3) 初炸时应控制好油温：油温过低，容易"塌糊"，同时原料之间容易粘连；油温过高，容易出现"爆炸"现象或造成原料色泽不均匀。

(4) 初炸时应控制好每一块原料成熟的火候，尽量做到一致。

四、酥炸工艺

(一) 实践操作——香酥鸭工艺

【原料】

嫩肥公鸭1只（约1 500g）、葱结1个、姜块1块、花椒10余粒、五香粉3g、精盐8g、黄酒40mL、葱白段1碟、甜面酱1碟、烹调油1 000mL（约耗100mL）。

【制法】

(1) 鸭子经初步加工后，擦干水分，斩去翅尖、足，用力按断鸭胸骨（防止蒸后胸骨将皮肉顶破）；将用五香粉、黄酒、精盐调制成的汁涂抹于鸭身内外，并用剩余的汁将鸭子腌渍20分钟。

(2) 将腌渍后的鸭子放入容器内，加葱结、姜块、花椒上蒸笼蒸至熟烂（约2小时），取出沥去水晾凉。

(3) 油锅置旺火上，加热至八成热时，将鸭子放入炸至外皮酥香，捞出沥油，改刀装盘，与葱白段碟、甜面酱碟一同上席。

【特点】

色泽金黄，皮酥肉香。

【说明】

(1) 注意控制火候，若炸制时间过长，鸭肉会发苦。

(2) 控制好油温和炸制的时间，应使鸭皮酥脆、鸭肉软嫩。

【演绎】

类似工艺的菜肴有"香酥鸡""香酥鹌鹑"等。

(二) 操作要领

(1) 主料或蒸或煮，要求不失其形，不宜太烂。

(2) 应根据原料的质地、大小确定加热时间。

(3) 原料下油锅炸制时，火要旺、油要大；但要控制好火候，油炸时间不可过长。

五、香炸工艺

(一) 实践操作

1. 芝麻凤尾虾工艺

【原料】

明虾20只、白芝麻80g、鸡蛋清1只、精盐1g、胡椒粉0.5g、湿淀粉20g、黄酒5mL、芥末蜂蜜酱1碟、食用油500mL（约耗60mL）。

【制法】

(1) 将明虾去壳留尾，剖开背部剔除虾线，漂洗干净后挤干水分。

(2) 将明虾放入碗中，加鸡蛋清、精盐、胡椒粉、湿淀粉上浆。

(3) 将明虾摊开，逐只两面粘上白芝麻（虾尾不粘白芝麻），并用手轻轻压实。

(4) 置锅加油，加热至七成油温时，放入明虾，炸至成熟装盘，带芥末蜂蜜酱碟上桌供蘸食。

【特点】

芝麻香酥，虾肉鲜嫩。

【说明】

(1) 上浆前应挤干虾中的水分。

(2) 若要使虾容易粘上芝麻，上浆时可略厚一点。

【演绎】

类似工艺的菜肴有"芝麻肉条""杏仁鱼排"等。

2. 灌汤虾球工艺

【原料】

小河虾仁300g、去皮生荸荠3粒、生猪板油50g、猪皮冻100g、咸味面包片4片、鸡蛋2个、干淀粉50g、胡椒粉0.5g、黄酒15mL、姜末少许、小葱末少许、精盐3g、味精1g、烹调油800mL（约耗80mL）。

【制法】

(1) 面包片去皮，切成数个4mm×4mm的细粒。

(2) 荸荠拍碎，生猪板油切细粒，河虾仁沥干水分后切成粗粒，一起放入容器中，加入胡椒粉、黄酒、姜末、小葱末、精盐、味精，搅拌上劲，再加入少许干淀粉搅匀，然后挤成10只虾球。鸡蛋磕开打散，倒入盘中备用。

(3) 猪皮冻切成10个小丁，分别嵌入虾球之中，逐只捏好封口。

(4) 每只虾球先滚上干淀粉，然后在蛋液中滚一下，最后滚上面包粒。

(5) 用四成油温将虾球加热至熟后捞出，再用六成油温将其复炸一次，至虾球外表松酥后捞出，沥油、装盘。

【特点】

色泽金黄，外酥里嫩，整齐美观。

【演绎】

类似工艺的菜肴有"菠萝虾""桃仁鱼卷"等。

3. 香炸猪排工艺

【原料】

猪大排300g、鸡蛋2只、面粉50g、面包糠100g、精盐2g、黄酒15mL、味精1g、葱段5g、姜片5g、辣酱油1碟、烹调油1 000mL（约耗100mL）。

【制法】

(1) 将猪大排切成4片，用刀膛拍松，再用刀排剁几下，加精盐、黄酒、味精、葱段、姜片拌匀调味。鸡蛋磕入碗中打透待用。

(2) 将猪大排拍上一层面粉，抖去多余的面粉后裹上蛋液，然后滚上面包糠，并用手掌将其压实。

(3) 油锅置中火上,加热至五成热时,投入猪大排;改小火,猪大排炸至金黄色时,捞起沥油;将猪大排改刀成一指宽的条状装盘,带辣酱油碟上席。

【特点】

色泽金黄,松脆香鲜。

【演绎】

类似工艺的菜肴有"香炸鱼排""瓜仁鱼排""花生虾排"等。

(二)操作要领

(1) 香炸的粘料一般有面包糠、面包粒、芝麻、核桃仁、松子仁、花生米、燕麦片等。

(2) 用面粉拍粉时,原料表面的干面粉不可过多,否则难以挂上蛋液。

(3) 原料表面的粘料不应重叠,应是薄薄、均匀的一层。

(4) 油炸时应控制好油温,防止将香脆的粘料炸焦。

六、脆炸工艺

(一) 实践操作——脆炸明虾工艺

【原料】

明虾 12 只、面粉 60g、干淀粉 15g、发酵粉 3g、温清水 55mL、花生油 15mL、精盐 2g、味精 1g、黄酒 5mL、葱姜汁 5mL、椒盐(或番茄沙司)1 碟、烹调油 1 000mL(约耗 75mL)。

【制法】

(1) 明虾去头、去外壳(留尾),剖开背部剔去虾线,用清水冲洗干净。

(2) 在虾的腹部横切三四刀(不要切断),加入精盐、味精、黄酒、葱姜汁腌渍 7~8 分钟。

(3) 取碗一只,放入面粉、干淀粉、发酵粉,一边搅拌一边加入温热的清水,将其调成糊状,再加入精盐、花生油搅拌均匀成脆浆糊。

(4) 油锅置中火上,加热至五成热时,手抓虾尾,逐只在脆浆糊中拖裹均匀(虾尾不要挂糊),放入油锅中炸至外表饱满后捞出;待油温升至七成热时,将虾复炸至外香脆、蛋黄色即可捞出沥油,带椒盐碟(或番茄沙司碟)上席。

【特点】

外表饱满,气孔细密,口感酥脆,虾肉鲜嫩,口味咸鲜。

【说明】

(1) 虾改刀时应刀深一致,但不能切断。

(2) 掌握好脆浆糊调制的比例、浓稠度,以及发酵的温度和时间。

(3) 脆浆糊调好后,要等其发酵再行拖裹,并严格控制好炸制时的油温。

(4) 在油炸过程中需要不断翻动原料,使原料上色均匀。

【演绎】

类似工艺的菜肴有"脆炸鱼条""脆炸鲜奶""脆炸银鱼""脆炸茄夹"等。

（二）操作要领

（1）脆浆糊的调配比例：通常面粉与淀粉的比例为4∶1，发酵粉与淀粉的比例为1∶5。

（2）制作脆浆糊时要搅拌透，使糊没有颗粒，调好后需静置片刻待其发酵。

（3）初炸时严格掌握火候：油温太低，容易泄糊；油温过高，外表会不光滑，影响菜肴的美观。

七、松炸工艺

(一) 实践操作

1. 高丽香蕉工艺

【原料】

香蕉2根、干淀粉60g、糖桂花2g、红豆沙85g、鸡蛋清5个、绵白糖40g、烹调油1 500mL（约耗125mL）。

【制法】

（1）香蕉去皮、对半切开，撒上少许干淀粉。糖桂花与红豆沙拌匀后分成两份，搓成与香蕉一样长的条，分别放在半片香蕉上，合上另外半片香蕉，将其切成10段（共20段）待用。

（2）容器擦干后放入鸡蛋清打起泡，加干淀粉搅拌均匀，制成蛋泡糊。

（3）油锅置中火上，加热至两成热时转小火，把香蕉段裹上蛋泡糊后逐个放入油锅中，待其外表膨胀凝固成球，再用手勺将香蕉段（球）不断翻动、用油淋浇；待油温升至七成热、香蕉段（球）已炸至微黄时，用漏勺将其捞起、沥油，装盘后撒上绵白糖即可。

【特点】

外层松绵，口味香甜。

【说明】

（1）香蕉段不能切得太大，否则容易露馅。

（2）香蕉段裹糊时动作要快。

【演绎】

类似工艺的菜肴有"炸细沙羊尾""高丽苹果""雪衣菜花"等。

2. 松炸虾球工艺

【原料】

虾仁150g、熟火腿末10g、炸核桃仁末15g、鸡蛋清5个、葱白末10g、精盐1g、味精1g、干淀粉50g、烹调油1 500mL（约耗100mL）、番茄沙司1碟。

【制法】

（1）虾仁洗净后用毛巾吸干水分，切成粗粒，加葱白末、精盐、味精拌匀调味。

（2）容器擦干后放入鸡蛋清打起泡，加入虾仁粒、熟火腿末、炸核桃仁末、干淀粉搅拌均匀，制成虾蛋糊。

(3) 油锅置中火上,加热至两成热时转小火,把虾蛋糊挤成直径约 5cm 的圆球(约 20 只),下锅慢慢翻炸至淡黄色,捞起沥油装盘,带番茄沙司碟上席。

【特点】

松、香、鲜、嫩。

【说明】

(1) 主料也可以采用整只虾仁,制法如同高丽香蕉,但菜名应为"松炸虾仁"。

(2) 要使用葱白,不能使用绿色的葱叶(葱绿),因为葱叶经高温油炸会变黑,影响菜品质量。

(3) 制作虾蛋糊应控制好干淀粉的量,并搅拌均匀。

【演绎】

类似工艺的菜肴有"松炸口蘑""鸡茸蛋"等。

(二) 操作要领

(1) 打蛋清的盛器一定要干净,不能有水、油。

(2) 鸡蛋清一定要打到位,即容器侧翻泡沫也保持原样。

(3) 应在油温两成热时进行炸制,采用中小火加热,使油温缓慢上升。

(4) 起锅前的油温应控制在七成热,否则容易产生"吃油"现象。

八、卷包炸工艺

(一) 实践操作

1. 纸包鸡工艺

【原料】

鸡脯肉 150g、鸡蛋清 0.5 个、黄酒 3mL、精盐 1g、味精 1g、湿淀粉 5g、香菜叶 5g、葱丝 2g、姜丝 2g、麻油 10mL、食用油 500mL(约耗 20mL)、玻璃纸 1 张。

【制法】

(1) 将鸡肉片成薄皮,用鸡蛋清、黄酒、精盐、味精、湿淀粉调匀上浆,再加入葱丝、姜丝、麻油拌匀。

(2) 将玻璃纸剪成 20 张边长约 15cm 的正方形纸,每一张纸上平铺鸡肉片,放上一瓣香菜叶,然后将其包成长方形。

(3) 油锅置旺火上,加热至三成热时,将包好的鸡肉片放入;转小火,并用手勺不断淋翻包好的鸡肉片,至纸内蒸汽膨胀后,捞出装盘。

【特点】

原汁不外溢,外形饱满透明,鸡脯鲜嫩油润。

【说明】

(1) 玻璃纸要包得宽松,但要严密,防止食用油进入内部。

(2) 油温不可过高,否则玻璃纸容易卷曲。

【演绎】

类似工艺的菜肴有"纸包虾仁""腐皮荠菜角"。

2. 炸佛手工艺

【原料】

猪肉末（肥四瘦六）200g、鸡蛋 2 只、小葱末 15g、姜末 2g、香菜梗末 10g、黄酒 15mL、精盐 2g、味精 2g、胡椒粉 0.5g、干淀粉 25g、烹调油 500mL（约耗 50mL）、花椒盐 1 碟。

【制法】

（1）先将 1.5 只鸡蛋加少许精盐和味精搅匀，制成一张蛋皮。

（2）猪肉末放入容器中，加入半只鸡蛋、小葱末、姜末、香菜梗末、黄酒、味精、胡椒粉、干淀粉，搅拌均匀后分为 2 份。

（3）蛋皮修成正方形，对开成 2 张，撒上干淀粉，均匀抹上猪肉末，顺长边卷成约 4cm 宽的卷后将其按扁，切成"五指佛手形"的段。

（4）油锅置旺火上，加热至五成热时投入肉卷，炸至色泽金黄后捞出，沥油装盘，带花椒盐碟上席。

【特点】

色泽金黄，外香里嫩，形如佛手，宫廷风味。

【说明】

（1）蛋皮应将猪肉末包紧，避免油炸时散开。

（2）入油锅前，最好用小刀将"佛手"的五指拨一下，稍作分离。

【演绎】

类似工艺的菜肴有"蝉衣鱼卷""荷包里脊""腐皮葱花卷""网油鳜鱼卷""网油包鹅肝"等。

(二) 操作要领

（1）卷包炸一般使用豆腐皮、网油、春卷、糯米纸等作为包裹材料，炸制后可直接食用；如用玻璃纸作为包裹材料，在包裹原料时就应考虑，如何包裹食用时能便于打开。

（2）严格控制油温，避免卷包的辅料被炸焦。

（3）一些包得比较紧密的原料在入油锅之前，可先用刀尖或牙签在表皮上扎几个小洞，以便于高温油炸时排出气体，防止炸裂。

7.2 炒 制 工 艺

▶ 微课学习指导

请在学习本节内容前观看微课 7.2.1～7.2.9，对本节重、难点内容进行预习；课后再观看一遍微课，检查自己是否已经掌握本节的所有知识点。

根据工艺特点和成菜风味，炒又分为生炒、熟炒、煸炒、滑炒和软炒等。

一、生炒工艺

(一) 实践操作

1. 榨菜肉丝工艺

【原料】

猪瘦肉 200g、榨菜 100g、精盐 1g、黄酒 10mL、味精 1g、烹调油 50mL。

【制法】

(1) 把猪肉切成约 7cm 长的丝；榨菜去皮后切成丝，用水浸泡去咸味，沥干水待用。

(2) 炒锅置旺火上烧热，用油滑锅后倒少量油，投入肉丝不断煸炒至泛白，加入精盐、黄酒、味精和榨菜丝一同颠拌，加热片刻后出锅装盘。

【特点】

鲜香脆嫩，清新爽口。

【说明】

(1) 榨菜丝用水浸泡是为了减去一定的咸味，但不能过淡。

(2) 应掌握火候，不可长时间炒制。

【演绎】

类似工艺的菜肴有"香干肉丝""豆豉肉丁"等。

2. 黄瓜炒子虾工艺

【原料】

带子河虾 175g、嫩黄瓜 150g、黄酒 10g、精盐 2g、味精 1g、烹调油 30mL。

【制法】

(1) 将河虾剪去须和脚，用水轻轻洗净；嫩黄瓜带皮洗净，剖去籽，斜切成月牙片，然后用精盐将其拌渍片刻，挤去水分待用。

(2) 油锅置旺火上，加热至六成热时投入河虾煸炒，至虾壳变色时加黄酒、精盐、味精稍炒，再加黄瓜片翻炒均匀后出锅装盘。

【特点】

色泽鲜艳，子虾鲜嫩，黄瓜爽脆。

【说明】

(1) 清洗河虾时要小心，以防虾子脱落。

(2) 黄瓜片不可切得太薄，也不可加热过头。

【演绎】

类似工艺的菜肴有"炒海瓜子""炒湖蟹"等。

(二) 操作要领

(1) 生炒的原料应加工成小型，以利于成熟。

(2) 使用旺火热锅温油，投入原料后半离火口翻炒，以防锅内出现火苗。

(3) 生炒的菜肴大多不勾芡，或只勾薄芡。

(4) 炒制时应不断翻锅，使原料在短时间内受热均匀，炒至断生即可。

二、熟炒工艺

(一) 实践操作

1. 回锅肉工艺

【原料】

猪腿肉 400g、青蒜苗 100g、郫县豆瓣 25g、甜面酱 10g、酱油 10mL、食用油 50mL。

【制法】

(1) 将肥瘦相连的猪腿肉刮洗干净，放入汤锅内煮至肉熟皮软后捞出；等猪肉凉透后，将其切成 5cm 长、4cm 宽、0.2cm 厚的片。青蒜苗斜切成段。

(2) 油锅置旺火上，加热至六成热时下猪肉片炒至吐油；猪肉片呈灯盏窝状时，下剁成蓉的郫县豆瓣翻炒上色；放入甜面酱炒出香味，加入酱油炒匀，再放入蒜苗段翻炒断生，起锅装盘。

【特点】

色泽红亮，肉片柔香，肥而不腻，味咸鲜、微辣、回甜，有浓郁的酱香味。

【说明】

(1) 炒郫县豆瓣和甜面酱时火候不宜过大。

(2) 此菜必须加提味的配料，最好是青蒜苗，也可用大葱或蒜薹代替。

【演绎】

类似工艺的菜肴有"炒肚尖""豆角炒酱肉""炒圈子（猪大肠）"等。

2. 扬州蛋炒饭工艺

【原料】

白粳米饭 3 000g、鸡蛋 5 只、水发海参 50g、熟鸡脯肉 50g、熟火腿 50g、猪瘦肉 40g、熟鸡肫 1 只、浆虾仁 50g、水发香菇 25g、熟笋肉 25g、熟青豆 25g、水发干贝 25g、葱花 15g、黄酒 10mL、精盐 20g、鸡清汤 25mL、熟猪油 200g。

【制法】

(1) 将海参、鸡肉、火腿、猪肉、鸡肫、香菇、笋肉均切成细丁，干贝捏散，鸡蛋加精盐搅打均匀。

(2) 炒锅置旺火上烧热，放入熟猪油，待油温四成热时放入虾仁，滑油至熟后捞出；再倒入切好的各种丁和青豆略炒，放入干贝，加黄酒、精盐、鸡清汤烧沸，出锅盛入碗中成"什锦浇头"。

(3) 炒锅置中火上烧热，放入余下的熟猪油，待油温五成热时，倒入鸡蛋液炒散，加入米饭炒匀，倒入"什锦浇头"、虾仁、葱花，炒匀装盘。

【特点】

米饭粒粒松散、软硬有度，配料多样，鲜韧爽滑，香软可口。

【说明】

(1) 米饭想要颗粒分明、入口软糯，讲究四要：一要米好，宜用香粳米，不应

用糙米、籼米和糯米;二要燥湿得宜;三要浸泡,米加水后应浸泡半个小时;四要善用火工,水沸下米,先武火煮至米涨,再改用文火逐渐收水。饭焖熟后,应用勺将其打松散呈颗粒状。

(2) 炒制时油不可过多,口味不可过咸。

【演绎】

类似工艺的炒饭有"三鲜蛋炒饭""火腿丁蛋炒饭""虾仁蛋炒饭""干菜炒饭""印尼炒饭"等。

(二)操作要领

(1) 原料在进行初步熟处理时,应根据其性质的不同,处理成不同的成熟度。

(2) 熟料加工成片、丝、丁时,片要厚,丝要粗,丁要大。

(3) 原料不上浆、不挂糊,也不腌渍。

(4) 在调味上,主要使用酱类调料,如郫县豆瓣、甜面酱、黄豆酱等。

三、煸炒工艺

(一)实践操作——干煸牛肉丝工艺

【原料】

牛里脊肉 250g、芹菜 100g、郫县豆瓣 15g、姜丝 15g、花椒粉 1g、酱油 10mL、麻油 10mL、烹调油 150mL。

【制法】

(1) 将牛肉切成 8cm 长、0.3cm 粗的丝,芹菜切成 4cm 长的段,郫县豆瓣剁细。

(2) 炒锅置旺火上加热,滑锅后下烹调油 100mL,加热至七成热时投入牛肉丝,反复煸炒至牛肉丝将干时,下姜丝、郫县豆瓣继续煸炒,并一边炒一边加入余下的烹调油。

(3) 煸炒至牛肉丝将酥时加入酱油、芹菜,继续煸炒至芹菜断生时,淋上麻油、撒上花椒粉出锅。

【特点】

酥软柔韧化渣,麻辣咸鲜香浓。

【说明】

(1) 牛肉应横丝切。

(2) 炒制时动作快而轻,避免把牛肉丝炒成碎末。

(3) 为了避免把牛肉丝炒碎,可先把牛肉丝放入温油锅中滑散,再入炒锅干煸。

【演绎】

类似烹调工艺的菜肴有"干煸鳝丝""干煸茶树菇"。

(二)操作要领

(1) 煸炒荤菜时,要热锅温油。

(2) 不可急炒,要慢慢煸炒使卤汁被主料充分吸收。

四、滑炒工艺

(一) 实践操作

1. 滑炒仔鸡工艺

【原料】

净嫩鸡肉 250g、熟笋肉 50g、黄酒 10mL、酱油 25mL、白糖 10g、米醋 2mL、味精 1.5g、清汤 25mL、湿淀粉 35g、葱段 5g、麻油 15mL、烹调油 750mL（约耗 75mL）。

【制法】

(1) 将鸡肉皮朝下放置，用刀背拍平，再交叉排剁几下，切成约 2.5cm 见方的块，放入碗中加精盐拌匀；湿淀粉加水调稀搅匀，鸡肉块上浆后待用。

(2) 笋肉切滚刀块待用。碗中放入黄酒、酱油、白糖、米醋、味精，再加入剩余湿淀粉调成碗芡待用。

(3) 炒锅置中火上，滑锅后加烹调油，待油温四成热时，放入鸡肉块和笋块，用筷子滑散，约 10 秒后用漏勺捞起；待油温升至七成热时，再将鸡肉块和笋块入锅炸制约 5 秒，然后倒入漏勺沥去油。

(4) 原锅内留油（15mL）置中火上，投入葱段煸出香味，倒入鸡块和笋块，同时将碗芡加清汤调稀搅匀，倒入锅中后翻几次锅，使鸡块和笋块均匀着芡，淋上麻油后出锅装盘。

【特色】

色泽红润，肉质滑嫩，口味咸鲜。

【说明】

(1) 调芡汁时，要控制好碗中湿淀粉的量。

(2) 控制好滑油的时间和油温。七成油温时，把鸡肉入锅略炸，可以增加其香味。

【演绎】

类似工艺的菜肴有"红菱仔鸡""青椒炒仔鸡""栗子炒仔鸡""鲜莲炒仔鸡"等。

2. 银芽里脊丝工艺

【原料】

猪里脊肉 175g、绿豆芽 125g、青椒 30g、鸡蛋清 1 个、黄酒 5mL、精盐 2g、味精 1g、干淀粉 6g、湿淀粉 5g、烹调油 500mL（约耗 75mL）。

【制法】

(1) 将猪里脊肉剔去筋膜，切成 8cm 长的丝，放入清水中浸漂去血水，然后取出沥干，再放入器皿中；加入精盐、味精、鸡蛋清、干淀粉，拌匀上浆后待用。绿豆芽掐去根须和芽瓣，洗净。青椒去柄、籽，洗后切成丝。

(2) 在小碗中放入精盐、味精、湿淀粉、黄酒，加水调成碗芡。

(3) 炒锅置中火上烧热，滑锅后倒入烹调油，加热至四成热时，倒入猪肉丝、青椒丝炒至八成熟，倒入漏勺沥去油。

(4) 原锅置旺火上，倒入少许烹调油，旺火热油投入绿豆芽，加精盐迅速煸炒至熟时，投入猪肉丝、青椒丝，倒入碗芡，翻锅几次，盛入平盘。

【特点】

色泽洁白，银芽爽脆，肉丝滑嫩。

【说明】

(1) 绿豆芽要选用肥壮白净的。煸炒绿豆芽时要旺火热油快速炒制。

(2) 猪里脊丝要切得粗细均匀，浸漂大约5分钟，漂去血水即可。

(3) 青椒丝的粗细不能大于肉丝，量不可过多。

【演绎】

类似工艺的菜肴有"彩色鱼丝""滑炒鸡片""滑炒鳗片"等。

（二）操作要领

(1) 原料成形要求细、薄、小，以保证滑炒菜肴口感鲜嫩的特色。

(2) 主料须上浆，以保持主料的形状，并使其口感更为鲜嫩。

(3) 主料滑油、翻炒时要热锅温油。

(4) 炒制时切不可翻炒过分，以免主料过老、配料过烂。

五、软炒工艺

（一）实践操作——炒鲜奶工艺

【原料】

纯牛奶250mL、鸡蛋清4个、熟火腿片15g、小菜心4颗、葱段5g、黄酒5mL、精盐2g、味精1g、干淀粉15g、湿淀粉10g、清汤70mL、色拉油750mL（约耗100mL）。

【制法】

(1) 鸡蛋清放入碗中，倒入纯牛奶，加精盐、味精、干淀粉调匀。熟火腿片切成菱形。

(2) 炒锅置中火上烧热，滑锅后倒入色拉油，加热至三成热时，倒入调匀的牛奶液，并用锅铲轻轻推动锅底；待牛奶液成片浮起，即可捞出沥去油。

(3) 原锅留少许油置中火上，投入葱段煸香，加清汤、小菜心，沸后捞去葱段，加精盐、味精，用湿淀粉勾薄芡，放入牛奶片和火腿片，轻轻炒匀即可。

【特点】

鲜奶成片，色泽洁白，鲜明油亮，奶质嫩滑。

【说明】

(1) 控制好纯牛奶、鸡蛋清和湿淀粉三者的比例。

(2) 炒锅必须清洗干净，烧热后用冷油滑锅。

(3) 严格控制好油温，否则纯牛奶无法呈片状。

(4) 广东大良的制法是直接将牛奶液倒入锅中拌炒，使牛奶液凝结。

【演绎】

类似工艺的菜肴有"熘黄菜"①"大良鲜奶"。

(二) 操作要领

(1) 炒锅要干净,要热锅温油。

(2) 有一类的软炒工艺是将主料直接入锅炒制,如"炒鸡蛋""熘黄菜""三不粘"等。

(3) 如果将主料直接入锅炒制,则应控制好火力,避免焦煳。

7.3 爆制工艺、烹制工艺

▶ 微课学习指导

请在学习本节内容前观看微课 7.3.1~7.3.5,对本节重、难点内容进行预习;课后再观看一遍微课,检查自己是否已经掌握本节的所有知识点。

爆制工艺和烹制工艺均为将原料进行处理后用大油量加热,二者的区别在于:爆制工艺为先爆后勾芡,用芡汁紧包原料;烹制工艺为先炸后烹,"烹"的是调味汁。

一、爆制工艺

(一) 蒜爆

1. 实践操作——蒜爆墨鱼花工艺

【原料】

鲜墨鱼 1 000g、精盐 2g、味精 2g、黄酒 15mL、胡椒粉 0.5g、蒜末 5g、姜末 2g、白汤 50mL、湿淀粉 15g、烹调油 750mL(约耗 50mL)。

【制法】

(1) 取墨鱼净肉洗净,切开筒状的墨鱼身,从里面下刀,剞麦穗花刀,然后将其切成数个 5cm 长、2.5cm 宽的长方块。

(2) 取小碗 1 只,放入精盐、味精、黄酒、胡椒粉、蒜末、姜末、白汤、湿淀粉,调制成碗芡。

(3) 水锅置旺火上烧沸,放入墨鱼花块焯水(约 5 秒),捞出沥干水。

(4) 炒锅置旺火上烧热,滑锅后下烹调油加热至七成热,倒入墨鱼花块约浸 5 秒至开花成形,待墨鱼花块八成熟时捞出。

(5) 锅中留少许油,倒入墨鱼花块,随即再倒入碗芡,急速翻拌使原料均匀着芡,淋上亮油即可。

---

① "熘黄菜"虽然名字中有"熘",但它其实采用的是软炒工艺。——编者

【特点】

造型美观，色泽洁白，脆嫩鲜香。

【说明】

(1) 麦穗花刀的剞法要正确，一要认清墨鱼肉的里、外面，要在里面剞花；二要掌握好刀深，通常反刀剞的刀深为墨鱼肉的 3/5 处，直刀剞的刀深为墨鱼肉的 4/5 处。

(2) 要了解墨鱼肉受热后卷曲的方向，将其切成上下窄、左右宽的长条形（头部为上，尾部为下）。

(2) 严格控制火候，不能过大，否则墨鱼肉口感不脆。

(3) 也可采用上浆滑油的做法，但菜肴的香味会不足。

【演绎】

类似工艺的菜肴有"爆双脆""油爆响螺片""蒜爆鱿鱼卷""蒜爆里脊花""蒜爆豆腐"等。

2. 操作要领

(1) 原料的刀工处理必须精细，厚薄均匀，大小粗细一致，块状的原料一般要剞上花刀。

(2) 脆性的动物类原料的初步熟处理通常采用焯水、油炸的方式，韧性的动物类原料的初步熟处理则通常采用上浆、滑油的方式。无论采用哪种方式，每一个环节之间要连贯，要一气呵成。

(3) 为了保证菜肴的脆嫩特色，爆类菜肴的调味都要使用碗芡。

(4) 蒜爆类菜肴加热时间极短，所以原料要求为脆嫩无骨的小型原料，或加工成薄片、花刀片。

(5) 菜肴的芡汁要做到"有汁不见汁"，不澥油、不澥汁，食后盘底无汁。

(二) 酱爆

1. 实践操作——酱爆肉丝工艺

【原料】

猪通脊肉 250g、鸡蛋清 1 个、葱白末 3g、葱丝 2g、姜末 2g、黄酒 15mL、甜面酱 25g、白糖 5g、酱油 5mL、味精 1g、精盐 1g、湿淀粉 20g、烹调油 750mL（约耗 50mL）。

【制法】

(1) 猪肉切丝，加精盐、鸡蛋清、湿淀粉上浆。

(2) 在小碗中放入黄酒、酱油、味精、湿淀粉及少许水，制成碗芡。

(3) 炒锅置旺火上烧热，滑锅后下烹调油，油温四成热时倒入猪肉丝划散，猪肉丝变色后立即捞出沥油。

(4) 锅内留少许油，放入葱白末、姜末、甜面酱炒香，再下白糖炒化；倒入猪肉丝、碗芡，颠翻均匀，淋上亮油，出锅装盘，撒上葱丝即可。

【特点】

色红油亮，酱香扑鼻，口感鲜嫩，咸中带甜，芡汁紧包。

【说明】

(1) 勾芡用的湿淀粉的量需根据碗芡的稀稠程度而定。

(2) 爆炒时动作要连贯、迅速。

【演绎】

类似的菜肴有"酱爆鸡丁""酱爆牛肉片""酱爆兔肉丁"等。

2. 操作要领

(1) 酱爆类菜肴一般为单一主料，可以加一些不易出水的根茎类蔬菜、香干等作为配料。

(2) 炒酱技术有一定的难度。炒酱时若火候不够，则酱包不住原料，而且有生酱味；若火候过大，则酱发干影响菜肴美观，并有糊味。如用黄酱，应先把黄酱炒透，再放白糖、黄酒，最后倒入原料；如用甜面酱，则可与白糖一起下锅炒。

(三) 芫爆

1. 实践操作——芫爆里脊工艺

【原料】

猪通脊肉 250g、鸡蛋清 1 只、香菜 100g、葱 10g、蒜片 10g、姜汁 10mL、黄酒 10mL、精盐 2g、味精 2g、米醋 5mL、胡椒粉 0.5g、湿淀粉 25g、麻油 25mL、烹调油 750mL（约耗 50mL）。

【制法】

(1) 猪肉顶丝切薄片，漂去血水后沥干，加精盐、味精、鸡蛋清、湿淀粉拌匀上浆。

(2) 香菜切段，与蒜片、姜汁、精盐、黄酒、味精、米醋和胡椒粉一起搅匀制成调味汁。

(3) 炒锅置旺火上烧热，滑锅后下烹调油加热至四成热时，倒入猪肉片划散，猪肉片变色后即可捞出沥油。

(4) 原锅加少许油，用葱炝锅，倒入调味汁和肉片翻炒收汁，淋上麻油即可。

【特点】

香味浓郁，肉片鲜嫩。

【说明】

(1) 最好选用香菜梗，炒的时间不宜过长。

(2) 此菜不勾芡，要把握好调味汁的用量。

【演绎】

类似工艺的菜肴有"芫爆肚丝""芫爆海螺"等。

2. 操作要领

(1) 芫爆的主料需要先进行初步熟处理。脆嫩的动物类原料采用焯水、油炸的方式，软嫩的动物类原料采用上浆、滑油的方式。

(2) 芫爆菜肴使用清汁，所以调味要重一些，汁要少一些。

（四）葱爆

1. 实践操作——葱爆三样工艺

【原料】

猪肝100g、猪通脊肉100g、净猪腰100g、鸡蛋清1个、大葱75g、姜丝5g、黄酒15mL、精盐1.5g、酱油20mL、味精1g、白汤50mL、湿淀粉25g、麻油10mL、烹调油750mL（约耗60mL）。

【制法】

（1）猪肝、猪肉切成片。猪腰先顺长直刀剖，再转90°斜刀片成梳子片。大葱切段。

（2）把猪肝片、猪肉片、猪腰片（以下简称"三片"）放入碗中，加精盐、蛋清、黄酒、湿淀粉拌匀上浆。

（3）取小碗一只，加入酱油、黄酒、白汤、味精、湿淀粉，调制成碗芡。

（4）炒锅置旺火上烧热，滑锅后下烹调油加热至五成热时，投入"三片"划散，"三片"变色后立即捞出沥油。

（5）原锅留少许油，下葱段、姜丝炒透，捞出弃之；倒入"三片"和碗芡，快速翻炒均匀，淋上麻油即可。

【特点】

葱香浓郁，"三片"鲜嫩爽脆。

【演绎】

类似工艺的菜肴有"葱爆羊肉""葱爆鱿鱼"等。

2. 操作要领

（1）葱爆类菜肴的主料多为软嫩的动物类原料，因此需要采用上浆、滑油进行初步熟处理。

（2）需要把大葱煸出香味后，再倒入主料爆炒。

（3）为了加快勾芡的速度，应预先调制好碗芡。

二、烹制工艺

（一）实践操作

1. 炸烹牛肉丝工艺

【原料】

牛里脊肉200g、干淀粉50g、酱油15mL、白糖15g、黄酒10mL、米醋15mL、白汤50mL、葱末5g、姜末5g、青蒜丝30g、麻油10mL、烹调油700mL（约耗70mL）。

【制法】

（1）牛肉切成8cm长的粗丝，撒上干淀粉拌匀，使每根肉丝都裹上淀粉，然后抖去余粉。

（2）在碗中放入酱油、白糖、黄酒、米醋、白汤，制成调味汁。

(3) 油锅置旺火上，加热烧至七成热时，把牛肉丝分散入锅，炸至结壳后捞出；拨开粘连的牛肉丝，待油温回升，再将其入锅炸脆，然后捞出沥油。

(4) 炒锅置旺火上，留少许油，下葱、姜末煸香，倒入调味汁烧沸，放入牛肉丝颠锅，撒上青蒜丝、淋上麻油即成。

【特点】

酥脆鲜香，酸甜可口，佐酒佳肴。

【说明】

(1) 牛肉丝不可切得太细，否则易碎。

(2) 主料拍粉后，应立即抖去余粉入锅炸制。

(3) 主料要炸至酥脆、汁水紧收。

【演绎】

类似工艺的菜肴有"炸烹里脊丝""炸烹鸡块"等。

2. 油爆大虾工艺

【原料】

鲜活大河虾 350g（约 8 只）、葱段 5g、黄酒 15mL、白糖 25g、酱油 20mL、米醋 15mL、烹调油 500mL（约耗 50mL）。

【制法】

(1) 将虾的钳、须、脚剪去，洗净后沥干水。

(2) 油锅置旺火上，加热至八成热时，将虾入锅约炸 5 秒（使肉与壳脱开）后捞出；待油温回升至八成热时，将虾复炸 10 秒左右，使虾肉成熟、虾壳松脆，捞出沥油。

(3) 炒锅置旺火上，留少许油，放入葱段炝锅，倒入虾，加入由黄酒、白糖、酱油、米醋制成的调味汁，略翻锅几次即成。

【特点】

虾壳红艳松脆，虾肉鲜嫩，味带酸甜。

【说明】

(1) "油爆大虾"并非爆菜，实为采用"炸烹"技法。

(2) 油温要高，炸制时间要短，使成品外松脆、里鲜嫩。

(3) 加入调味汁后，原料不可再在炒锅中长时间加热。

【演绎】

类似工艺的菜肴有"果汁烹虾段""糖醋凤尾鱼""烹炸鸡块""烹鹌鹑""烹带鱼段"等。

(二) 操作要领

(1) 大部分烹制类菜肴都将原料炸至酥脆，故有"逢烹必炸"之说，因此"烹"也称为"炸烹"。

(2) 原料不要挂糊，但要根据原料的质地拍上干粉。

(3) 烹制类菜肴不勾芡，调味汁为清汁，以盘中略带卤汁为宜。

7.4 煎制工艺、贴制工艺、煸制工艺

> **微课学习指导**
>
> 请在学习本节内容前观看微课 7.4.1～7.4.4，对本节重、难点内容进行预习；课后再观看一遍微课，检查自己是否已经掌握本节的所有知识点。

一、煎制工艺

（一）实践操作——生煎虾饼工艺

【原料】

虾仁 200g、熟肥膘 150g、荸荠肉 100g、鸡蛋清 2 个、葱白末 5g、姜汁 5mL、胡椒粉 0.5g、精盐 1g、黄酒 5mL、味精 1g、湿淀粉 25g、烹调油 250mL（约耗 60mL）、花椒盐少许。

【制法】

（1）虾仁、熟肥膘剁成末，荸荠肉拍碎后稍剁，三者合在一起，加入葱白末、姜汁、胡椒粉、精盐、鸡蛋清、黄酒、味精、湿淀粉拌匀，然后放入冷藏箱静置 1 小时。

（2）锅置中火上烧热，滑锅后加少许烹调油，将从冷藏箱取出的虾料制成 20 个圆虾饼，入锅，用小火将其煎至两面呈淡黄色；加油，将虾饼半煎半炸至成熟（呈金黄色），沥油装盘，跟花椒盐上席。

【特点】

外香酥，里鲜嫩，香鲜爽口。

【说明】

（1）虾仁不必剁得太细，加荸荠肉是为了口感松脆。

（2）灵活控制火力，虾饼既要内部成熟，又要两面呈金黄色。

【演绎】

类似工艺的菜肴有"生煎肉饼""煎牛排""五味煎蟹""蛋煎黄鱼脯""素烧鹅"等。

（二）操作要领

（1）制作煎制类菜肴最好使用平底锅；如果使用的不是不粘锅，则需要做到滑锅、温油。

（2）原料在煎制前一般都要经过调味、挂糊或上浆，但也有个别菜只需要调味，不需要挂糊。

（3）原料通常加工成扁平状，不能过厚，否则不易成熟。

（4）成品应无汁无汤，干香不腻。

二、贴制工艺

（一）实践操作——锅贴鱼片工艺

【原料】

净鱼肉 200g、熟肥膘 150g、浆虾仁 100g、荸荠肉 50g、火腿末 10g、香菜叶 12 瓣、鸡蛋清 3 个、精盐 2g、黄酒 5mL、味精 1g、葱末 5g、姜末 3g、干淀粉 7.5g、烹调油 250mL（约耗 80mL）、辣酱油 1 小碟。

【制法】

（1）鱼肉切成长、宽、厚为 5cm×3cm×1.5cm 的长方片，熟肥膘切成长、宽、厚为 5cm×3cm×0.5cm 的长方片。鱼片用精盐、黄酒腌渍片刻，肥膘片用刀戳几个洞。

（2）虾仁、荸荠肉剁细，先将虾仁加精盐、蛋清、黄酒、水搅拌上劲，再加入荸荠末、葱末、姜末、味精、干淀粉搅拌成泥。将剩余的鸡蛋清和 1g 干淀粉调成糊。

（3）在肥膘片上撒上一层干淀粉后放入平盘中，抹上一层虾泥，再放上鱼片，然后在鱼片上涂抹蛋清糊，并点缀火腿末、香菜叶，制成锅贴鱼片生坯。

（4）锅置中火上烧热，用油滑锅后，放入锅贴鱼片生坯，用小火煎至结壳；加油，慢慢把锅贴鱼片生坯浸熟；沥去油，煎至底部金黄后出锅，将锅贴鱼片整齐排列于盘中，带辣酱油碟上席。

【特点】

面上洁白鲜嫩，底层金黄香脆。

【说明】

（1）将肥膘片戳洞是为了防止其受热时卷缩变形。

（2）在肥膘片撒一层干淀粉是为了让肥膘片更好地与虾泥黏合，涂抹蛋清糊是为了增加菜品的光洁度。

【演绎】

类似工艺的菜肴有"锅贴肉排""锅贴山鸡""锅贴火腿"等。

（二）操作要领

（1）制作贴制类菜肴通常用熟猪肥膘片做底衬，少数菜肴用猪网油或蛋皮做底衬。

（2）做底衬的肥膘以刚熟为宜，过生易变形，过熟难成形。

（3）在制作过程中，根据原料的特性，可选择加黄酒和汤水后加盖焖熟，或加烹调油慢慢浸熟。

（4）严格控制火力，既要使菜品内部成熟，又要使菜品底部金黄香脆。

三、焐制工艺

（一）实践操作——锅焐豆腐工艺

【原料】

豆腐500g、鸡蛋2只、葱末5g、葱结1个、姜末5g、精盐2g、味精1g、黄酒10mL、白汤100mL、面粉100g、麻油15mL、烹调油500mL（约耗50mL）。

【制法】

（1）豆腐去掉边皮，切成数个55mm×35mm×15mm的长方块，然后摆放在盘中，撒上精盐、葱末、姜末稍腌。鸡蛋磕碗中打散。

（2）油锅置中火上，加热至五成热时，将豆腐拍上面粉、拖上蛋液入锅，炸至金黄色捞出，拣去蛋渣，整齐地排列在盘中。

（3）锅中放少许烹调油，投入葱结、姜末炝锅，下白汤，加精盐、味精、黄酒，推入豆腐；用微火加热至汤汁将尽，淋上麻油，装盘即可。

【特点】

豆腐饱含汤汁，色泽金黄，质地软嫩，滋味鲜香。

【说明】

（1）如果豆腐比较嫩，可以将切好的豆腐放在毛巾上吸去部分水分。

（2）汤汁不可完全收干，装盘时应留有少许汤汁。

【演绎】

类似工艺的菜肴有"锅焐鱼扇""锅焐菜卷""锅焐番茄""锅焐鲍鱼盒"等。

（二）操作要领

（1）原料经腌渍后应先拍上面粉，再挂上蛋液。蛋液需挂匀原料各面。

（2）油温控制在五成热，下锅时要防止蛋液炸"飞"。后期要注意避免原料焦糊。

7.5 熘（溜）制工艺

▶ 微课学习指导

请在学习本节内容前观看微课7.5.1～7.5.5，对本节重、难点内容进行预习；课后再观看一遍微课，检查自己是否已经掌握本节的所有知识点。

熘（溜）是一种特殊工艺技法，所用的传热介质有油和水两种。用油传热的熘制工艺有脆熘、滑熘，用水传热的溜制工艺有软溜（烹饪行业习惯把用油传热的工艺称为"熘"，用水传热的工艺称为"溜"），为了方便大家更详细地了解不同的熘（溜）制工艺，在此一并介绍。

一、脆熘工艺

(一) 实践操作——炸熘鸡条工艺

【原料】

鸡脯肉 300g、葱段 10g、酱油 35mL、白糖 35g、米醋 35mL、湿淀粉 50g、麻油 10mL、烹调油 1 000mL（约耗 75mL）。

【制法】

(1) 鸡肉切成 5cm 长的粗条，加酱油、湿淀粉拌匀。

(2) 取小碗一只，放入酱油、白糖、米醋、湿淀粉和少许汤水，调制成碗芡。

(3) 油锅置旺火上，加热至六成热时将鸡肉条分散入锅，炸至结壳后捞起；待油温升高，再把鸡肉条复炸至金黄色，捞出沥油。

(4) 原锅内留少许油，投入葱段炝锅，倒入碗芡推稠；下炸好的鸡肉条，加少许热油和麻油，翻锅、拌匀即可。

【特点】

色泽红亮，外脆里嫩，口味酸甜。

【说明】

(1) 鸡肉条上的湿淀粉要充分拌匀后再入锅炸制。

(2) 掌握好芡汁中各种调料的量，不加味精。

(3) 调制芡汁与油炸之间相隔时间不应太长，否则会影响菜肴的质感。

(4) 起锅前的亮油不宜多，应做到芡汁紧亮，不澥芡。

【演绎】

类似工艺的菜肴有"鱼香熘鸡块""咕噜肉""抓炒豆腐""生爆鳝背"等。

(二) 操作要领

(1) 油炸时要求火旺、油温高，炸至外皮脆硬为准。

(2) 如果操作熟练，在炸制原料的同时，最好另起锅同步调制芡汁，即原料油炸出锅与调制芡汁是同时完成的，使鸡条口感更入味、更脆。

(3) 芡汁的浓度应根据菜肴的特点而定：通常原料剞花刀的菜肴，芡汁应为流芡；原料为块、片等形状的菜肴，芡汁应为包芡。

(4) 脆熘类菜肴的口味通常为重糖醋味，即先甜后酸再咸；也有少部分菜肴为轻糖醋味，即酸甜度减半。

二、滑熘工艺

(一) 实践操作——熘鸡片工艺

【原料】

鸡脯肉 300g、鸡蛋清 1 个、黄酒 10mL、白糖 15g、精盐 1g、白汤 200mL、酱油 15mL、米醋 15mL、葱姜汁 20mL、湿淀粉 35g、烹调油 750mL（约耗 40mL）。

【制法】

(1) 鸡脯肉顺丝切成片,加精盐、黄酒、鸡蛋清、湿淀粉拌匀上浆。

(2) 炒锅置旺火上烧热,滑锅后下烹调油加热至四成热时,将鸡肉片分散入锅后划散,至变色断生后捞出沥油。

(3) 原锅中加入白汤、酱油、白糖、葱姜汁,沸后加入米醋,用湿淀粉勾芡,倒入鸡肉片推匀,淋上亮油即可。

【特点】

芡汁明亮,鸡肉滑嫩,轻酸甜味。

【说明】

(1) 鸡肉片上浆不可太干,便于入锅时划散。

(2) 滑熘类菜肴的芡汁比脆熘类菜肴多一些,稠度比脆熘类菜肴浓一点。

【演绎】

类似工艺的菜肴有"玛瑙鸡片""滑熘里脊片""熘珊瑚虾仁""糟熘鱼片"等。

(二)操作要领

(1) 原料通常加工成小块、片、丝、丁、条等状。

(2) 滑熘类菜肴在口味上多种多样,有轻糖醋味、咸鲜味、香糟味等。

三、软溜工艺

(一)实践操作——西湖醋鱼工艺

【原料】

活草鱼1尾(约700g)、姜末5g、白糖60g、酱油75mL、米醋50mL、黄酒25mL、湿淀粉50g。

【制法】

(1) 将草鱼宰杀洗净,头朝左、腹朝里放砧板上,从尾部下刀,贴脊骨片成两半,斩去鱼牙;在有脊骨的一半上,从鳃盖瓣开始,每隔4.5cm左右剖牡丹花刀,共剖5刀,剖第3刀时,在腰鳍后处切断,以便烧煮;在另一半的剖面肉厚处剖一长刀(刀深约4/5),不要损伤鱼皮。

(2) 锅内放清水1 000mL,用旺火烧沸,先放有脊骨的一半的前半段,再将后半段盖接在上面;然后将两半并排放置,鱼头对齐,鱼皮朝上(水不能淹没鱼头,使鱼的两根胸鳍翘起),盖上锅盖。待锅水再沸时,启盖,撇去浮沫,转动炒锅,改小火加热至鱼肉断生;锅内倒去汤水,留下200mL左右,放入酱油、黄酒、姜末,将鱼捞出放入盘中(鱼皮朝上,背靠背),并沥去汤水。

(3) 在锅内原汤汁中加入由白糖、米醋和湿淀粉调匀的碗芡,用手勺推搅成浓汁,浇遍鱼身即成。

【特点】

色泽红亮,酸甜适宜,鲜美滑嫩,味似蟹肉,为杭州传统风味名菜。

【说明】

(1) 原料宜选用700g左右的草鱼,不宜太大,可在清水中饿养2天。

(2)鱼要沸水下锅，同时应掌握好火候。鱼下锅再沸后应改为小火，并掌握好加热的时间。

(3)正确掌握各类调料的比例，口味层次为先酸后甜再咸。

(4)应离火推搅芡汁，不能久滚，滚沸起泡即可起锅，切勿加油和味精。

【演绎】

类似工艺的菜肴有"白汁全鱼""五柳全鱼""三丝鱼卷"等。

(二)操作要领

(1)原料在加热时应严格控制火候，以断生为度，不可加热过度。

(2)卤汁用油较轻，或不用油，口味清爽。

(3)软溜类菜肴的口味有酸甜味和咸鲜味。

第 8 章　水蒸气、热空气、微波和特殊混合制熟工艺

学习目标

- 了解蒸制工艺、烤制工艺、微波工艺和蜜汁、挂霜、拔丝工艺的原理和制作规律
- 掌握蒸制工艺、烤制工艺、微波工艺和蜜汁、挂霜、拔丝工艺的典型菜肴的制作流程和操作要领，并学会分析菜肴制作成功和失败的原因

第 8 章　水蒸气、热空气、微波和特殊混合制熟工艺

水蒸气传热和热空气传热均属于气态介质传热烹调技法。水蒸气传热主要为蒸制工艺，热空气传热主要为烤制工艺、熏制工艺（在此不作介绍）。微波传热属微波辐射烹调技法。特殊混合制熟工艺将介绍蜜汁、挂霜、拔丝工艺。

8.1　蒸制工艺

▶ 微课学习指导

请在学习本节内容前观看微课 8.1.1、8.1.2，对本节重、难点内容进行预习；课后再观看一遍微课，检查自己是否已经掌握本节的所有知识点。

（一）实践操作

1. 芙蓉干贝工艺

【原料】

干贝 50g、鸡蛋清 8 个、葱结 1 个、生姜 1 小块、绿色蔬菜 15g、精盐 5g、味精 2g、湿淀粉 20g、黄酒 20mL、凉清汤 250mL、鸡油 10mL。

【制法】

（1）干贝清洗干净后放入碗中，加清水（淹没干贝）、黄酒、葱结、生姜，上蒸笼用旺火蒸至干贝酥软后取出，拣去葱、姜。

（2）鸡蛋清放入碗内，加精盐、味精和凉清汤搅匀，上蒸笼用小火蒸熟后取出，即成"芙蓉"。将蒸好的"芙蓉"用勺舀入深盘内。

（3）将干贝连同原汤一起入锅，加入剩余凉清汤、绿色蔬菜、精盐、黄酒、味精，用湿淀粉勾流芡，然后一起浇于"芙蓉"上，最后淋上鸡油即可。

【特点】

洁白晶莹，滑嫩鲜美，如出水芙蓉。

【说明】

（1）应使用凉清汤，以防鸡蛋起花。

（2）鸡蛋清与凉清汤应充分搅拌，但要撇去浮沫或控制少起泡。

（3）严格控制火力，如果蒸汽太大，可将蒸笼盖揭开一角，以避免"芙蓉"出现蜂窝状孔洞。

【演绎】

类似工艺的菜肴还有"百花豆腐""雪丽蛏子""蒸蛋清糕""蒸蛋黄糕"等。

2. 三丝鱼卷工艺

【原料】

净鳜鱼肉 300g、笋丝 50g、冬菇丝 50g、火腿丝 50g、葱丝 10g、姜丝 10g、鸡

蛋清1个、鸡油15mL、清汤150mL、黄酒10mL、湿淀粉20g、干淀粉少许、精盐2g、味精1g。

【制法】

(1) 将鳜鱼肉片成数个长方薄片,加精盐、蛋清、干淀粉上浆,然后平铺在砧板上,把笋丝、冬菇丝、火腿丝、葱丝、姜丝整齐排放在鱼片上,卷成圆柱形。

(2) 取腰盘1只,盘底先抹上一层油,将鱼卷在盘中排列好,上蒸笼用旺火蒸熟后取出。

(3) 炒锅中放入清汤,滗入鱼卷原汁,加入精盐、黄酒、味精调味,用湿淀粉勾流芡,淋鸡油出锅,浇在鱼卷上即成。

【特点】

造型美观,清鲜嫩滑。

【说明】

(1) 鱼肉的刀工处理有两种方式:一是将去皮的净鱼肉单片进行卷制;二是将带皮鱼肉切成双刀片(蝴蝶片),摊开后增加了鱼片的面积,再行卷制。

(2) 应采用旺火短时间蒸制的方法,一般蒸制5分钟左右。

【演绎】

类似工艺的菜肴有"玉树鳜鱼""清蒸鲜鱼""酒蒸活蟹""清蒸河鳗""干菜蒸汪刺鱼"等。

3. 荷叶鸭包工艺

【原料】

净肥鸭1 000g、炒米粉150g、鲜荷叶2张、葱末10g、姜末5g、酱油50mL、黄酒15mL、胡椒粉0.5g、味精1g。

【制法】

(1) 将鸭子去骨,切成大小均等的10块。

(2) 把葱末、姜末、酱油、黄酒、胡椒粉和味精放入碗中调匀,加入鸭块拌渍约10分钟。

(3) 荷叶洗净后改刀成10张,鸭块裹上炒米粉,用荷叶包好,放入盛器中整齐排列。

(4) 采用旺火沸水,将荷叶鸭包上蒸笼蒸2小时即可。

【特点】

鸭肉酥软绵糯,伴有荷叶的清香。

【说明】

(1) 鸭块的调味要精准。

(2) 需严格控制火候,确保鸭肉蒸至酥烂。

【演绎】

类似工艺的菜肴有"糯米蒸酱鸭""糯米蒸子排""荷叶粉蒸肉"等。

（二）操作要领

（1）蒸制工艺的原料必须特别新鲜。

（2）菜肴在蒸制前的调味、投料要精确无误。

8.2 烤 制 工 艺

▶ 微课学习指导

请在学习本节内容前观看微课 8.2.1、8.2.2，对本节重、难点内容进行预习；课后再观看一遍微课，检查自己是否已经掌握本节的所有知识点。

（一）实践操作

1. 金陵烤方工艺

【原料】

猪肋条肉 1 块（约重 3 000g）、甜面酱 1 碟（100g）、葱白段 1 碟（50g）、花椒盐 1 碟（100g）。

【制法】

（1）选用带皮、正中 7 根肋骨的长方形猪肋条肉 1 块。把猪肉皮朝下放在砧板上，四边修齐至长约 30cm、宽约 20cm 的规格，再用削尖的竹签在肉面上戳数个小洞（深至肉皮）。

（2）用铁叉的双齿从猪肉块的第 2 根与第 6 根肋骨之间，顺骨缝插入至约 7cm 深，稍翘起叉尖，再隔 7cm 重复插入。最后，叉尖从另一边穿出，用两根削尖的竹筷横插在肋条肉的两侧，并别在叉齿上，使肉块固定在铁叉上。

（3）当炉膛内木柴烧至无火苗、无烟时，将猪肉块（皮朝下）伸入炉膛内，烤约 20 分钟，至肉上水分烤干、肉皮呈黑釉色时离火。用湿布润湿肉皮，刮去焦污。按前面的方法再烤刮一次，然后在肉皮上戳数个小孔，再用微火烤约 20 分钟。当肉皮再呈黑釉色，取出刮净煳焦物，翻面将肉骨向下均匀烘烤，至肋骨肉收缩、骨头伸出时取出。经过 4 次烘烤、3 次刮皮，猪肉块已皮薄、肉熟。

（4）将猪肉块皮朝下用微火烤半小时，当肥膘油渗出并发出"吱吱"响声，抽去烤叉、竹筷，用刀刮尽肉皮及周围的焦屑物。

（5）先将烤肉皮取下，用铁勺将其拍碎，再将里脊肉、肋条肉切薄片，分别装盘。上桌时带甜面酱碟、葱白段碟、花椒盐碟。

【特点】

皮面异常松脆，肉质干香酥烂。

【说明】

（1）要选大块且质嫩的猪肋条肉。

（2）猪肉上叉时，要用两根竹筷横叉在上面，防止肉熟下垂。

（3）烤肉时要用钢针在猪肉皮上戳数个小孔，烘烤时可避免肉皮鼓起、皮与肉脱开。

（4）掌握好火候，烤肉时肉要不断移动，皮色要烤得均匀，刮焦皮时要顺刮。

（5）应选用天然果树木或无烟机制炭作为烧烤燃料。

【演绎】

类似工艺的菜肴有广东名菜"片皮乳猪"。

2. 蜜汁叉烧工艺

【原料】

去皮肥瘦相间猪肉 5 000g、精盐 75g、白糖 315g、老抽 20mL、生抽 150mL、豆酱 75g、汾酒 150mL、糖浆 500g。

【制法】

（1）将猪肉切成长 36cm、宽 4cm、厚 1.5cm 的条状，置于容器中，加入精盐、白糖、老抽、生抽、豆酱、汾酒拌匀，腌渍 45 分钟后，用叉烧环将肉条穿成排状。

（2）将肉排放入烤炉中，用中火烤制约 30 分钟至熟透（烤制时需转动以确保均匀加热，瘦肉部分滴出清油时即熟）；取出后静置约 3 分钟，然后均匀涂抹糖浆，再烤 2 分钟即成。

【特点】

色泽红亮，外甜里咸，甜蜜芳香。

【说明】

（1）传统的蜜汁叉烧是将猪里脊肉插在乳猪腹内，在烤乳猪的同时用暗火以热辐射烧烤而熟。现代工艺改为选用肥瘦相间的猪肉，直接用明火烤制，并在肉面上涂抹饴糖以保持肉质柔嫩，增添芳香。

（2）猪肉以肥三瘦七为佳。

（3）糖浆的制作方法：用沸水溶解饴糖（麦芽糖浆）30g，冷却后加浙醋 5mL、黄酒 10mL、干淀粉 15g 搅成糊状即成。此糖浆还可以用来制作脆皮鸡、广式烤鸭等。

（4）将猪肉排放入烤炉后，应确保两面烤制均匀。

【演绎】

类似工艺的菜肴有"北京烤鸭""广东烤鸭""广东烤鸡"等。

3. 丁香烤鲈鱼工艺

【原料】

活鲈鱼 1 尾（约 750g）、葱段 100g、姜片 100g、葱末 50g、姜末 15g、红椒末 5g、蒜蓉 15g、蚝油 50g、黄酒 50mL、白糖 15g、米醋 5mL、味精 2g、精盐 5g、麻油 25mL、湿淀粉 25g、郫县豆瓣 25g、丁香粉 0.5g。

【制法】

（1）鲈鱼剖洗干净，双面均剞上网形花刀，用精盐和黄酒在鱼身两面均匀涂抹，腌渍 10 分钟。

（2）烤盘铺上葱段、姜片，放上鲈鱼，然后将烤盘放入电烤箱中，以 180℃的温度烤制。

（3）把蚝油、黄酒、白糖、米醋、味精、郫县豆瓣、丁香粉调成料汁。鲈鱼烤制约10分钟后，用干净排笔蘸料汁在鱼身上刷上几遍，再烤制约3分钟。之后把鱼翻身，用排笔在鱼身的另一面上刷上料汁。鱼熟出箱。

（4）炒锅置中火上，倒入麻油，再放入红椒末、姜末，撒上葱末、蒜蓉，煸炒出香味后倒入剩下的料汁，待汤沸后用湿淀粉勾薄芡，淋在鱼身上即成。

【特点】

色泽金黄，香味浓郁，风味独特。

【说明】

（1）应控制好烤箱的面火温度和底火温度，特别是刷完料汁之后。

（2）要控制好烤鱼的咸度，因为鲈鱼经过烤制之后水分会减少。

【演绎】

类似工艺的菜肴有"日式烤鳗""烤鲳鱼""烤鸡翅""烤豆腐"等，可根据个人的喜好调整调味品。

（二）操作要领

（1）烤制原料通常都需要提前腌渍或加工成半成品。

（2）明炉烤宜用木柴、木炭作燃料，应尽量避免使用煤炭、液化气、天然气等。

（3）明炉烤通常用宽口火盆，使用铁叉固定原料在火焰上方烤制，俗称"炙烤"，如"广东烤乳猪""南京烤方"等。明炉烤的特点是设备简单，虽然火的大小很容易掌握，但是火力分散。

（4）暗炉烤也称为焖炉烤，常用挂钩、铁叉或烤盘，通过炉内高温使食物成熟。烤炉封闭，能保持炉内的高温，使原料受热均匀。

（5）根据成菜的要求，有些原料在烤制前需要在其表面涂上饴糖水（广东厨师在饴糖水中还加入醋，使烤制后的动物皮保持脆性），经过风干再进行烤制，以达到皮色红润、皮脆持久的目的。

（6）多数烤制的菜肴在装盘后还需要配以调味碟供蘸食。

8.3 微波制熟工艺

▶ 微课学习指导

请在学习本节内容前观看微课8.3.1、8.3.2，对本节重、难点内容进行预习；课后再观看一遍微课，检查自己是否已经掌握本节的所有知识点。

（一）实践操作——微波鳗片工艺

【原料】

河鳗1条（约500g）、姜汁水25mL、胡椒粉0.5g、花椒粉0.5g、丁香粉0.5g、沙姜粉0.5g、玉桂粉0.5g、大葱丝25g、姜丝5g、小葱末5g、精盐2g、白糖5g、黄酒 15mL、米醋 3mL、蚝油 15g、麻油 15mL。

【制法】

（1）将河鳗宰杀后用刀剔去脊骨、切去头尾。在河鳗身上交叉剞上花刀，深至鱼肉的一半。然后将其切成 6cm 长的片状，放入容器中，加入黄酒、米醋、白糖、精盐、姜汁水、胡椒粉、花椒粉、丁香粉、沙姜粉、玉桂粉，将鳗鱼片腌渍 1 小时。

（2）选用带盖的玻璃盘一只，底部铺上大葱丝（也可用洋葱丝或小葱丝）和姜丝，放上腌过的鳗鱼片（皮朝上，不能重叠），涂上一层蚝油，撒上小葱末。

（3）将玻璃盘盖上盖放入微波炉，高温加热约 15 分钟；取出后，将鳗鱼片抹上麻油，切成小长条，整齐摆放在盘中即可。

【特点】

干香入味，肥而不腻，原汁原味。

【说明】

（1）适量投放各种香料粉。

（2）蚝油有一定的咸味，所以应控制精盐的投入量。

（3）加热的过程中可能会出现"放炮"现象，可改用中火加热并加盖。

（4）如使用多功能微波炉，可先微波加热再烤制加热，增加原料香味和表皮色泽。

（二）操作要领

（1）应选用耐热的玻璃制品、陶瓷制品、聚丙烯（PP）制品。

（2）有外膜封闭的原料（如未打散的蛋）或有封闭包装的原料，在使用微波炉加热之前，都必须将外膜或外包装戳一个或几个洞。

（3）微波烹制会消耗水分，如是无汤水的菜肴，在加热之前应在原料表面撒上一些水，并加盖后加热。

（4）根据原料的特性、数量和体积，确定和掌握微波炉的火力和烹调时间。

8.4 蜜汁、挂霜、拔丝工艺

▶ 微课学习指导

请在学习本节内容前观看微课 8.4.1~8.4.5，对本节重、难点内容进行预习；课后再观看一遍微课，检查自己是否已经掌握本节的所有知识点。

一、蜜汁工艺

（一）实践操作——蜜汁橄榄土豆工艺

【原料】

土豆 1 000g、冰糖 100g、蜂蜜 50mL、红绿丝 15g。

第8章 水蒸气、热空气、微波和特殊混合制熟工艺

【制法】

(1) 土豆去皮后削成橄榄形，置于冷水中浸泡。

(2) 小砂锅置旺火上，内用竹箅垫底，放入冰糖和沸水 200mL 熬化；之后放入土豆，沸后加入蜂蜜，小火焖煮至土豆酥软，待糖液浓稠后起锅装盘，撒上红绿丝即成。

【特点】

质地绵糯，香甜适口。

【说明】

(1) 每个橄榄形土豆应削成大小一致。

(2) 避免使用铁锅熬糖以防糖液发黑，推荐使用砂锅或不锈钢锅。

(3) 锅内须垫上竹箅，以防止底部焦糊。

(4) 土豆焖至酥透后不宜搅动。

【演绎】

类似工艺的菜肴有"桂花糯米藕""蜜汁香芋"等。

(二) 操作要领

(1) 熬制糖液必须精确控制火力，防止锅边糖液变成焦红色。

(2) 熬制糖液必须控制好火候和糖液的浓度，防止糖液过于浓稠。

二、挂霜工艺

(一) 实践操作——挂霜苹果工艺

【原料】

荸荠肉 750g、面粉 50g、白糖 150g、烹调油 750mL（约耗 75mL）。

【制法】

(1) 将荸荠肉拍碎后略剁，挤干水分，放入容器中加面粉拌匀，捏成 22 个圆球。

(2) 油锅置旺火上，油温五成热时，下荸荠球炸至结壳后捞出；待油温升至六成热时，将荸荠球复炸至皮脆（呈金黄色），捞出沥油。

(3) 炒锅清洗干净后置小火上，放入 125mL 沸水和白糖，熬至糖液浓稠、出现大泡时离火，倒进炸好的荸荠球，轻轻拌炒，待其表面形成白糖结晶，取出装盘即可。

【特点】

外观洁白如霜，口感香甜松脆。

【说明】

(1) 荸荠末一定要挤干水分后再制成球。

(2) 荸荠球必须炸至结壳、皮脆，沥油后用面巾纸吸去多余的油。

(3) 熬制糖浆是挂霜工艺的关键步骤，要掌握好火候。

(4) 熬制糖浆时，应避免锅边糖液变色，否则会影响菜肴的成色。

【演绎】

类似工艺的菜肴有"挂霜苹果""粘糖羊尾""挂霜红薯"等。

(二)操作要领

(1) 原料经油炸结壳时必须色浅,不能炸至金黄色。

(2) 熬糖液只允许用水熬,不能用油。

(3) 熬少量糖液宜用小火,不搅拌,保持糖液不变色。如果在大灶上熬糖液,则用马勺轻轻地、不停地搅拌糖液,这也是使锅边的糖液不变色的一种方法。

三、拔丝工艺

(一)实践操作——拔丝苹果工艺

【原料】

苹果500g、鸡蛋清2个、干淀粉15g、白糖200g、麻油5mL、桂花少许、烹调油750mL(约耗75mL)。

【制法】

(1) 将苹果削去皮,切成方块或滚料块,浸泡于清水中。将蛋清与干淀粉调制成淀粉糊。

(2) 取平盘一只,抹上麻油。

(3) 油锅置旺火上,加热至五成热时,将苹果块挂上淀粉糊后入锅炸制,至结壳后捞起;待油温升高至七八成热时,复炸至金黄色,沥干油。

(4) 炒锅置小火上,放少许油,放入白糖,用手勺轻轻搅动至糖液拉丝,倒入苹果块,撒上桂花,翻锅搅拌使糖液均匀包裹住苹果块,然后装入抹有麻油的平盘中,带一碗冷开水上席。

【特点】

色泽红亮,拔丝蘸水,香甜可口。

【说明】

(1) 应选用质地脆嫩的苹果。

(2) 挂糊炸制后的苹果块一定要硬脆,否则拔丝时容易脱壳。

(3) 拔丝苹果需趁热食用以形成糖丝,建议用凉水浸泡后食用,以避免烫伤。

【演绎】

类似工艺的菜肴还有"拔丝香蕉""拔丝蜜橘""拔丝菠萝"等。有些地方的烹饪工艺等级考核也会用豆腐作为主料制作拔丝菜。

(二)操作要领

(1) 含糖、含水量高的原料通常需要挂糊油炸,含淀粉高的原料通常清炸即可,但都需要将其表皮炸脆。

(2) 拔丝工艺熬糖液的方法有水熬、油熬和水油混合熬三种,其中油熬必须注意油量要小。

第8章 水蒸气、热空气、微波和特殊混合制熟工艺

（3）盛菜肴的容器必须抹上油脂，以防糖液冷却后粘在上面难以清洗。

（4）冬季时容器要保温，以延长糖液凝结的时间。

（5）在菜肴上可以撒上少许桂花或芝麻，以增加香味。

（6）上菜时随带凉开水，避免客人食用时烫嘴，同时可以使糖更加脆甜，不粘牙。

（7）拔丝菜肴经冷却后即成琉璃菜肴。

菜肴实训篇

本篇介绍同类菜肴、花式菜肴的制作方法,以及套菜、宴席和宴会相关内容的介绍。其中"同类菜肴"指的是烹调方法相似,或制作原料相似,或外观造型相似的菜肴。大家在实训时,应注意不同菜肴制作方法的异同之处,学习更多的技巧和方法。希望大家在学习过程中,通过不同菜肴的对比分析,尽快领悟其中的奥秘。

本篇知识结构图

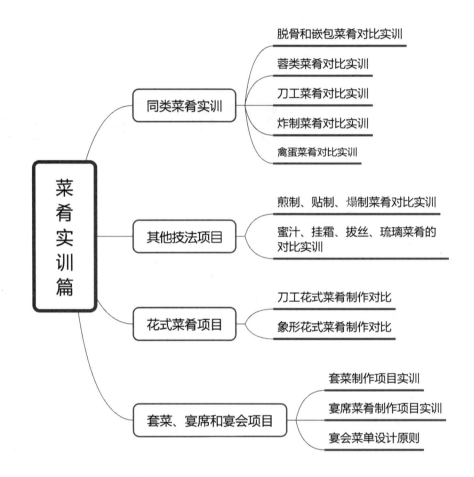

第 9 章　同类菜肴实训

● 学习目标 ●

- 了解同类菜肴（或类似菜肴）的制作关系和制作区别
- 理解同类菜肴（或类似菜肴）的制作过程，从中感悟到更多的制作方法和技巧
- 了解岗位任务的分解常识

在同类菜肴的制作对比中，实际上涵盖了不同的烹调方法，旨在通过对比学习，使学生快速理解其中的技术关键。

9.1 脱骨和嵌包菜肴对比实训

一、香卤鸡爪、香辣鸡爪的制作

(一) 理论准备

香卤鸡爪、香辣鸡爪属于冷菜，首先运用氽的烹调方法把鸡爪氽熟，再运用技巧把鸡爪去骨，而后进行浸渍。此菜去骨技术要求较高，因去骨浸渍后直接食用，故在制作时要注意卫生。

学生应通过香卤鸡爪、香辣鸡爪的制作，了解去骨菜和冷菜相关加工知识；掌握鸡爪出骨的加工技术，能灵活控制氽的烹调技法，并掌握冷菜盐水浸渍的方法。学生在完成工作任务的过程中，应培养独立思维和独立制作的能力。

(二) 实训操作

1. 准备阶段

(1) 收集鸡爪的相关信息和加工知识并进行预习，包括市场价格、原料规格、质量辨别和烹制方法等。

(2) 查看氽、浸渍、去骨等方面的资料，并进行预习。

(3) 预习香卤鸡爪、香辣鸡爪菜肴的制作菜谱。

(4) 认真填写项目任务书。

2. 内容下达

(1) 教师示教：香卤鸡爪、香辣鸡爪两款选一。

(2) 原料分配：每人鸡爪 10 只，辅料、调料若干。

(3) 制作菜肴：香卤鸡爪、香辣鸡爪两款选一。

(4) 完成时间：教师示教 15 分钟，讲解 5 分钟；学生分配原料 10 分钟，制作 35 分钟；教师点评 5 分钟；清洁卫生 10 分钟。

3. 过程实施

(1) 教师示教。讲解制熟和鸡爪脱骨要点，讲解香卤鸡爪（香辣鸡爪）菜肴的制作步骤。

(2) 学生观摩并作记录。

(3) 学生分工配合，实施训练。

(4) 教师巡视指导。

4. 成果评价

(1) 教师点评。

(2) 学生撰写实验报告。

5. 制作讲解

(1) 鸡爪脱骨。制作步骤见表9-1。

表9-1 鸡爪脱骨的制作步骤

工作岗位	工作任务	香卤鸡爪	香辣鸡爪
采购岗	选择原料（4～5份）	选用色泽洁白、质地肥嫩的鸡爪	
冷菜房厨师	漂洗	对鸡爪进行漂洗，去除异味 【关键点】 ① 在漂洗过程中，同时去净黄衣，剔除茧疤 ② 鸡爪漂洗后，应进行浸泡处理。可用适量葱姜汁、黄酒加水调匀，将鸡爪放入汁水中浸泡3～4小时。这样处理不仅可以进一步去除鸡爪的异味，而且还可使鸡爪的质地更脆嫩，色泽更洁白	
	加热成熟	鸡爪投入热水中，煮熟后捞出，再放入冰水中浸泡 【关键点】 ① 煮鸡爪时水不能太少，以淹没原料为宜 ② 煮的过程中火力不能太大，否则会把鸡爪煮烂，不利于脱骨	
	冷却脱骨	① 煮好的鸡爪要立即让它冷却，可以用流动的水冲洗，也可以放入冰水中 ② 左手拿鸡爪，爪背向上，用小刀在鸡爪杆和3根趾背上各划一刀，再用手掐去鸡爪的趾尖，然后用拇指和食指捏住鸡爪趾骨的最前端，由爪尖向上推送，直至将爪骨取出	
	浸泡	鸡爪用清水冲洗后，再浸入用葱姜汁、黄酒和水制成的汁水中，约2小时后取出待用	

(2) 制作过程。香卤鸡爪和香辣鸡爪的制作过程见表9-2。

表9-2 香卤鸡爪、香辣鸡爪的制作过程

工作岗位	工作任务	香卤鸡爪	香辣鸡爪
采购岗	备料（4～5份）	【主料】鸡爪500g 【辅料】生姜30g 【调料】盐50g、味精10g、白酒50mL	【主料】鸡爪500g 【辅料】葱白25g、姜片25g、蒜片25g、辣椒25g、陈皮10g、葱绿25g 【调料】糖5g、茴香2颗、黄酒50mL、盐12g、味精10g、白胡椒5g

续表

工作岗位	工作任务	香卤鸡爪	香辣鸡爪
冷菜房厨师	调制卤水	准备纯净水约1 200 mL，加入精盐、味精、白酒调制均匀，根据口感增减盐量（略咸为佳），生姜切丝后盖在上面	准备汤锅一只，锅中加水，放入所有辅料（葱绿留存待用），加入所有调料，沸煮5分钟，离火冷却，即成卤水
	浸渍	把洁净的脱骨鸡爪浸没于卤水之中，放入冰箱中冷藏浸渍1～2天	
	装盘	鸡爪放在砧板上，斩成2～3段；取平盘一只，先把爪子沿盘子周边摆放一圈，再把鸡爪杆堆在盘中，上撒姜丝点缀	取碗一只，把鸡爪连同辅料盛入碗中，淋上卤水，上撒葱绿点缀

二、八宝葫芦鸭、鸡包鱼翅的制作

(一) 理论准备

八宝葫芦鸭、鸡包鱼翅两款菜肴属于脱骨嵌包类热菜，首先运用技巧把整鸡、整鸭脱骨，然后腌渍、塞入其他原料。八宝葫芦鸭是先蒸熟，再采用酥炸的烹调方法，具有葫芦造型，外香脆、内绵糯。鸡包鱼翅是在鸡腹内塞入酥糯的鱼翅，入砂锅采用炖制的烹调方法。

学生应通过八宝葫芦鸭、鸡包鱼翅的制作，了解脱骨嵌包类菜肴的相关加工知识；掌握鸡（鸭）脱骨的加工技术，了解鸡、鸭受热收缩的原理，掌握葫芦造型和嵌包菜肴的相关制作方法。

通过小组人员协作完成工作任务，培养学生团队意识及管理和合作能力。

(二) 实训操作

1. 准备阶段

（1）收集八宝葫芦鸭、鸡包鱼翅菜肴的相关原料信息和加工知识并进行预习，包括市场价格、原料规格、质量辨别和烹制方法等。

（2）查看整料脱骨等方面的技巧和关键知识并进行预习。

（3）预习八宝葫芦鸭、鸡包鱼翅的制作过程。

（4）认真填写项目任务书。

2. 内容下达

（1）教师示教：两款选一（以八宝葫芦鸭为例）。

（2）原料分配：以2人为1组，每组1只鸭（鸡），辅料调料若干。

（3）制作菜肴：八宝葫芦鸭或鸡包鱼翅。

（4）完成时间：教师示教40分钟；学生分配原料10分钟，制作80分钟；教师点评10分钟，出锅试味10分钟；清洁卫生10分钟。

3. 过程实施

（1）教师示教、讲解整料脱骨要点，讲解八宝葫芦鸭（鸡包鱼翅）菜肴的制作步骤和特点。

（2）学生观摩并作记录。

（3）学生分工配合，实施训练。

（4）教师巡视指导。

4. 成果评价

（1）教师点评。

（2）学生撰写实验报告。

5. 制作讲解

（1）整鸭（鸡）脱骨。八宝葫芦鸭、鸡包鱼翅脱骨的制作步骤见表9-3。

表9-3 八宝葫芦鸭、鸡包鱼翅脱骨的制作步骤

工作岗位	工作任务	八宝葫芦鸭	鸡包鱼翅
采购岗	采购	采购表皮无破损、无刀疤、不开膛的已宰杀白鸭	选购表皮无破损、无刀疤、不开膛的已宰杀白鸡
切配岗	开口	在脖子与翅膀的连接处，开一个7～10cm的口子	
	断颈骨	在开口处用手拉出颈骨，分离脖颈处的皮肉，然后用刀（或剪刀）断开颈骨	
	断翅膀，分离骨肉	在开口下刀，用刀锋慢慢将皮肉与骨头分离，剥至翅膀连接处时，用刀在关节处断开筋骨，然后继续往下剥，露出胸骨和脊背的前半部（脊背处肉少，注意不要割破表皮）	
	断大腿骨，拉出大部分骨架	剥离皮肉至腿骨处，在关节处断开筋骨，然后继续剥离皮肉至尾骨处	
	剔出尾骨，脱出骨架	尾骨处皮肉较薄，应小小心处理，待尾骨剥离后，整个鸭（鸡）架就完整脱出	
	剔除翅骨、腿骨	将鸭（鸡）皮朝内、肉朝外翻出，在翅膀关节处斩去关节头，剥出大翅骨，将大翅骨与中翅骨连接的关节折断；斩去中翅骨关节头，推出中翅骨，将其折断。用同样方法剔除腿骨，但推出大腿骨时，在腿骨的末端约15mm处将其敲断，然后剔除大腿骨	
		用水将鸭（鸡）架清洗一遍，检查皮层是否完好无损，脱骨完成	

（2）制作过程。八宝葫芦鸭、鸡包鱼翅的制作过程见表9-4。

表9-4 八宝葫芦鸭、鸡包鱼翅制作过程

工作岗位	工作任务	八宝葫芦鸭（酥炸）	鸡包鱼翅（煨）
采购岗	备料（4～5份）	【主料】整鸭1只（约1 250g） 【辅料】糯米150g、熟火腿30g、浆虾仁50g、水发莲子50g、甜豆50g、薏米20g、水发香菇25g 【调料】食用油1 000mL、黄酒20mL、姜15g、葱15g、精盐5g、味精5g、胡椒粉3g、奶汤350mL、鸡油15mL	【主料】水发鱼翅250g、母鸡一只（约750g） 【辅料】火腿25g、冬笋25g、猪肉100g、菜心25g 【调料】猪油25g、酱油10mL、胡椒1g、精盐3g、黄酒15mL、姜15g、葱15g、高汤250mL
切配房厨师	码味腌渍加工	将已脱骨的鸭子再次冲净检查，投入由精盐1g、姜10g、葱10g、黄酒10mL、胡椒粉2g混合而成的溶液中，浸渍20分钟	将已脱骨的母鸡再次冲净检查，猪肉切成条或块状，鸡腿骨、颈骨斩成段
	预制加热		将水发鱼翅入沸水锅焯水，去掉腥味；沸水锅中加入少量姜、葱、黄酒，再次将鱼翅焯水，捞出待用
	嵌包	将所有辅料混合后加入剩余的盐、胡椒粉与味精拌匀，然后一起填入鸭腹内；鸭颈皮打结塞入鸭腹，露出鸭嘴，用麻线在鸭嘴下端固定，再用细竹签或针线封住开口处与肛门处，最后在腰部用麻线扎紧，呈葫芦状	将火腿、冬笋切成丝，与鱼翅拌匀，填入鸡腹中，开口处用针线缝合
	制熟	① 把葫芦鸭放入沸水中略烫，使鸭肉收缩，形状更加固定 ② 将葫芦鸭连同黄酒、葱、姜一起入蒸箱蒸至酥烂，但要保持鸭皮完整不破 ③ 将蒸酥的葫芦鸭放入八成油温的锅中，炸至皮脆	① 置锅上火，放入猪油加热至五成热，倒入猪肉、鸡骨，加酱油、胡椒、盐、黄酒、姜葱、高汤和水，烧开后撇去浮沫，大火加热半小时，将汁水倒入砂锅中 ② 将鸡放入砂锅中，沸后用小火煨至糯烂，去掉线头，中途撇去浮沫 ③ 加入菜心至熟，试味后即可离火
	造型装盘	在盘中放上葫芦鸭，盘侧可用雕刻或蔬菜围边点缀	砂锅垫上底盘后上桌
制作关键		装馅要适中，不宜太多，以免鸭皮在加热时因收缩而破损	鱼翅要优选，保证煨后糯烂；为了保证鸡的完整，可先用纱布把鸡包裹起来，再入砂锅煨制，鸡肉成熟后去掉纱布

9.2 蓉类菜肴对比实训

蓉又称糁、胶、糊等,因地域不同而称呼各异,但江浙一带和全国大部分地区习惯称"蓉",用蓉制作的菜称为"蓉菜"。

蓉是将原料经粉碎加工成糊泥状后,加入调辅料,搅拌上劲而制成的黏稠状的胶体物料。根据不同的制蓉原料,蓉可分为鱼蓉、虾蓉、肉蓉、鸡蓉、墨鱼蓉、豆腐蓉等。

一、鱼蓉的制作

(一) 理论准备

学生应了解原料对成菜的影响,掌握剔骨取肉、漂洗加工、加盐后搅拌上劲等工序。制作鱼蓉菜工艺较为复杂,要综合应用选料、刀工、制蓉以及成形等工艺技能。

学生应通过鱼蓉的制作,了解蓉的概念和操作要领;掌握整鱼的初加工技术,学会运用排剁的刀法,学会制蓉。

通过教师的示教、讲解和分析,使学生了解相关的技术要领。

(二) 实训操作

1. 准备阶段

(1) 了解鱼的原料信息和加工知识并进行预习,包括市场价格、产地、原料特性、质量辨别、初加工方法等。

(2) 了解排剁的刀法、漂洗、制蓉手法等方面的资料并进行预习。

(3) 认真填写项目任务书。

2. 内容下达

(1) 教师讲解:利用草鱼进行制蓉的示范。

(2) 原料分配:2人为1组,每组草鱼1条(约1 250g)。

(3) 制作要求:使用2种不同手法进行制蓉。

(4) 完成时间:教师示教40分钟;学生分配原料和宰杀清洗15分钟,制姜汁水和分档去料10分钟,漂洗和手工排剁(机器绞碎)15分钟,制泥15分钟,调味掺水制蓉15分钟;清洁卫生10分钟。

3. 过程实施

(1) 以2人为一组完成加工去骨后,将鱼肉分成2份:一份手工去骨,手工排剁;另一份机器绞碎。

(2) 进行对比分析。

(3) 加盐搅拌上劲,再进行对比分析。

(4) 拓宽讲解制蓉的其他手法和关键。

4. 成果评价

(1) 教师点评。

(2) 学生撰写实验报告。

5. 制作讲解

鱼蓉制作的相关内容见表9-5。

表9-5 鱼蓉制作的相关内容

工作岗位	工作任务	手 工	机 器
采购岗	原料选择	选择新鲜、肉质厚实的草鱼（重1 000～1 250g）	
初加工岗	宰杀，去鳞、鳃、内脏，洗净	① 宰杀：一般用工具敲击鱼的头部将其杀死 ② 去鳞：用刀具或铁刷，由尾部向头部逆向刮鳞 ③ 去鳃：用手挖或剪刀剪 ④ 去内脏、洗净：用刀剖开鱼腹，去除内脏和黑衣，冲洗干净 【注意】切忌弄破苦胆	
砧板岗	刀工处理	用刀将鱼从尾到头一剖为二，去脊骨、去头、去肚档，取带皮鱼肉两块	
砧板岗	取肉	用刀顺纤维纹路（从尾至头）刮鱼肉，刀的倾斜角以45°为佳，将鱼肉刮下2/3（接近鱼皮处刺多，且带有红膘，此处鱼肉不刮），放入清水中漂净血水	用刀分离鱼肉和鱼皮，再把鱼肉上的红膘剔除，顶刀切片，清洗漂净血水
砧板岗	制蓉	将鱼背肉平铺在砧板上，用刀背有节奏地进行排剁，排剁时要除去鱼肉中的鱼刺，除去鱼刺后可改用刀锋排剁，使鱼肉全部成泥状	把鱼片放入碎肉机，加少量清水打成泥状
砧板岗	制作姜汁水	准备好姜汁水（姜切丝后放入水里浸泡，用手抓捏姜丝制成姜汁水）	
砧板岗（或炉台岗）	掺水、调浆	将鱼肉泥放于容器内，先加姜汁和水（水量是鱼肉泥的1倍），水温最好是4℃左右。先用手将鱼肉泥打散，呈糊状后，再放入精盐（用量大约是鱼肉泥的6%），用力搅打使之上劲，上劲后根据菜肴制作的需要，决定蓉的厚薄，如需要再加水，水量可以是前次的1/2或相等，继续搅拌上劲	将鱼肉泥放于容器内，放入精盐，加姜汁和水（水量是鱼肉泥的1/2），水温最好是4℃左右，打开机器将鱼肉泥打碎，再加水（水量是前次的1倍）搅拌，直至上劲
砧板岗（或炉台岗）	涨发	将已经搅拌上劲的鱼蓉放在冷藏箱里"醒"10分钟为佳	

注："上劲"是鱼蓉制成与否的检验标准。查看是否上劲，可用一碗清水，放一点鱼蓉到碗中，鱼蓉浮起即为上劲，如没浮起则是没搅拌充分，或偏咸，或偏淡。

二、清汤鱼丸、藏心鱼丸的制作

(一) 理论准备

清汤鱼丸、藏心鱼丸都属鱼蓉菜,运用了水焐的烹调方法。结合实际,加深对焐的烹调技能和相关知识的理解,从中获取鱼蓉菜制作的知识和技巧。此两款菜肴制作难度较高,要综合应用烹饪刀工、漂洗、制蓉、成形等技能。

学生应通过清汤鱼丸、藏心鱼丸的制作,了解鱼蓉菜的概念、相关原料知识及加工知识,理解其操作要领;掌握鱼的初加工技术、排剁的刀法;学会鱼肉的刮制、漂洗、制蓉;能调制姜汁水,能运用焐的烹调方法制作其他的鱼蓉菜肴。

通过小组教学共同完成工作任务,培养学生团队意识及管理和合作能力。

(二) 实训操作

1. 准备阶段

(1) 查看制蓉示教课所作的笔记。

(2) 收集排剁的刀法、漂洗、制蓉、成形手法等方面的资料,并进行预习。

(3) 预习清汤鱼丸、藏心鱼丸的制作菜谱。

(4) 认真填写项目任务书。

2. 内容下达

(1) 教师示教:挤鱼丸的手法,完成 2~3 款菜肴的制作。

(2) 原料分配:2 人为 1 组,每组草鱼 1 条(约 1 250g),以及辅料若干。

(3) 制作菜肴:清汤鱼丸、藏心鱼丸。

(4) 完成时间:教师示教 45 分钟,讲解 10 分钟;学生分配及清洗原料 20 分钟,制作 60 分钟;教师点评 15 分钟,清洁卫生 10 分钟。

3. 过程实施

(1) 教师示教、讲解鱼丸的成形手法、鱼蓉菜肴制作要点,制作清汤鱼丸、藏心鱼丸,并讲解两款菜肴的选料和制作的共同之处和差异之处。

(2) 学生观摩并作记录。

(3) 学生分工配合,实施训练。

(4) 教师巡视指导。

4. 成果评价

(1) 教师点评。

(2) 学生撰写实验报告。

5. 制作讲解

(1) 制作原料。清汤鱼丸、藏心鱼丸制作所需的制作原料见表 9-6。

表 9-6　清汤鱼丸、藏心鱼丸的制作原料

类别	名称	数量	
		清汤鱼丸	藏心鱼丸
主料	鲢鱼	半条	半条
辅料	火腿片	25g	25g
	笋片	25g	25g
	水发香菇	1只	
	水发黑木耳		1只
	青菜心	25g	25g
	猪肉糜		100g
调料	精盐	8g	10g
	湿淀粉		20g
	黄酒		5mL
	熟猪油		10g
	姜汁水	10mL	10mL
	味精	3g	4g

（2）制作步骤。清汤鱼丸、藏心鱼丸的制作步骤见表 9-7。

表 9-7　清汤鱼丸、藏心鱼丸的制作步骤

工作岗位	工作任务	清汤鱼丸（水焐）	藏心鱼丸（水焐十烩）
初加工岗	清洗、分割	二人共用一条鱼，合作宰杀、刮鳞、去鳃、去内脏，洗净后，将鱼一分为二	
砧板岗	刀工处理	斩下鱼头，批去肚档，刮下鱼肉	斩下鱼头，批去肚档，刮下鱼肉；将火腿、笋片切末
砧板岗（或炉台岗）	掺水、调浆、制蓉	将鱼肉泥放入容器内，加入姜汁水，水量是鱼肉泥的1倍，水温最好是4℃左右。先用手将鱼肉泥打散，成糊状后，再放入精盐，用力搅打使之上劲	
		再加水，水量是前次的2/3，继续搅拌上劲	再加水，水量是前次的1/2，继续搅拌上劲
炉台岗	成形	锅中加入冷水1 500mL，将鱼蓉挤成鱼丸10颗，分别下锅	① 在猪肉糜中加入笋末、精盐、味精拌匀，挤成桂圆大小的丸子10颗待用 ② 锅中加入冷水1 500mL，将鱼蓉嵌入肉丸中制成藏心鱼丸10颗，分别下锅
	成熟	锅上火加热至90℃，约焐5分钟，鱼丸变白后将其翻身，继续焐3分钟至熟	锅上火加热至90℃，约焐5分钟，鱼丸变白后将其翻身，继续焐5分钟至熟

续表

工作岗位	工作任务	清汤鱼丸（水焐）	藏心鱼丸（水焐＋烩）
炉台岗（或打荷岗）	成菜装盘	重新置锅上旺火，加入清水烧沸后，把鱼丸轻轻放入锅中，加精盐、味精、青菜心、笋片和香菇。起锅，将鱼丸和汤盛入汤碗中，上盖熟火腿片、笋片和青菜心，并摆放成三角形，中间再摆上香菇即成	重新置锅上旺火，加入清水、黑木耳、精盐、黄酒、味精，加热至水沸后，放入鱼丸，加湿淀粉勾薄芡，淋上熟猪油，出锅装盘，将熟火腿末撒在鱼丸上即成

（3）制作关键。清汤鱼丸、藏心鱼丸的制作关键见表9-8。

表9-8 清汤鱼丸、藏心鱼丸的制作关键

菜肴	清汤鱼丸	藏心鱼丸
制蓉	① 鱼蓉的搅拌一般是先用葱姜水将鱼蓉稀释到一定程度，再加入食盐进行搅拌。鱼蓉在搅拌上劲后，需要继续加水稀释，并用力搅拌；经过这样2～3次反复加水、搅拌上劲，直至完成 ② 搅拌时加盐的量较难把握，初练时可稍微多加一点盐，少加一点水，至鱼蓉黏稠后再逐步加水 ③ 加水总量为鱼蓉重量的1～3倍，具体可根据制作菜肴的要求和制作人员的技术水平进行调整	
成形	要注意挤鱼丸的手法，尽量将鱼蓉挤圆，不留尾巴	肉丸应放在鱼丸的正中间，初学者要反复多次练习
烹制成熟	鱼丸应冷水下锅，中火加热至90℃，小火焐至熟透	香菇应漂洗干净，且不宜过早入锅，否则会影响鱼片及卤汁的洁白度

三、芙蓉鱼片、芙蓉鸡片、烩鱼白制作

(一) 理论准备

芙蓉鱼片、芙蓉鸡片、烩鱼白都属于蓉类菜，运用了水焐、油焐等烹调方法。学生应结合实际练习，加深对焐的烹调技能和相关知识的理解，从中获取蓉菜制作的知识和技巧。此3款菜肴制作难度较高，要综合应用烹饪刀工、漂洗、制蓉、成形等技能。

学生应通过芙蓉鱼片、芙蓉鸡片、烩鱼白的制作，了解蓉类菜肴的概念、相关原料知识及加工知识，理解其操作要领；掌握鱼初加工技术，掌握排剁的刀法；学会鱼肉的刮制、漂洗、制蓉；能调制姜汁水，能运用㲻的烹调方法制作其他的鱼蓉菜肴。

通过小组教学共同完成工作任务，培养学生团队意识及管理和合作能力。

(二) 实训操作

1. 准备阶段

（1）查看制蓉示教课所作的笔记。

(2) 收集排剁的刀法、漂洗、制蓉、成形手法等方面的资料，并进行预习。

(3) 预习芙蓉鱼片、芙蓉鸡片、烩鱼白的制作菜谱。

(4) 认真填写项目任务书。

2. 内容下达

(1) 教师示教：挤鱼丸的手法，完成2~3款菜肴的制作。

(2) 原料分配：3人为1组，每组草鱼1条（约1 250g），辅料若干。

(3) 制作菜肴：芙蓉鱼片、芙蓉鸡片、烩鱼白。

(4) 完成时间：教师示教55分钟，讲解10分钟；学生分配及清洗原料15分钟，制作60分钟；教师点评10分钟，清洁卫生10分钟。

3. 过程实施

(1) 教师示教、讲解鱼丸的成形手法、鱼蓉菜肴制作要点，制作芙蓉鱼片、芙蓉鸡片、烩鱼白，并讲解3款菜肴的选料和制作的共同之处和差异之处。

(2) 学生观摩并作记录。

(3) 学生分工配合，实施训练。

(4) 教师巡视指导。

4. 成果评价

(1) 教师点评。

(2) 学生撰写实验报告。

5. 制作讲解

(1) 制作原料。芙蓉鸡片、芙蓉鱼片和烩鱼白所需的制作原料见表9-9。

表9-9 芙蓉鸡片、芙蓉鱼片、烩鱼白的制作原料

类　别	名称	数量		
		芙蓉鸡片	芙蓉鱼片	烩鱼白
主料	鲢鱼		1/4条（约取净肉150g）	
	鸡柳	3条（约90g）		
辅料	熟火腿片		20g	
	笋片		25g	
	水发香菇		2只	
	青菜心	10颗		10颗
	豌豆苗		20g	
	红椒		20g	
	鸡蛋清	3个	1个	1个
	生姜		20g	
	小葱结		25g	

续表

类别	名称	数量		
		芙蓉鸡片	芙蓉鱼片	烩鱼白
调料	色拉油	1 000mL（约耗100mL）		20mL
	精盐	7g	5g	5g
	湿淀粉	20g	50g	20g
	黄酒	2.5mL	2.5mL	2.5mL
	熟猪油		10g	
	味精	1g	3g	3g
	清汤			300mL

（2）制作步骤。芙蓉鸡片、芙蓉鱼片、烩鱼白的制作步骤见表9-10。

表9-10 芙蓉鸡片、芙蓉鱼片、烩鱼白的制作步骤

工作岗位	工作任务	芙蓉鸡片（油焐+烩）	芙蓉鱼片（油焐+烩）	烩鱼白（水焐+烩）
初加工岗	宰杀、清洗	将鸡片洗净	将鲢鱼宰杀后，去掉鳞、鳃和内脏，洗净	
砧板岗	去筋	将鸡柳放在砧板上，用直刀横向平刮，用力适度，使鸡肉与鸡筋分离，再用刀背将碎鸡肉排剁成泥状	将鱼放在砧板上，头左尾右肚朝外，先斜刀后平刀，从尾部把鱼一剖为二，再去头、去肚档；用刀横向平刮，适度用力，使鱼肉与鱼皮分离，再用刀将碎鱼肉排剁细腻，剔去鱼刺	
	制作姜汁水	姜切丝，加水50mL，用手抓捏姜丝制成姜汁水		
	取菜心	取青菜心，并削尖菜蒂		
砧板岗（或炉台岗）	掺水、调浆、制蓉	将鸡肉泥放入容器内，先加姜汁水和清水（水量为鸡肉泥的3倍），用手将鸡肉泥打散成糊状，放入精盐，用力搅打使之上劲，再加水（水量约为前次的1/3），继续搅拌上劲。放入打散的蛋清、湿淀粉搅拌均匀	将鱼肉泥放于容器内，加姜汁水和清水（水量是鱼肉泥的1倍，水温4℃左右为佳），先用手将鱼肉泥打散成糊状，再放入精盐，用力搅打使之上劲 ① 再加水，水量是前次的1/2，继续搅拌上劲 ② 放入蛋清、湿淀粉搅拌，再加油搅拌均匀使之呈糊状	① 再加水，水量是前次的1/2，继续搅拌上劲 ② 放入蛋清、湿淀粉搅拌均匀使之呈糊状

续表

工作岗位	工作任务	芙蓉鸡片（油焐＋烩）	芙蓉鱼片（油焐＋烩）	烩鱼白（水焐＋烩）
炉台岗	成形	炒锅置中火上，烧热后下冷油滑锅，再加油500mL后离火，用手勺将蓉舀成片状放入锅中，此时蓉片沉入锅底		炒锅置中火上，加凉水，用手勺将蓉一片片地舀入锅内，此时蓉片上浮
	成熟	炒锅上小火，晃动锅身，当蓉片浮起后捞出，用热水冲去蓉片表面的油		小火加热慢焐，蓉片变色后将其翻转，片刻后捞出
	炝锅	炒锅留油20mL置火上，放入小葱结炝锅，然后捞出弃之		
	成菜	锅内加入黄酒、清汤、青菜心、精盐、味精，用湿淀粉勾薄芡，倒入鸡片，使之包裹上芡汁，淋上熟猪油推匀即可	锅内加入清水、黄酒、清汤、香菇片、精盐、味精，用湿淀粉勾薄芡，倒入鱼片，使之裹上芡汁，放上熟火腿片及预先氽熟的豌豆苗，淋上熟猪油推匀即可	锅内加入清水、黄酒、清汤、青菜心、姜汁水、精盐、味精，用湿淀粉勾薄芡，倒入鱼片，使之裹上芡汁，淋上熟猪油推匀即可
打荷岗	装盘	装盘后，撒上熟火腿片	装盘	装盘后，撒上熟火腿片

（3）制作关键。芙蓉鸡片、芙蓉鱼片、烩鱼白的制作关键见表9-11。

表9-11 芙蓉鸡片、芙蓉鱼片、烩鱼白的制作关键

菜肴	芙蓉鸡片	芙蓉鱼片	烩鱼白
制蓉	① 鸡蓉和鱼蓉都要先调稀，再加入食盐，熟练者可一次加水到位，初学者可分次加水、加盐，反复搅拌 ② 查看是否上劲，可用一碗清水，放一点蓉到碗中，鱼蓉快速浮起即为上劲；因鸡蓉稀薄如流汁，故不散为上劲		
成蓉	蛋清分为起泡和不起泡两种，起泡的蛋清称为"活芙蓉"，不起泡的蛋清称为"死沉芙蓉"。"活芙蓉"不易粘锅，但气孔较粗，加热后易膨胀，影响成形；"死沉芙蓉"成形后细腻光滑，一般使用较多		若鱼蓉放入水中后不上浮，则鱼蓉的制作存在问题
成形	芙蓉鸡片、芙蓉鱼片的片一般由厨师手舀而成，样子像两头尖的小树叶		烩鱼白的片一般为柳叶片（比树叶细长）

续表

菜　肴	芙蓉鸡片	芙蓉鱼片	烩鱼白
烹制成熟		香菇应漂洗干净，且不宜过早入锅，否则会影响鱼片及卤汁的洁白度	

四、太极鸡粥的制作

（一）理论准备

太极鸡粥属鸡蓉菜，运用了烩的烹调方法。学习该菜能了解相关鸡蓉菜的制作知识和技巧，此菜肴制作难度较高，要综合应用烹饪刀工、漂洗、制蓉、成形等技能。

学生应通过太极鸡粥的制作，了解鸡蓉菜的概念、相关原料知识和加工技术，理解制蓉的操作要领；学会鸡柳的刮制、漂洗、制蓉、排剁、制羹技术，并能制作姜汁水，绘制太极图案。

通过小组共同完成工作任务，培养学生团队意识及管理和合作能力。

（二）实训操作

1. 准备阶段

（1）查看有关鸡蓉的信息。

（2）收集排剁的刀法、漂洗、制蓉、成形手法等方面的资料。

（3）预习太极鸡粥菜肴的操作步骤。

（4）认真填写项目任务书。

2. 内容下达

（1）教师示教：排剁、制蓉，完成不同制作方法的 3 款太极鸡粥。

（2）原料分配：3 人为 1 组，每组鸡柳 6 条，以及辅料若干。

（3）制作菜肴：3 款太极鸡粥。

（4）完成时间：教师示教 45 分钟，讲解 10 分钟；学生分配及清洗原料 15 分钟，制作 60 分钟；教师点评 10 分钟，清洁卫生 10 分钟。

3. 过程实施

（1）教师示教、讲解太极鸡粥的起源和特点，以及鸡蓉制作要点；制作 3 款太极鸡粥，并讲解制作的共同点和差异之处。

（2）学生观摩并作记录。

（3）学生分工配合，实施训练。

（4）教师巡视指导。

4. 成果评价

（1）教师点评。

（2）学生撰写实验报告。

5. 制作讲解

(1) 制作原料。3 款太极鸡粥的制作原料见表 9-12。

表 9-12　3 款太极鸡粥的制作原料

类　别	名　称	数　量		
		太极鸡粥 1	太极鸡粥 2	太极鸡粥 3
主料	鸡脯肉	80g		
	鸡蛋清	1 个		
	荠菜	100g		
	青豆仁		100g	
	玉米酱		100g	
	鲜牛奶		50mL	
辅料	芋头			100g
	荸荠			100g
	熟火腿			50g
	浆虾仁			50g
	猪肥膘	1 小块（约 150g）		
	生姜	20g	15g	15g
	精盐	7.5g	8g	6.5g
	湿淀粉	10g		
	鸡精	2g		
调料	味精	0.5g	0.5g	1g
	黄酒	3mL		3mL
	猪油			5g
	高汤	100mL		
	胡椒粉			2g

(2) 制作步骤。3 款太极鸡粥的制作步骤见表 9-13。

表 9-13　3 款太极鸡粥的操作步骤

工作岗位	工作任务	太极鸡粥 1	太极鸡粥 2	太极鸡粥 3
砧板岗	去筋、制蓉	① 把生姜切成丝，加清水 50mL，用水抓捏姜丝制成姜汁水 ② 将鸡脯肉放在砧板上，用直刀横向平刮，使鸡肉与鸡筋分离；猪肥膘用同样的方法刮下 1/3 ③ 将刮下的碎鸡肉用刀背排剁细腻（也可直接把鸡脯肉切片，再用搅拌机打成泥状），放入容器后加入制好的姜汁水和清水 500mL，用蛋托把鸡肉泥搅散，加入精盐后再搅拌上劲，加入打散的蛋清、猪肥膘、湿淀粉搅匀		

续表

工作岗位	工作任务	太极鸡粥1	太极鸡粥2	太极鸡粥3
砧板岗	切末、切片、制泥	①把荠菜切成细末待用 ②将余下的生姜切薄片	①青豆仁放入搅拌机，加水（1∶1）打成泥待用 ②将余下的生姜切薄片	①把荸荠、芋头切成细末 ②把浆虾仁切成小粒，熟火腿、生姜切成细末 ③把剩余的生姜切成末
炉台岗	汆水	锅内加水烧开，放入荠菜汆熟出锅，用凉水降温后挤干水分	锅内加水烧开，放入青豆仁汆熟出锅，用凉水降温	
炉台岗	加热成菜	①置锅上火，加入高汤，加水烧开后放入姜片，烧出姜汁后除去姜片。徐徐倒入鸡蓉，边倒边搅，使之和汤水融为一体，根据咸度加精盐、黄酒少许，再加鸡精调味，然后倒入汤碗中 ②锅内留羹少许，加荠菜末搅匀，加精盐、味精调味，用湿淀粉勾芡起锅	①锅内倒入高汤加热至沸，放入姜片，煮出姜汁后除去姜片（汤汁倒出一半待用）。加入青豆泥搅散，徐徐倒入一半鸡蓉，边倒边搅，使之和青豆汤融为一体，加精盐、鸡精调味，用湿淀粉勾芡起锅 ②锅内倒入另一半汤汁，加入玉米酱搅散，徐徐地倒入另一半鸡蓉，边倒边搅，使之和玉米汤融为一体，用精盐、味精调味后，加鲜牛奶勾芡起锅	①置锅上火，加入高汤，加水烧开。徐徐地倒入鸡蓉，边倒边搅，使之和汤水融为一体，倒出一半待用 ②锅中一半加入荸荠、芋头、猪油，烧开，加入姜末、胡椒粉，根据需要加盐少许、鸡精，勾芡后出锅 ③锅中加水，加热至水沸后放入虾粒、火腿丁、姜末、黄酒、味精、胡椒粉，用湿淀粉勾芡，倒入汤碗中备用
打荷岗	装盘	用勺把荠菜粥浇在汤碗中的鸡粥上，调整为太极图案	将两种羹同时倒入汤碗中，用勺推成太极图案	将不锈钢太极形模具放在汤碗中，将两种羹同时倒入汤碗中，再用小勺在两种羹上交叉点上圆点，然后去掉模具

9.3 刀工菜肴对比实训

所谓刀工菜肴，是指在加工原料过程中，使用刀法较多，能体现刀工的菜肴。刀工菜肴一般为考试和比赛的必备菜肴，能反映一个厨师的基本功技能。

刀工的评分标准见表9-14。

表 9-14 刀工的评分标准

评分要素	配分标准	评分原则	技术要求
速度要求	10 分	不符合扣 1~10 分	符合规定时间（根据不同材料、不同刀法要求制定时间）
质量	60 分	不符合①扣 1~30 分，不符合②~⑥各扣 1~10 分	① 符合规定的刀工标准（块、片、丝、条、段、米、粒、末、蓉、球丸、丁、花刀） ② 刀工精细、刀法娴熟 ③ 厚薄均匀 ④ 长短粗细大小一致或协调 ⑤ 刀面整洁、刀距有序 ⑥ 无连刀出现（特殊刀法除外）
出材率	20 分	出材率每降低 5% 扣 2 分，依次类推，扣完为止	符合出材标准
操作姿势	5 分	达不到要求扣 1~5 分	① 站姿端正 ② 下刀稳健、动作利索
卫生	5 分	达不到要求扣 1~5 分	① 成品与下脚料分别存放 ② 个人卫生、工具卫生、成品卫生、场地卫生

一、刀工——丝、片练习

(一) 理论准备

了解原料的特性，掌握原料削皮、漂洗、批片、切丝等工序。根据烹调要求，有不同粗细的刀工标准。

学生应通过土豆、猪肉的练习，了解刀工菜的概念以及选料、漂洗等操作要领；掌握土豆、猪肉切丝、切片的加工技术；学会运用批、切的刀法，学会漂洗和跳切、推拉切等知识和技能。

通过教师的示教、讲解和分析，使学生了解相关的技术要领。

(二) 实训操作

1. 准备阶段

(1) 了解土豆、猪肉的相关原料信息和加工知识，包括市场价格、产地、原料特性、质量辨别、初加工方法等。

(2) 了解刀工练习的必备工具，并完成准备。

(3) 认真填写项目任务书。

2. 内容下达

(1) 教师讲解：不同原料的优劣，并利用土豆、猪肉作示教。

(2) 原料分配：土豆 2 个（约 400g）、猪里脊肉 330g。
(3) 制作要求：使用两种不同原料，完成切丝、切片的练习。
(4) 完成时间：教师示教切土豆 5 分钟，切肉丝、肉片 5 分钟，讲解 10 分钟；学生分配原料 10 分钟，切土豆 15 分钟，切肉片 5 分钟，切肉丝 15 分钟；教师点评分析 10 分钟，拓展讲解 5 分钟。

3. 过程实施

(1) 完成土豆丝 1 份（300~340g），用水漂净，盛在汤碗内。
(2) 猪肉片 1 份（100g）、猪肉丝 1 份（200g），盛装在平盘上，废料控制在 30g 内（放于盘边）。
(3) 教师示教 10 分钟，学生练习 60 分钟。
(4) 拓宽讲解切丝、切片的手法和关键。

4. 成果评价

(1) 教师点评。
(2) 学生撰写实验报告。

5. 制作讲解

(1) 主要原料：土豆 1 个、猪里脊肉 1 块。
(2) 制作步骤与要求。土豆丝、猪肉片和猪肉丝的制作步骤与要求见表 9-15。

表 9-15 土豆丝、猪肉片和猪肉丝的制作步骤与要求

工作岗位	工作任务	土豆丝	猪肉片	猪肉丝
初加工岗	削皮	清洗并削皮		
砧板岗	成形	较大的土豆对剖两块（较小的土豆切掉圆弧面），然后把土豆剖面朝下平放在砧板上，采用跳刀切片，而后排放整齐切丝	取猪里脊肉的 1/3，用推拉刀法顶纹切片	取猪里脊肉的 2/3，可用批刀法从上开始顺纹切片，再顺纹切丝；或用批刀法从下开始批片，然后将肉片平铺相叠，再顺纹切丝
砧板岗	规格	丝的长度根据土豆的长度而定，宽、厚为 1~2mm	片的长、宽根据猪肉的大小而定，一般为 40mm×65mm，厚度为 3mm	丝的长度根据肉的长度而定，一般为 60~80mm，宽、厚为 5mm×5mm
	要求	① 刀距均匀，刀口平直，粗细一致，速度适中 ② 切好的土豆丝要用清水浸洗数遍，把土豆表面的淀粉质洗净，防止土豆丝氧化变黑	顶丝下刀，厚薄均匀	顺丝下刀，粗细均匀

二、刀工菜肴——文思豆腐、大煮干丝制作

(一) 理论准备

文思豆腐、大煮干丝都是体现刀工的菜肴，制作难度较大。学生通过练习能进一步掌握刀工严格的要求，体会中国烹饪特有的、使世人惊叹的刀工技艺。

学生应通过文思豆腐、大煮干丝的制作，了解特细丝的技法要求，了解文思豆腐、大煮干丝的相关民俗内涵；掌握豆腐和干丝的加工技法，掌握相关的烹调技法。

通过小组共同完成工作任务，培养学生的团队意识及管理和合作能力。

(二) 实训操作

1. 准备阶段

(1) 收集文思豆腐、大煮干丝的相关菜肴知识，以及淮扬菜的知识，并进行预习。

(2) 查看批、切等刀工技法和煮、烩烹调技术方面的资料，并进行预习。

(3) 预习文思豆腐、大煮干丝的制作步骤。

(4) 认真填写项目任务书。

2. 内容下达

(1) 教师示教：文思豆腐、大煮干丝。

(2) 原料分配：2 人为 1 组，每组豆腐 2 块、香干 12 块，辅料若干。

(3) 制作菜肴：文思豆腐、大煮干丝。

(4) 完成时间：教师示教、讲解 40 分钟；学生分配原料 10 分钟，制作 60 分钟，学生相互评定 20 分钟；教师点评及拓宽讲解 20 分钟；清洁卫生 10 分钟。

3. 过程实施

(1) 教师示教、讲解文思豆腐和大煮干丝的选料要求、刀工要求和烹调要求，讲解这两款菜肴的难度和技巧运用。

(2) 学生观摩并作记录。

(3) 学生分工配合，实施训练。

(4) 教师巡视指导。

4. 成果评价

(1) 教师点评。

(2) 学生撰写实验报告。

5. 制作讲解

(1) 制作原料。文思豆腐、大煮干丝的制作原料见表 9-16。

表9-16 文思豆腐、大煮干丝的制作原料

类别	名称	数量	
		文思豆腐	大煮干丝
主料	豆腐	1块约350g	
	豆腐干		6~8块（约250g）
辅料	熟鸡脯肉	50g	
	水发香菇	20g	
	熟冬笋片	10g	30g
	海米（开洋）		50g
	熟火腿片	25g	10g
	青菜叶	10g	
	熟鸡胗		20g
	豌豆苗		15g
	鸡蛋		1只
调料	精盐	3g	2g
	味精	3g	3g
	鸡清汤	200mL	
	熟猪油		10mL
	湿淀粉	15g	
	黄酒		5mL

（2）制作步骤。文思豆腐、大煮干丝的制作步骤见表9-17。

表9-17 文思豆腐、大煮干丝的制作步骤

工作岗位	工作任务	文思豆腐（烩）	大煮干丝（煮）
砧板岗	成形	① 将豆腐直刀切片，再直刀切丝 ② 将香菇、冬笋片、火腿片、青菜叶切丝	① 豆腐干横刀批片，根据豆腐干的不同厚度，一般批20余片，厚度在0.5~1mm，直刀切丝 ② 将鸡脯肉、火腿、鸡胗、冬笋片切丝
炉台岗	烹调	① 将豆腐丝用沸水焯去黄水和豆腥味 ② 炒锅置火上，舀入鸡清汤烧沸，投入香菇丝、冬笋丝、火腿丝、鸡丝、青菜叶丝，加入精盐，烧沸后下湿淀粉勾芡 ③ 放入豆腐丝，用勺底慢慢把豆腐丝打开，加入味精调味	① 碗中加沸水和少许精盐，放入豆腐丝浸泡，中间再换两次水，最后用清水再过滤一下，捞出豆腐丝沥干，以除豆腥味 ② 海米洗净放入小碗内，加酒，直接上笼或隔水蒸透 ③ 炒锅烧热，放入熟猪油，加鸡清汤、干丝、海米、冬笋丝，用大火烧沸，加精盐后转用小火加热20分钟，使干丝吸足鲜味，出锅前下豌豆苗，淋上剩余熟猪油，出锅

续表

工作岗位	工作任务	文思豆腐（烩）	大煮干丝（煮）
打荷岗	装盘	倒入汤碗即可	干丝倒入汤碗里，将鸡丝、火腿丝、鸡胗丝撒在上面即可

三、花刀——菊花花刀、麦穗花刀、篮花花刀、剪刀花刀的练习

（一）理论准备

菊花花刀、麦穗花刀、篮花花刀、剪刀花刀是花刀中的典型刀工。学生通过练习能进一步掌握花刀刀工的要求，提高学习兴趣。

学生应通过花刀的练习，了解花刀刀工的神奇和奥秘，了解有关花式菜肴的制作原理；掌握菊花花刀、麦穗花刀、篮花花刀、剪刀花刀的加工技法，掌握与其难度相当的烹调技法。

通过学生独立完成工作任务，培养其独立思考、独立理解制作要求的能力。

（二）实训操作

1. 准备阶段

（1）复习"基础知识篇"中关于剞花工艺的技法。
（2）预习不同原料和各种花刀的关系，以及花刀在菜肴中的运用。
（3）认真填写项目任务书。

2. 内容下达

（1）教师示教：菊花冬瓜、墨鱼卷、篮花干和剪刀花。
（2）原料分配：每人冬瓜1块、净墨鱼1只、豆腐干4块。
（3）制作菜肴：菊花冬瓜、墨鱼卷、篮花干、剪刀花。
（4）完成时间：教师示教15分钟，讲解10分钟；学生分配原料5分钟，制作30分钟；教师点评10分钟，知识拓宽讲解5分钟；清洁卫生5分钟。

3. 过程实施

（1）教师示教：讲解花刀原料的选用和加工要求，以及花刀在原料中的运用。
（2）学生观摩并作记录。
（3）分配原料，学生独立完成，实施训练。
（4）教师巡视指导。

4. 成果评价

（1）教师点评。
（2）学生撰写实验报告。

5. 制作讲解

（1）主要原料：冬瓜500g、净墨鱼1片（约200g）、豆腐干8块。

(2) 制作步骤。菊花花刀、麦穗花刀、篮花花刀和剪刀花刀的制作步骤见表 9-18。

表 9-18 各种花刀的制作步骤

工作岗位	项目	菊花花刀	麦穗花刀	篮花花刀	剪刀花刀
砧板岗	成形	冬瓜用直刀切成菊花花刀，加热后原料能双向四面相卷	墨鱼用麦穗花刀法成形，加热后原料两面相卷	豆腐干用篮花花刀法成形，使原料能拉伸2倍	豆腐干用剪刀花刀法成形，使原料呈剪刀状
	要求	刀口平直，刀距均匀，深度约4/5	刀口匀称，刀距相同，深度约3/4	刀口平直，刀距均匀，深度约3/5	大小一致，剪刀口以长为美
	拓展	适用于豆腐、冬瓜、鱼块、鸡胗等	适用于墨鱼、猪腰等	适用于豆腐干、胡萝卜、莴笋等	适用于豆腐干、莴笋等

四、刀工菜肴——爆墨鱼花、炒腰花制作

(1) 制作原料。爆墨鱼花、炒腰花的制作原料见表 9-19。

表 9-19 爆墨鱼花、炒腰花的制作原料

类别	名称	数量	
		爆墨鱼花	炒腰花
主料	鲜净墨鱼肉	400g	
	猪腰		150g
辅料	大蒜	20g	10g
	生姜		10g
	荸荠		100g
	葱	10g	20g
	红椒		1只
	精盐	5g	
	味精	3g	
	黄酒	15mL	
	清汤	75mL	100mL
	色拉油	1 000mL（约耗 100mL）	1 000mL（约耗 20mL）
	胡椒粉	1g	
	湿淀粉	15g	10g

续表

类 别	名称	数量	
		爆墨鱼花	炒腰花
	白糖		5g
	酱油		10g
	蚝油		5g
	黄椒酱		10g
	浙醋		20g
	芝麻油		10g

(2) 制作步骤。爆墨鱼花、炒腰花的制作步骤见表9-20。

表9-20 爆墨鱼花、炒腰花的制作步骤

工作岗位	工作任务	爆墨鱼花（蒜爆）	炒腰花（生炒）
粗加工岗	清洗	墨鱼肉去外膜，洗净	猪腰去外膜，洗净；荸荠去皮，洗净；红椒去籽、去蒂，洗净
砧板岗	成形	将墨鱼整块剞上麦穗花刀，刀深至墨鱼肉的3/4处，然后改刀将其切成50mm×20mm的块	① 把猪腰从中间片成两半，去腰臊后，再次冲洗 ② 猪腰内面剞上梳子花刀 ③ 荸荠切成片，葱白切段，红椒切成菱形片
打荷岗	备小料腌渍	①大蒜切末 ②葱打结	①用葱绿和姜片制作葱姜汁 ②大蒜、生姜切末 ③腰花加黄酒、葱姜汁、酱油、胡椒粉腌渍片刻
炉台岗	烹调	① 取小碗一只，放入精盐、黄酒、胡椒粉、味精、清汤和湿淀粉，拌匀制成碗芡 ② 取2只炒锅先后置火上，一只加清水1 000mL烧开，另一只加色拉油烧至180℃。先将墨鱼投入沸水中快速氽一下，捞出滤净水，再投入油锅中加热5秒后捞出，沥净油 ③ 锅中留底油，下葱结，出香味后去掉葱结，倒入蒜末、墨鱼花，再倒入碗芡，快速翻锅，使芡汁紧包墨鱼	炒锅置旺火上烧热，滑锅后加色拉油，投入腰花、葱白段、红椒片急速翻炒，加入姜末、蒜末，待腰花翻卷变色，加入荸荠片、酱油、黄椒酱、蚝油、黄酒、白糖、精盐、味精，翻炒后淋入浙醋、芝麻油
打荷岗	装盘	点缀装盘	点缀装盘

9.4 炸制菜肴对比实训

一、炸烹里脊、脆皮鱼条、松炸虾球的制作

(一) 理论准备

炸烹里脊、脆皮鱼条、松炸虾球这 3 款菜肴，均采用了炸的烹调方法。学生通过练习，能进一步理解炸的相关知识和技能。此 3 款菜肴制作难度较高，不仅要综合运用刀工、拍粉、挂糊的技术，而且要掌控好油温。

学生应通过练习，加深对炸制菜肴的概念和相关加工知识的了解，理解炸的操作要领；学会加工分档技术，学会码味、拍粉、挂糊技术，学会控制油温，并将知识运用于同类菜肴。

通过小组共同完成工作任务，培养学生团队意识和合作能力。

(二) 实训操作

1. 准备阶段

(1) 收集原料信息和加工知识，包括市场价格、产地、原料特性、质量辨别和初加工方法等。

(2) 查看刀法、拍粉、挂糊等技术方面的资料并进行预习。

(3) 预习此 3 款菜肴的制作过程。

2. 内容下达

(1) 教师示教：3 款同类菜、1 款自选菜。

(2) 原料分配：以 3 人为 1 组，每组鱼、肉、虾各 1 份，辅料调料若干。

(3) 制作菜肴：炸烹里脊、脆皮鱼条、松炸虾球。

(4) 完成时间：教师示教 45 分钟，讲解 15 分钟；学生分配原料 10 分钟，制作练习 60 分钟；教师点评 10 分钟；相互试味 10 分钟，清洁卫生 10 分钟。

3. 过程实施

(1) 教师示教、讲解原料加工的要点，讲解拍粉、挂糊的要点，以及菜肴的制作步骤和特点。

(2) 学生观摩并作记录。

(3) 学生分工配合，实施训练。

(4) 教师巡视指导。

(5) 点评、试味。

(6) 清洁卫生。

4. 成果评价

(1) 教师点评。

(2) 学生撰写实验报告。

5. 制作讲解

(1) 制作原料。炸烹里脊、脆皮鱼条、松炸虾球的制作原料见表9-21。

表9-21 炸烹里脊、脆皮鱼条、松炸虾球的制作原料

类 别	名 称	数 量		
		炸烹里脊	脆皮鱼条	松炸虾球
主料	里脊肉	200g		
	鲈鱼		1条（分成4份）	
	虾仁			200g
辅料	核桃仁			25g
	荸荠肉			50g
	生姜	10g	5g	5g
	小葱	10g	5g	15g
	蒜头	5瓣		
	鸡蛋	1只		6只
调料	精盐	2g	2g	3g
	味精		1g	1g
	黄酒	10mL	10mL	15mL
	酱油	10mL		
	色拉油	1 000mL（约耗150mL）	750mL（约耗60mL）	1 000mL（约耗150mL）
	面粉		100g	
	干淀粉			80g
	发酵粉		2g	
	白糖	30g		
	番茄酱			20g
	花椒盐		1g	5g
	胡椒粉		0.5g	
	米醋	10mL		
	芝麻油	10mL		

(2) 制作步骤。炸烹里脊、脆皮鱼条、松炸虾球的制作步骤见表9-22。

表 9-22 炸烹里脊、脆皮鱼条、松炸虾球的制作步骤

工作岗位	工作任务	炸烹里脊（烹）	脆皮鱼条（脆炸）	松炸虾球（松炸）
粗加工岗	清洗	里脊肉洗净	鲈鱼宰杀后去鳞、鳃、内脏，洗净	将虾仁漂洗干净
砧板岗	成形	将里脊肉切成 3mm 见方、约 60～80mm 的丝	分档取净肉，切成 12mm 见方、60mm 长的条	① 将虾仁控干水分后放入容器，再将葱、姜切末，和精盐、味精一起加入容器，搅拌虾仁使其有黏性，然后再将其剁成粒 ② 核桃仁烤熟后去皮，剁成粒；荸荠肉拍碎后切粒，并挤去水分
打荷岗	码味拍粉	①葱切段，蒜头切末 ② 肉丝加精盐、蛋黄拌匀，再均匀地拌上干淀粉	① 姜切片、葱切段，放入碗中加水抓捏制成葱姜汁 ② 葱叶切成葱花 ③ 将鱼条用黄酒、精盐、味精、葱姜汁、胡椒粉腌渍 15 分钟 ④ 面粉与发酵粉拌匀，加清水 70mL 调成糊状，待糊发酵后加 15mL 色拉油调匀	鸡蛋取蛋清，将蛋清打成蛋泡，加入干淀粉（边加边搅），放入虾仁、核桃粒和荸荠粒拌匀
炉台岗	烹调	① 锅置火上，倒入色拉油加热至 150℃，放入肉丝，断生后捞出 ② 待油温升高至 180℃，放入肉丝炸至脆黄。捞出肉丝，沥净油 ③ 碗内加入精盐、酱油、黄酒、白糖、米醋和水，拌匀制成碗芡 ④ 锅内留油 20mL，下葱、姜炒出香味后捞出弃之，放蒜末，倒入肉丝和碗芡，急火颠翻，放入葱段，淋上芝麻油即成	① 炒锅置火上加热，倒入色拉油加热至 180℃，将鱼条逐条拖上发酵面糊，入油锅炸熟捞起 ② 待锅内油温上升到 200℃，再将鱼条复炸至浅黄松脆捞出	炒锅置火上，倒入色拉油加热至 90℃，改为小火保持油温，将蛋泡虾糊挤成球，逐个下锅，结壳后再用手勺轻轻推动，至色泽淡黄捞出，沥净油
打荷岗	装盘	装盘、点缀	装盘，带花椒盐碟上桌蘸食	装盘，带花椒盐碟和番茄酱碟上桌蘸食

二、蒜爆豆腐、虾爆鳝背的制作

(一) 理论准备

蒜爆豆腐、虾爆鳝背两款菜肴均运用了炸烹的烹调方法。学生通过练习能进一步理解炸烹的相关知识和技能。此两款菜肴不仅工艺类似，其口味也都是甜中带有微酸；在制作时需要综合运用刀工、拍粉、挂糊的技术，同时要严格控制好油温。

学生通过练习，加深对炸烹菜的概念及其相关知识的了解，理解炸烹的操作要领；学会码味、拍粉、挂糊技术，学会油温的掌控和复炸技术，能把技术运用于同类菜肴。

通过示教、练习和讲解分析，使学生了解相关的技术要领。

(二) 实训操作

1. 准备阶段

(1) 收集蒜爆豆腐、虾爆鳝背的主辅原料信息，包括市场价格、产地、原料特性、质量辨别和初加工方法等。

(2) 查看刀法、拍粉、挂糊等技术的资料并进行预习。

(3) 预习此两款菜肴的制作过程。

2. 内容下达

(1) 教师示教：蒜爆豆腐、虾爆鳝背。

(2) 原料分配：每人豆腐1块，鳝鱼2条，辅料、调料若干。

(3) 学生制作菜肴：蒜爆豆腐、虾爆鳝背。

(4) 完成时间：教师示教45分钟，讲解点评5分钟；学生分配原料10分钟，制作练习70分钟；教师点评10分钟；相互试味10分钟，清洁卫生10分钟。

3. 过程实施

(1) 教师示教、讲解原料加工的要求，讲解拍粉挂糊的要点，以及菜肴的制作步骤和特点。

(2) 学生观摩并作记录。

(3) 学生分工配合，实施训练。

(4) 教师巡视指导。

(5) 点评、试味。

(6) 清洁卫生。

4. 成果评价

(1) 教师点评。

(2) 学生撰写实验报告。

5. 制作讲解

(1) 制作原料。蒜爆豆腐、虾爆鳝背的制作原料见表9-23。

表 9-23 蒜爆豆腐、虾爆鳝背的制作原料

类 别	名称	数量	
		蒜爆豆腐	虾爆鳝背
主料	豆腐	1块（约350g）	
	黄鳝		2条（约400g）
辅料	浆虾仁		100g
调料	蒜头	半个	
	黄酒	10mL	
	酱油		15mL
	色拉油	500mL（约耗60mL）	500mL（约耗100mL）
	白糖		15g
	面粉	40g	25g
	湿淀粉	15g	25g
	米醋		15mL
	精盐	2g	1g
	味精	2g	
	芝麻油	15mL	

（2）制作步骤。蒜爆豆腐、虾爆鳝背的制作步骤见表9-24。

表 9-24 蒜爆豆腐、虾爆鳝背的制作步骤

工作岗位	工作任务	蒜爆豆腐（炸熘）	虾爆鳝背（炸熘）
粗加工岗	宰杀、清洗		宰杀、去内脏、去头、去骨，洗净
砧板岗	成形	把豆腐切成60mm×18mm×18mm的条，撒上一点精盐；将蒜头切末	将鳝鱼皮朝下放在砧板上，在肉上轻轻排剁一遍，切成自然厚度、60mm×20mm的段；把蒜头切末
打荷岗	码味拍粉	① 将豆腐拍上面粉，稍等回潮 ② 把蒜末、黄酒、精盐、味精和湿淀粉调和，制成碗芡	① 鳝鱼段加湿淀粉、面粉、精盐拌匀后待用 ② 将蒜末、黄酒、酱油、白糖、米醋、水2匙和余下的湿淀粉调和，制成碗芡
炉台岗	烹调	① 炒锅置火上放入色拉油，待油温至210℃时，下豆腐条，炸至金黄色捞出 ② 待油温再次升高，将豆腐条复炸至松脆，连油倒入漏勺 ③ 将豆腐复入锅中，倒入碗芡颠翻，淋上芝麻油出锅	① 炒锅置火中烧热，用油滑锅后，放入色拉油，待油温升至210℃时，下虾仁划散，捞出沥净油 ② 原锅待油温升至170℃时，把鳝鱼段分散下锅，炸1分钟后捞出，待油温升至200℃再把鳝鱼段入锅复炸至松脆，捞出沥油，装盘 ③ 锅内留油少许，倒入碗芡，淋上芝麻油，出锅浇在炸好的鳝鱼段上
打荷岗	装盘	装盘点缀	将虾仁撒在芡汁上

三、菊花鱼、松鼠鳜鱼的制作

(一) 理论准备

菊花鱼、松鼠鳜鱼两款菜肴的制作运用了脆熘的烹调方法。此两款菜肴制作难度较高，要综合应用烹饪刀工、拍粉、油温、调汁等技能。

学生通过制作菊花鱼、松鼠鳜鱼，加深对脆熘技法的了解，以及理解两款菜肴的相关原料知识和相关加工知识；认识黑鱼和鳜鱼，学会活鱼的初加工技术、菊花花刀和松鼠鱼花刀的刀法；学会对原料拍粉、调制糖醋汁、用脆熘技法制作其他款式的菜肴。

通过小组共同完成工作任务，培养学生团队意识及管理和合作能力。

(二) 实训操作

1. 准备阶段

(1) 收集黑鱼和鳜鱼的相关原料知识，包括市场价格、产地、原料特点、质量辨别和初加工技术等。

(2) 查看菊花花刀的刀法、上粉、糖醋汁等方面的资料。

(3) 预习菊花鱼、松鼠鳜鱼的制作过程。

(4) 认真填写项目任务书。

2. 内容下达

(1) 教师示教：菊花鱼、松鼠鳜鱼。

(2) 原料分配：以3人为1组，每组黑鱼半条、鳜鱼1条，辅料、调料若干。

(3) 制作菜肴：菊花鱼、松鼠鳜鱼。

(4) 完成时间：教师示教45分钟，讲解点评5分钟；学生分配原料10分钟，制作练习70分钟；教师点评10分钟；相互试味10分钟，清洁卫生10分钟。

3. 过程实施

(1) 教师示教、讲解原料加工的要求，讲解拍粉、挂糊的要点，以及菜肴的制作步骤和特点。

(2) 学生观摩并作记录。

(3) 学生分工配合，实施训练。

(4) 教师巡视指导。

(5) 点评、试味。

(6) 清洁卫生。

4. 成果评价

(1) 教师点评。

(2) 学生撰写实验报告。

5. 制作讲解

(1) 制作原料。菊花鱼、松鼠鳜鱼的制作原料见表9-25。

表 9-25 菊花鱼、松鼠鳜鱼的制作原料

类别	名称	数量	
		菊花鱼	松鼠鳜鱼
主料	黑鱼	1/2 条（约 400g）	
	鳜鱼（可用草鱼或鲈鱼替代）		1 条（约 800g）
辅料	松子仁		30g
	青豆		30g
	生姜	10g	20g
	小葱	10g	20g
	鸡蛋清		1 个
	鸡蛋黄	1 个	
调料	精盐	3g	5g
	黄酒	15mL	
	色拉油	1 000mL（约耗 150mL）	
	辣酱油（喼汁）	15mL	
	干淀粉	30g	100g
	湿淀粉	10g	15g
	白糖	30g	50g
	番茄酱	100g	150g
	白醋	10mL	20mL

（2）制作步骤。菊花鱼、松鼠鳜鱼的制作步骤见表 9-26。

表 9-26 菊花鱼、松鼠鳜鱼的制作步骤

工作岗位	工作任务	菊花鱼（脆熘）	松鼠鳜鱼（脆熘）
粗加工岗	清洗	宰杀，去鳞、去鳃、去内脏，洗净	宰杀，去鳞、去鳃、去内脏，洗净
砧板岗	制作姜水成形	将鱼去除脊骨和腹刺，在带皮鱼肉上剞上十字花刀，然后将其改刀成 30mm×30mm 的块	切下鱼头待用，将鱼身一剖为二（尾部相连），再去除脊骨和腹刺。在两扇带皮净肉上横向剞上松鼠鱼花刀。手抓鱼尾，使鱼身倒挂，检查是否连刀，是否剞得深度一致
打荷岗	码味拍粉	① 生姜切丝，和小葱一起放入水中浸泡，抓捏成姜汁 ② 鱼肉用葱姜汁、精盐码味 2 分钟，然后加蛋黄拌匀，再拍上干淀粉	①将 1/2 的生姜切片、1/2 的小葱打结 ②将余下的生姜切丝，和剩余的小葱一起放入水中浸泡，抓捏成葱姜汁 ③将剞好花刀的鱼肉加黄酒、精盐、葱姜汁码味片刻 ④将码味后的鱼肉沥干水，在表面和刀纹内均拍上干淀粉

续表

工作岗位	工作任务	菊花鱼（脆熘）	松鼠鳜鱼（脆熘）
炉台岗	烹调	① 炒锅置旺火上，加油后加热至180℃，下鱼肉（鱼皮朝上），浸炸至熟；升高油温，至肉脆、色金黄捞出待用 ② 锅中加油，下番茄酱炒至透亮，加白糖、辣酱油、白醋、少许精盐和水，下湿淀粉勾芡	① 锅内放油，投入松子仁炒出香味，去皮待用 ② 锅内留少许底油，放入葱结、姜片炒出香味，捞出葱、姜弃之，放入番茄酱慢火炒至透亮；添清水，放入精盐、白糖、白醋，试味后用湿淀粉勾芡，制成芡汁待用 ③ 锅内放大量油，待油温升至210℃时，拎住鱼尾抖去鱼身上多余的淀粉，然后将其投入锅中，和鱼头一起炸至色黄捞出（保持对称形状），待油温升至240℃再将其复炸至金黄色，捞出沥油 ④ 原锅下青豆，加热至熟后捞出
打荷岗	装盘	在盘中根据要求排好菊花鱼块，淋上芡汁，进行点缀	将炸好的鱼身、鱼头在盘中摆好造型，淋上芡汁，撒上松仁、青豆

9.5 禽蛋菜肴对比实训

1. 制作原料

熘黄菜、三不粘、炒鲜奶和赛蟹黄的制作原料见表9-27。

表9-27 熘黄菜、三不粘、炒鲜奶和赛蟹黄的制作原料

类 别	名 称	数量			
		熘黄菜	三不粘	炒鲜奶	赛蟹黄
主料	鸡蛋	4只			5只
	鸡蛋清			18个	
	鸡蛋黄	2个	12个		
	鲜牛奶			250mL	
辅料	熟猪肉	50g			
	熟火腿	10g		15g	
	荸荠	50g			
	鸡肝			25g	
	蟹肉				25g
	浆虾仁			25g	
	炸榄仁			25g	
	小葱			3g	3g

续表

类别	名称	数量			
		熘黄菜	三不粘	炒鲜奶	赛蟹黄
调料	生姜				10g
	胡萝卜				50g
	色拉油	60mL			50mL
	熟猪油		100g	500g（约耗100g）	
	精盐	3g		4g	
	黄酒	10mL			
	干淀粉		150g	20g	
	湿淀粉	10g		5g	
	白糖		250g		
	鸡精				
	味精	1g		2g	
	高汤	150mL		20mL	
	浙醋				5mL

2. 制作步骤

熘黄菜、三不粘、炒鲜奶和赛蟹黄的制作步骤见表9-28。

表9-28 熘黄菜、三不粘、炒鲜奶、赛蟹黄的制作步骤

工作岗位	熘黄菜	三不粘	炒鲜奶	赛蟹黄
砧板岗	熟猪肉、熟火腿、荸荠切末		熟火腿切细粒，鸡肝切小片，小葱切花	胡萝卜、生姜切末，小葱切花
打荷岗	将鸡蛋、鸡蛋黄放入碗内搅散，加入猪肉末、荸荠末、黄酒、精盐、味精、湿淀粉和高汤，一起搅拌均匀	将鸡蛋黄倒入大碗，加干淀粉、白糖、清水600mL，搅拌均匀后过筛	① 将1/5的鲜牛奶与干淀粉调和，待用 ② 蛋清打散，加精盐、味精调和，待用	将鸡蛋略打散，加精盐、味精、胡萝卜末、姜末拌匀

续表

工作岗位	熘黄菜	三不粘	炒鲜奶	赛蟹黄
炉头岗	炒锅置火上，用油滑锅后，倒入一半色拉油加热至120℃，倒入调好的蛋液，并用手勺不断地朝一个方向搅动，边搅动边分次加入剩余的色拉油，至蛋液呈脑花状且熟透时出锅	① 炒锅置火上，放入熟猪油，倒入蛋液，迅速用手勺不停地搅动，待蛋液呈糊状，再往锅内徐徐倒入余下的熟猪油 ② 继续炒8～10分钟，使蛋黄变得柔软有劲、不粘锅，呈糕状	① 将鸡肝片先放入沸水氽一下 ② 炒锅置旺火上，用油滑锅后，下熟猪油加热至120℃，放入虾仁、鸡肝片过油，然后捞出沥净油 ③ 将剩余的鲜牛奶加热至90℃后起锅，加入与干淀粉调和的牛奶、蟹肉、鸡蛋清，拌匀待用 ④ 炒锅置旺火上，用油滑锅后，下剩余的猪油加热至120℃，改为文火，倒入拌匀的牛奶液，用手勺轻推使牛奶液呈片状，出锅，沥净油 ⑤ 炒锅上文火，加入鸡肝片、虾仁、蟹肉、牛奶片，淋入高汤和湿淀粉，翻匀出锅	炒锅置火上，用油滑锅后，倒入色拉油加热至150℃，再倒入调好的蛋液翻炒，加葱花和醋颠翻出锅
打荷岗	装盘后撒上火腿末	倒入盘中即成	装盘后，撒上火腿粒、炸榄仁、葱花	
成菜特点	色泽浅黄，鲜嫩可口，营养丰富	入口软绵，润香甘甜，甜而不腻	洁白鲜嫩，滑润透亮	微酸清鲜，形似蟹粉

> **知识链接**
>
> ### 三 不 粘
>
> 三不粘（见图9-1）是一道风味独特的甜菜，颜色黄艳润泽，呈软稠的流体状，看上去似乎是金黄色的一块饼。但它似粥非粥、似饼非饼，盛在盘里不粘盘，舀起来不粘勺，吃到嘴里不粘牙，因此得名"三不粘"。
>
> 三不粘入口绵润，口感香甜，但甜而不腻，做到了出神入化的境界。制作三不粘的关键在炒，要用手勺不停地搅炒300次以上，使蛋液和油融为一体，功夫之深，无不让人为之惊叹。

图9-1 三不粘

第10章　其他技法项目

● 学习目标 ●

- 通过菜肴的对比制作，了解热菜中煎、贴、焖和一些甜菜的制作技法及区别
- 掌握煎、贴、焖和一些甜菜的制作技法，并能在实践中加以运用

10.1 煎制、贴制、㸆制菜肴对比实训

煎、贴、㸆这3种烹调技法均以少量油作为传热的介质,其菜肴均有外香酥、里软嫩的特点。煎是将原料直接(或腌渍后)加热,有单面煎和双面煎之分;贴是将多种原料叠加后单面加热;㸆是将原料挂糊后双面加热并调味。

一、煎茄盒、锅贴大虾、锅㸆豆腐的制作

(一)理论准备

煎茄盒、锅贴大虾、锅㸆豆腐3款菜肴,分别运用了煎、贴、㸆的烹调方法。学生通过练习能加深对煎、贴、㸆这3种烹调技法的理解。此3款菜肴的制作工艺相似,但在制作时要认识其不同之处。

(二)实训操作

1. 准备阶段

(1)收集煎茄盒、锅贴大虾、锅㸆豆腐的主辅原料的信息,包括市场价格、产地、原料特性、质量辨别和初加工方法等。

(2)查看煎、贴、㸆技术方面的资料并进行预习。

(3)预习煎茄盒、锅贴大虾、锅㸆豆腐3款菜肴的制作过程。

2. 内容下达

(1)教师示教:煎茄盒、锅贴大虾、锅㸆豆腐。

(2)原料分配:以2人为1组,每组主料1份,辅料、调料若干。

(3)制作菜肴:学生练习煎茄盒、锅贴大虾、锅㸆豆腐中的2款(由教师指定)。

(4)完成时间:教师示教55分钟,讲解点评10分钟;学生分配原料10分钟,制作练习50分钟;教师点评10分钟,相互试味10分钟;清洁卫生10分钟。

3. 过程实施

(1)教师示教、讲解原料加工的要求,讲解菜肴的制作步骤和特点。

(2)学生观摩并作记录。

(3)学生分工配合,实施训练。

(4)教师巡视指导。

(5)点评、试味。

(6)清洁卫生。

4. 成果评价

(1)教师点评。

(2) 学生撰写实验报告。

5. 制作讲解

(1) 制作原料。煎茄盒、锅贴大虾、锅煸豆腐的制作原料见表10-1。

表10-1 煎茄盒、锅贴大虾、锅煸豆腐的制作原料

类 别	名 称	数 量		
		煎茄盒	锅贴大虾	锅煸豆腐
主料	茄子	250g		
	大明虾		10只	
	鱼蓉		125g	
	豆腐			1块（约350g）
辅料	猪肉末	150g		
	熟肥膘		200g	
	鸡蛋		2只	
	虾子			20g
调料	小葱		5g	
	生姜		5g	
	黄酒	5mL	10mL	10mL
	色拉油	100mL（约耗75mL）	150mL（约耗60mL）	500mL（约耗60mL）
	白汤		100mL	100mL
	面粉	50g		100g
	干淀粉		50g	
	胡椒粉		2g	
	精盐		2g	
	味精	1g		1g
	芝麻油	5mL		10mL
	辣酱	1小碟		
	奇妙酱	1小碟		

(2) 制作步骤。煎茄盒、锅贴大虾、锅煸豆腐的具体制作步骤见表10-2。

表10-2 煎茄盒、锅贴大虾、锅煸豆腐的制作步骤

工作岗位	工作任务	煎茄盒	锅贴大虾	锅煸豆腐
粗加工岗	清洗	茄子去蒂，洗净	大明虾去头、去壳、留尾洗净	

续表

工作岗位	工作任务	煎茄盒	锅贴大虾	锅㸆豆腐
砧板岗	成形	① 小葱、生姜切末 ② 猪肉末加精盐、味精、鸡蛋（半只）、芝麻油、黄酒、葱末、姜末拌匀 ③ 茄子斜切成椭圆形的片，两片之间夹入拌好的猪肉末	① 虾顺背剖开，去掉虾线，用刀把虾拍平，放入容器中 ② 将拍松的葱白放入虾中，加精盐、胡椒粉、黄酒腌渍数分钟 ③ 把熟肥膘切成与虾片相近的长片（厚约3mm），拍上干淀粉 ③ 把鱼蓉分成10份涂抹在肥膘片上，再放上虾，用手压平，把挤出的鱼蓉抹在虾的周围，使其方正，但要使虾尾上翘 ④ 取鸡蛋清打散，涂抹在虾上	① 小葱、生姜切末 ② 把豆腐切成55mm×35mm×15mm 的厚片
打荷岗	码味拍粉	将余下的鸡蛋打散，加面粉、水调成蛋糊	将剩余的小葱、生姜切细丝	① 豆腐摊平，撒上精盐、葱末和姜末 ② 鸡蛋打散，豆腐拍上面粉，等待豆腐回潮
炉台岗	烹调	① 平锅置火上，滑锅后加油，加热至120℃时将做好的茄盒拖上蛋糊放入锅中加热 ② 待茄盒一面结壳后，逐个将茄盒翻身，至两面呈金黄色后用漏勺捞出，沥去油	① 平锅置火上，滑锅后加油，加热至120℃时将做好的虾饼放入锅中，晃动锅，使虾饼不粘锅 ② 待鱼蓉近肥膘处凝固后，将油滗去一部分，加少许清水，加盖，小火加热至原料成熟 ③ 待水分蒸发后，用锅内的油再加热一会儿，至肥膘微黄、香脆后离火	① 将豆腐拖上蛋液，放入油锅，用小火炸至豆腐结壳发黄，用漏勺捞出后沥去油，拣去锅中蛋液碎粒 ② 将豆腐整齐摆放在锅内，加黄酒、精盐、味精、白汤，并撒上虾子，小火加热至汁水渗入豆腐，淋上芝麻油后出锅
打荷岗	装盘	装盘点缀，带辣酱碟、奇妙酱碟上桌	撒葱、姜丝点缀，装盘	装盘点缀

二、香煎鳕鱼、锅贴鱼饼的制作

（一）理论准备

香煎鳕鱼、锅贴鱼饼两款菜肴分别运用了煎、贴的烹调方法。学生通过教师示教和练习能加深对煎、贴技法的了解。

学生应通过实践，加深对解煎、贴的概念及其相关知识的了解，理解煎、贴的操作要领；学会跟碟、涂抹、拍粉、挂糊、还潮等技术，了解煎、贴烹调方法的技术关键，并能把技术运用于同类菜肴中。

通过示教、练习和讲解分析，使学生了解相关的技术要领。

(二) 实训操作

1. 准备阶段

(1) 收集香煎鳕鱼、锅贴大虾的主辅原料的相关知识，包括市场价格、产地、原料特点、质量辨别及初加工技术等。

(2) 查看煎、贴技术方面的资料并进行预习。

2. 内容下达

(1) 教师示教：香煎鳕鱼、锅贴鱼饼。

(2) 原料分配：以 2 人为 1 组，每组主料 1 份，辅料、调料若干。

(3) 制作菜肴：教师示教 2 款，学生每组练习 2 款。

(4) 完成时间：教师准备 10 分钟，示教 50 分钟，讲解点评 10 分钟；学生分配原料 10 分钟，制作练习 40 分钟；教师点评 10 分钟，相互试味 10 分钟；清洁卫生 10 分钟。

3. 过程实施

(1) 教师示教、讲解原料加工的要求，讲解菜肴的制作步骤和特点。

(2) 学生观摩并作记录。

(3) 学生分工配合，实施训练。

(4) 教师巡视指导。

(5) 点评、试味。

(6) 清洁卫生。

4. 成果评价

(1) 教师点评。

(2) 学生撰写实验报告。

5. 制作讲解

(1) 制作原料。香煎鳕鱼、锅贴鱼饼的制作原料见表 10-3。

表 10-3 香煎鳕鱼、锅贴鱼饼的制作原料

类 别	名 称	数量	
		香煎鳕鱼	锅贴鱼饼
主料	鳕鱼	250g	
	鱼蓉		125g

续表

类别	名称	数量	
		香煎鳕鱼	锅贴鱼饼
辅料	鸡蛋	1只	
	生肥膘		250g
	香菜	10g	5g
	荸荠		50g
调料	小葱	5g	
	生姜	5g	
	黄酒	5mL	
	色拉油	100mL（约耗60mL）	
	胡椒粉	3g	1g
	面粉	20g	10g
	干淀粉		5g
	精盐	2g	2g
	味精	1g	1g
	柠檬汁	5mL	
	白糖	2g	

（2）制作步骤。香煎鳕鱼、锅贴鱼饼的制作步骤如表10-4所示。

表10-4 香煎鳕鱼、锅贴鱼饼的制作步骤

工作岗位	工作任务	香煎鳕鱼	锅贴鱼饼
粗加工岗	清洗	鳕鱼去鳞后洗净，香菜择洗干净	香菜择洗干净
砧板岗	成形	① 小葱去根、生姜去皮，切成细丝 ② 鳕鱼切成厚约18mm的片	① 小葱、生姜捣碎，加黄酒搅拌，制成葱姜汁 ② 荸荠削皮后剁成米粒状 ③ 生肥膘用模具制成直径为70mm的圆形，煮熟后再切成10个厚3mm的圆片，拍上干淀粉 ④ 将多余的生肥膘用碎肉机打成泥，和鱼蓉一起拌匀，再加荸荠粒、葱姜汁、味精和精盐，拌匀上劲 ⑤ 将鱼蓉肥膘泥分成10份，涂抹在肥膘片上，并用小刀将表面刮平制成鱼饼 ⑥ 取鸡蛋清打散，涂抹在鱼饼表面，以增加光泽度 ⑦ 在鱼饼上放上香菜点缀

续表

工作岗位	工作任务	香煎鳕鱼	锅贴鱼饼
打荷岗	码味拍粉	① 鳕鱼加精盐、味精、黄酒、胡椒粉、葱丝和姜丝码味 ② 鸡蛋打散,抹在鳕鱼表面,再在鳕鱼两面拍上面粉	
炉台岗	烹调	① 平锅置火上,滑锅后加油,加热至120℃时将还潮的鳕鱼放入锅中加热 ② 待鳕鱼一面结壳后,翻身将其煎至两面金黄色	① 平锅置火上,滑锅后加油,加热至120℃时将做好的鱼饼放入锅中,晃动锅身使鱼饼不粘锅 ② 待鱼蓉近肥膘处凝固后,将油滗去一部分,加少许汤水、精盐、味精,加盖,小火加热至原料成熟 ③ 待水分蒸发后,用温火将鱼饼的肥膘煎至油排出,待表面焦酥呈金黄色后,将余油滗出,烹入黄酒,撒上胡椒粉 ④ 另勾玻璃薄芡
打荷岗	装盘	① 香菜垫底,点缀装盘 ② 带加了白糖的柠檬汁上桌	鱼饼装盘,浇上玻璃薄芡

10.2 蜜汁、挂霜、拔丝、琉璃菜肴的对比实训

一、糖浆的熬制练习

(一) 选糖

熬制糖浆一般选用粗白砂糖,因为粗白砂糖为白色,晶体颗粒均匀,甜度高,无杂味,易溶于水。其他糖类,如黄糖、赤糖、冰糖、白糖粉等,因为杂质多或色泽不佳,都不如粗白砂糖制作糖浆的效果好。

(二) 熬糖

1. 煮糖

在锅中放入白砂糖500g、水200mL,然后用中火进行加热,糖充分溶化后改为小火(不要搅拌,以防锅边糖液焦化),直至水分逐渐蒸发,糖液达到需要的浓度和黏稠度。为了避免糖液焦化,要先加水后下糖;要使用中小火加热,特别是糖液浓稠时要改成微火;在加热过程中,要尽量减少搅动。

2. 炒糖

将白砂糖250g、油50g倒入锅中,然后用中火进行加热,同时用手勺不断搅拌,糖完全溶化呈现浅棕色后,改用小火加热,至糖液冒泡即可。

一般鉴别糖液是否达到要求有观感识别和触感识别两种方法。观感识别是用勺把糖浆舀起，查看从勺边流下的糖浆的厚度，观察流到最后的一滴糖浆的回缩情况，或在糖浆流下时用嘴吹气使糖丝飘起，观察其起丝程度。触感识别就是用食指粘上勺边流下的糖浆，拇指与食指做分合动作，感受其黏稠度。

二、琥珀核桃、挂霜花生、拔丝山药和冰糖葫芦的制作

（一）制作原料

琥珀核桃、挂霜花生、拔丝山药和冰糖葫芦的制作原料见表 10-5。

表 10-5 琥珀核桃、挂霜花生、拔丝山药、冰糖葫芦的制作原料

类别	名称	数量			
		琥珀核桃	挂霜花生	拔丝山药	冰糖葫芦
主料	核桃仁	250g			
	花生仁		250g		
	山药			200g	
	山楂果				500g
辅料	鸡蛋			2只	
	竹签				8根
调料	白砂糖	50g	150g	150g	250g
	色拉油	500mL（约耗30mL）		500mL（约耗80mL）	
	干淀粉			150g	

（二）制作步骤

琥珀核桃、挂霜花生、拔丝山药和冰糖葫芦具体的制作步骤见表 10-6。

表 10-6 琥珀核桃、挂霜花生、拔丝山药和冰糖葫芦的制作步骤

工作岗位	工作任务	琥珀核桃	挂霜花生	拔丝山药	冰糖葫芦
粗加工岗	去衣削皮清洗	核桃仁用开水烫2分钟，撕去外皮	花生仁放入温度为180℃的烤箱中烤熟，去掉外皮	山药削皮、清洗	山楂果去蒂、清洗
砧板岗	成形			切成滚刀小块	4~5颗串成1串
打荷岗	制糊			① 鸡蛋取蛋清，与干淀粉调制成淀粉糊 ② 取平盘一只，抹上色拉油	

续表

工作岗位	工作任务	琥珀核桃	挂霜花生	拔丝山药	冰糖葫芦
炉台岗	烹调	① 锅中放少量水，加入白砂糖，然后投入核桃仁，加热至水干、糖液黏稠，将其倒入漏勺中，沥去糖液 ② 锅洗净，置火上加油，加热至120℃时放入核桃仁，小火炸制，待核桃仁浮起、色微黄时出锅	① 炒锅置火上，滑锅后加少量水，加入白砂糖，小火加热至水干、糖液黏稠，然后用漏勺搅动糖液至起沙、起泡，端锅离火 ② 锅中倒入花生仁拌匀，继续搅拌使花生仁不粘连，糖液呈粉状	① 炒锅置旺火上，加油后加热至150℃，将山药块拖上淀粉糊入油锅，炸至结壳后捞起 ② 待油温升高至200℃时，将山药块入锅复炸至金黄色，捞出沥去油 ③ 炒锅置小火上，放少许油，加入白砂糖后用手勺轻轻搅动，待糖浆浓稠出丝时，倒入山药块，翻锅搅拌使糖浆均匀包裹山药块	平锅置小火上，倒入100mL水，加入白砂糖，慢慢加热、轻轻搅拌使糖化开，但糖液不能粘到锅边。沸腾后不要搅拌，待水分蒸发、糖液浓稠、气泡均匀时，放入山楂串不断滚动，使糖浆均匀包裹山楂
打荷岗	装盘	摊开凉透后，装盘	筛去余糖，装盘	装入抹有色拉油的平盘上，带小碗凉开水上桌	直接装盘或用糯米纸将冰糖葫芦卷包后装盘

第11章 花式菜肴项目

学习目标

- 熟悉刀工花式菜肴和象形花式菜肴的制作方法
- 熟练运用菜肴的工艺技法

第11章 花式菜肴项目

花式菜肴又称工艺菜肴,它比普通菜肴要多下一点制作功夫、多一点艺术创新。花式菜肴无论是从刀工上下功夫,或从造型上下功夫,均不可忽视食用价值,要坚持食用为本,讲究工作效率。下面介绍几款典型的花式菜肴供大家学习。

11.1 刀工花式菜肴制作对比

刀工花式菜肴就是利用刀工将原料进行美化,使之具有一定的艺术造型。

一、宝塔肉的制作

【主料】

五花肉 500g。

【调辅料】

笋干菜 300g、西兰花 50g、老酱汤适量。

【制作方法】

(1) 将五花肉洗净,放入老酱汤中煮至七成熟,晾凉;西兰花洗净,焯水后待用。

(2) 将煮熟的五花肉改刀成正方形,再用锋利菜刀剞回纹花刀,然后复位至正方形,将其放入(猪皮朝下)特制的方锥体模具中,中间填满笋干菜,淋上肉汤,入蒸笼蒸 2 小时。

(3) 将肉从蒸笼中取出,翻扣入盘,用西兰花围边,原汁淋在肉上即可。

【成菜特点】

形似宝塔,香醇糯烂。

二、珊瑚鱼的制作

【主料】

鳜鱼一条(约 1 000g)。

【调辅料】

小葱 25g、生姜 25g、白醋 10mL、番茄酱 100mL、白糖 25g、精盐 5g、白醋 25mL、黄酒 25mL、干淀粉 250g、湿淀粉 25g、色拉油 2 000mL(约耗 180mL)。

【制作方法】

(1) 将鱼剖腹宰杀,去鳞、鳃和内脏,洗净。

(2) 将鱼头切除,鱼平放在砧板上(背脊朝右),左手拿抹布按住鱼身,右手持刀沿脊骨进行分割;将鱼翻转,用同样的方法将鱼肉和脊骨分离,然后用刀跟切断鱼尾处的脊骨。

(3) 将两扇鱼肉冲洗一下,然后放在砧板上剞珊瑚花刀。

(4) 将剞好的鱼用精盐、黄酒、小葱、生姜腌渍 5 分钟,然后拍上干淀粉,静置片刻,抖去余粉。

(5) 将铁锅置中火上,待油温升至150℃时,夹住鱼尾将两扇鱼肉入锅,炸至鱼肉呈金黄色,用漏勺捞出,沥去油装盘。

(6) 另置锅加油少许,放入番茄酱,用微火炒至油亮,加白糖、白醋和湿淀粉勾芡,淋浇在鱼上即可。

【成菜特点】

形似珊瑚,酸甜可口。

11.2 象形花式菜肴制作对比

一、葵花莲子肉制作

【主料】

猪肋条肉 800g、泡发莲子 80g。

【辅料】

玉兰片 100g、小菜心 300g。

【调料】

黄酒 100mL、酱油 100mL、精盐 3g、白糖 50g、小葱 100g、生姜 30g、湿淀粉 10g。

【制作方法】

(1) 小葱去根洗净,生姜去皮洗净待用。

(2) 猪肉洗净,加酱油、精盐、白糖、黄酒、小葱、生姜和玉兰片一同烧制,至皮红汁厚捞出晾透。

(3) 将猪肉用锋利菜刀切成厚 1.5mm、长 10mm 的片,再将浸透的莲子逐个卷上肉片,排列在碗底及四周,再在上面填满玉兰片,淋上肉汤。

(4) 将碗封上保鲜膜,上蒸笼蒸至肉酥,滗出汤水后将肉翻扣入盆。

(5) 另置锅将菜心炒熟,用盐调味,然后围在莲子肉四周。

(6) 将湿淀粉调稀勾薄芡,掀开扣碗,将芡汁淋在莲子肉上即可。

【说明】

(1) 玉兰片要预先涨发,也可选用笋干替代;

(2) 也可先在盘中围一圈菜心,然后在上面覆上莲子肉。

【成菜特点】

形似葵花,肥而不腻。

二、石榴素包制作

【主料】

甘蓝(高丽菜)100g、春笋 1 支、香菇 15g、草菇 10g、杏鲍菇 15g、芹菜 1 根、胡萝卜 1 根。

【调料】

色拉油 25mL、精盐 2g、味极鲜酱油 3mL、味精 2g、湿淀粉 10g。

【制作方法】

（1）春笋剥壳洗净，和涨发好的香菇、草菇、杏鲍菇一起煮，待春笋熟后一起出锅；留汤放入洗净的甘蓝片和芹菜，以滚水略微焯烫至软即捞起，待用。

（2）胡萝卜切末，香菇、草菇、杏鲍菇、春笋切成粒，芹菜撕成丝，待用。

（3）油锅置火上，放入胡萝卜末，用微火炒至色拉油泛黄，放入香菇粒、草菇粒、杏鲍菇粒和春笋粒炒熟，加留用的菌菇汤适量（汤底处可能有沙，应弃之不用），加精盐、味极鲜酱油、味精调味，用湿淀粉勾芡。

（4）用甘蓝包裹炒好的菌菇粒、笋粒，再用芹菜丝将其捆扎成"石榴包"，装盘后入蒸锅以中火蒸制约 3 分钟。

（5）滗出"石榴包"盘中的水，用剩余湿淀粉勾玻璃芡，再浇淋在"石榴包"上即可。

【说明】

（1）胡萝卜用油炒的目的是取其黄色，使其形似蟹黄；

（2）可用菜心摆在"石榴包"边上作点缀。

【成菜特点】

形似石榴，蟹油诱人，香鲜味美。

第12章　套菜、宴席和宴会项目

学习目标

- 了解套菜、宴席和宴会菜单的搭配程序和组合数量
- 掌握套菜组合知识,并能熟练地编排普通套菜,学会编制宴会菜单

本章重点介绍套菜和宴席的常见组合,从中了解每种菜肴在宴席中所处的位置和关系。菜肴组配工艺在实践体验篇有重点讲解,读者可详细查看"15.2 菜肴组配工艺"相关内容。

12.1 套菜制作项目实训

套菜也称"套餐",指的是将多种菜品组合在一起,以包价销售的菜肴组合。餐饮企业推出各种套菜,其目的是迎合不同顾客的需要,增加餐饮企业的收入。同宴会相比,套菜更加简约,菜肴的种类相对较少,但具有经济实惠和受众广泛的特点。

一、四菜一汤

杭州著名的"四菜一汤"包括:西湖醋鱼、龙井虾仁、油焖春笋、火腿蚕豆和西湖莼菜汤。

(一)西湖醋鱼

西湖醋鱼的制作工艺详见第168页。

(二)龙井虾仁

【主料】
鲜活大河虾1 000g。
【调料】
龙井新茶茶叶1g、小葱2g、黄酒15mL、精盐3g、味精2.5g、鸡蛋清1个、湿淀粉40g、色拉油1 000mL。
【制作方法】
(1)将河虾放入冰箱直至冻死,然后去壳,挤出虾肉,用清水反复搅洗至虾仁洁白;沥去水,并用干净毛巾吸干虾仁的水分,再将其放入碗中,加精盐和鸡蛋清搅拌至黏稠,然后加湿淀粉、味精拌匀,最好再冷藏1小时,使浆粉稳定。
(2)炒锅置中火上,滑锅后加油,加热至120℃时,倒入虾仁并迅速用筷子滑散,至虾仁呈玉白色时,捞出沥净油。
(3)取茶杯一只,放进龙井新茶茶叶,用沸水沏泡,1分钟后,滗去部分茶汁,剩下茶叶和余汁留用。
(4)炒锅内留底油,用小葱炝锅,放入虾仁、茶叶及余汁,加入黄酒,将虾仁颠翻数下装盘。
【说明】
(1)使用的湿淀粉要沉淀后滗去清水;
(2)在虾仁上撒鲜茶嫩叶效果更好。
【成菜特点】
洁白鲜美,清香滑嫩。

(三)油焖春笋

【主料】

生净嫩春笋肉 500g。

【调料】

酱油 50mL、白糖 40g、麻油 15mL、熟菜油 75mL、味精 1.5g。

【制法方法】

(1) 将春笋洗净,对剖开,用刀拍松,切成 5cm 长的段。

(2) 炒锅置中火上,下熟菜油加热至五成热时,将春笋下锅煸炒 2 分钟,待春笋的颜色微黄色时,加入酱油、白糖和 100mL 水,小火加热至汤汁收浓,最后放入味精(也可不放),淋上麻油即成。

【说明】

(1) 宜选用初春自然冒尖的嫩春笋,迟笋或欠新鲜的笋涩味重、口感差。

(2) 拍笋的力度不宜太重,防止因笋嫩而破碎,最好使笋身裂而不碎。

【成菜特点】

多油重糖,色泽红亮,鲜嫩爽口,甜咸适宜。

(四)火腿蚕豆

【主料】

熟火腿中峰 75g、鲜嫩蚕豆 500g。

【调料】

白糖 5g、精盐 2.5g、味精 2.5g、清汤 100mL、湿淀粉 10g、熟鸡油 10g、熟猪油 25g。

【制作方法】

(1) 蚕豆除去豆眉,冷水冲洗,在沸水锅中略焯。

(2) 熟火腿切成 3mm×10mm×10mm 的片状。

(3) 炒锅置中火上,下熟猪油,放入蚕豆,煸炒 10 秒,立即放入清汤、白糖和精盐,加热 1 分钟,加味精,用湿淀粉勾薄芡,淋上熟鸡油即成。

【成菜特点】

红绿相间,清爽鲜嫩。

(五)西湖莼菜汤

【主料】

鲜莼菜 150g、熟火腿 25g、熟鸡脯肉 50g。

【调料】

精盐 2.5g、味精 2.5g、清汤 350mL、熟鸡油 10g。

【制作方法】

(1) 炒锅置旺火上,舀入清水 500mL 煮沸,放入莼菜氽一下,捞出沥去水,盛入汤碗中。

(2) 熟鸡脯肉、熟火腿均切成 6mm 长的丝。

(3) 置锅一只，加入清汤、精盐、味精烧沸，然后浇在莼菜上。
(4) 在汤碗中放上熟鸡脯丝、熟火腿丝，淋上熟鸡油即成。

【成菜特点】

红绿相间，清爽鲜嫩。

二、六菜一汤

具有杭州风味的"六菜一汤"包括：三鲜海参、生煎虾饼、蟹酿橙、百合豌豆、干炸响铃、蒜泥秋葵和鱼头浓汤。

(一) 三鲜海参

【主料】

水发刺参 300g。

【配料】

熟火腿 25g、鸡脯肉 50g、浆河虾仁 50g、绿色蔬菜 15g。

【调料】

葱段 5g、鸡蛋清 0.5 个、黄酒 15mL、精盐 3 克、味精 3g、清汤 250mL、湿淀粉 20g、熟猪油 15g、熟鸡油各 15g、色拉油 250mL（约耗 50mL）。

【制作方法】

(1) 鸡脯肉切片，加入蛋清、精盐拌匀入味，用湿淀粉上浆。熟火腿切片。
(2) 将刺参剖开洗净，片成长 5cm、宽 2cm 的片，在沸水锅中氽一下。
(3) 炒锅置旺火上，下熟猪油加热至 110℃，放入虾仁、鸡肉片划散，呈玉白色时，倒入漏勺沥去油。
(4) 炒锅留底油，投入葱段煸出香味，加入黄酒、清汤，拿掉葱段，放入刺参片，汤沸后撇去浮沫，加味精并用剩余湿淀粉勾薄芡。放入鸡肉片、虾仁、熟火腿片，沸后以绿色蔬菜点缀，淋上熟鸡油，出锅装盘。

【成菜特点】

口感软糯，营养丰富。

(二) 生煎虾饼

生煎虾饼的制作工艺详见第 164 页。

(三) 蟹酿橙

【主料】

湖蟹 1 500g、鲜橙 10 只。

【辅料】杭白菊 10 朵、玻璃纸 10 小张、丝带 10 根。

【调料】

玫瑰米醋 20mL、香雪酒 20mL、姜末 15g、熟猪油 25g、精盐 2g、白糖 5g、湿淀粉 20g。

【制作方法】

(1) 将鲜橙洗净，顶端用半圆刻刀切开上盖，用利刀取出橙肉取其汁，待用。

(2) 将湖蟹煮熟，取蟹粉（约500g）待用。

(3) 炒锅置中火上，下熟猪油，待油温六成热时投入姜末、蟹粉稍炒，倒入甜橙汁，加白糖、香雪酒和醋，用湿淀粉勾芡，淋上芝麻油，出锅装入鲜橙盒中，再盖上橙盖。

(4) 取玻璃纸1张，鲜橙排放其上，放入杭白菊，滴入香雪酒、米醋，逐只包裹，扎上丝带，上笼用旺火蒸5~10分钟即可。

【说明】

做橙盒时要在内壁留有橙肉，既可增香，又可使橙皮的苦味不渗入蟹肉之中。

【成菜特点】

形状精巧，酸甜鲜醇，"六香"（酒香、菊香、橙香、姜香、醋香、蟹油香）合一。

(四) 百合豌豆

【原料】

百合80g、嫩豌豆肉300g。

【调料】

调和油50mL、精盐10g、鸡精3g、芝麻油3mL、湿淀粉10g。

【制作方法】

(1) 百合去根洗净，豌豆洗净。

(2) 置锅加水，放入精盐、调和油，加热至沸腾后，放入百合、豌豆焯水，然后捞出过凉水备用。

(3) 油锅置中火上，放入百合、豌豆，加精盐翻炒，再加少许汤水，然后加鸡精，淋上芝麻油，出锅装盘。

【成菜特点】

色泽嫩绿，清香鲜美。

(五) 干炸响铃

【主料】

猪里脊肉50g、泗乡豆腐皮5张

【调料】

精盐0.5g、黄酒2mL、味精1g、鸡蛋黄1个、甜面酱50g、葱白段10g、花椒盐5g、熟菜油750mL（约耗90mL）。

【制作方法】

(1) 将里脊肉去净筋腱后剁成肉泥，加入精盐、黄酒、味精和蛋黄，拌成肉馅，分成5份。

(2) 豆腐皮润潮后去边筋，修切成长方形。先取豆腐皮1张摊平，再取肉馅1份放在豆腐皮上，用刀口（或竹片）将肉馅在豆腐皮上摊成薄薄的一层，然后放上切下的碎豆腐皮（边筋不用），卷成筒状（卷合处蘸上蛋清使之粘牢）。按以上做法共做出 5 个腐皮卷，再将其切成数个 3.5cm 长的段，直立放置。

（3）油锅置中火上，加热至三四成热时，将腐皮卷放入油锅中，用手勺不断翻动，炸至黄亮松脆后用漏勺捞出沥去油，装入盘内即成。上席随带甜面酱、葱白段、花椒盐蘸食。

【成菜特点】

色泽黄亮，鲜香味美，里外松脆。

(六) 蒜泥秋葵

【主料】

秋葵 350g、猪肉末 30g。

【调料】

精盐 2g、葱结 10g、蒜泥 10g、味精 1g、酱油 3mL、白糖 1g、鸡汤 150mL、熟猪油 25g、熟鸡油 25g。

【制作方法】

（1）将秋葵洗净，削去蒂，切成斜段。

（2）炒锅置旺火上，加清水 1 000mL、熟猪油烧沸，将秋葵段放入水中烫一下捞出，沥干水分。

（3）炒锅置旺火上烧热，下熟猪油加热至油温六成热时，放入葱结，煸出香味后夹出葱结，下猪肉末、蒜泥、酱油，倒入鸡汤烧沸片刻，加味精、白糖，淋入熟鸡油，起锅、装盘。

【成菜特点】

油绿诱人，鲜嫩爽口。

(七) 鱼头浓汤

鱼头浓汤的制作工艺详见第 127 页。

12.2 宴席菜肴制作项目实训

宴席是人们因习俗和社交礼仪的需要而举行的饮宴聚会，是社交与饮食相结合的一种饮食文化。

宴席一般按原料构成可分为海鲜宴、山珍宴、全羊宴、素宴等，按菜式内容可分为江南宴、川味宴、仿膳宴、仿宋宴、红楼宴等。

一、商务宴席菜肴

商务宴席菜单中，通常包括"西湖八冷碟""一品海鲜盅""北极带鹅肝""美极大对虾""广式笋壳斑""内蒙古烤羊排""阳澄大闸蟹""花雕竹林鸡""蒜泥大连鲍""火腿豌豆丁""杭式炒双冬""原味西阳菜""虾爆鳝鱼面"和时令鲜水果等。本书介绍其中三款的制作工艺。

(一)阳澄大闸蟹

【主料】

阳澄大闸蟹。

【调料】

姜末 20g、浙醋 30mL、白糖 3g。

【制作方法】

(1) 姜末加醋、糖调和。

(2) 大闸蟹洗净。

(3) 制熟。

① 清蒸：用麻绳将蟹逐只捆绑，背朝下排列于盘中，上笼蒸制6～8分钟。

② 水煮：将蟹放入锅内，加冷水至淹没蟹身，加热至水沸，沸后再煮5～6分钟。

(4) 蟹熟后起锅，解绳后排列于盘中，上桌时随带醋碟。

【说明】

捆绑和冷水煮都是防止蟹受热后挣扎，导致蟹腿脱落。

【成菜特点】

色红诱人，嫩滑味鲜。

【杂谈】

每年的深秋初冬是大闸蟹最为肥美的黄金季节。俗语说"九月团脐十月尖"，农历九月雌蟹黄满肉厚，十月雄蟹膏足脂醇，这时品蟹是一种美的享受。

(二)蒜泥大连鲍

【主料】

鲍鱼1只。

【配料】

红椒半只、白果20粒。

【调料】

蒜末 20g、姜末 5g、葱 5g、味极鲜酱油 30mL、橄榄油 10mL、白糖 3g、豆豉酱 10g、鸡精 3g、黄酒 5mL、湿淀粉 10g。

【制作方法】

(1) 将鲍鱼肉从鲍壳中剥下，去掉黑色的沙包，加盐搓洗一下，洗净后切成片。

(2) 鲍鱼壳用刷子里外刷洗干净，再用沸水烫一下。

(3) 红椒切粒，白果用微波烤熟剥壳取肉，葱白切末，葱绿切丝。

(4) 锅内加橄榄油，用小火将蒜末略炒，见黄后加入姜末、葱白末、红椒粒、姜末、黄酒、味极鲜酱油、豆豉酱、白糖和水，试味后加鸡精，用湿淀粉勾薄芡。

(5) 另起锅将鲍鱼片用沸水略氽，沥净水，和白果一起倒入厚汁之中颠拌出锅，盛入鲍鱼壳中，上撒葱丝即可。

【说明】

鲍鱼片要用沸水快速氽烫，以防鲍鱼片口感偏老。

【成菜特点】

蒜香浓郁，鲍肉脆嫩。

(三) 杭式炒双冬

【主料】

冬笋 500g、冬腌菜 200g。

【配料】

红椒 50g。

【调料】

精盐 3g、白糖 2g、鸡精 3g、高汤 100mL、调和油 50mL。

【制作方法】

(1) 冬笋剥壳煮熟，冬腌菜洗净。

(2) 冬笋切成 15mm×15mm×50mm 的条，冬腌菜和红椒切条（应略小于冬笋条）。

(3) 炒锅置旺火上，加调和油，将冬笋条用小火加热至成熟，再加入腌菜条、红椒条一起煸炒，加高汤和精盐加热 1~2 分钟，加白糖、鸡精后起锅。

【说明】

根据冬腌菜的咸度确定投盐的量。

【成菜特点】

色泽清雅，脆爽鲜香。

【杂谈】

"冬菇炒冬笋"在江浙沪一带也称为"炒双冬"或"炒二冬"，其特点是卤汁稠浓、香鲜清口。

二、全素宴席菜单

全素宴席菜单中，一般包括冷盘如"天竺素碟"，热菜如"莲蓬献佛""百灵经卷""天王琵琶"和"罗汉素斋"，甜点如"金粟供佛"和"大馍无边"，以及汤品如"慈航普度"等。本书介绍其中两款的制作工艺。

(一) 罗汉素斋

【主料】

小玉米 10 根、草菇 10 颗、小香菇 10 颗、水发黑木耳 20g、鲜蘑 5 颗、白果 10 粒、冬笋肉 50g、鲜莲子 20 颗、螺丝菜 10 颗、香干 3 块、豆腐皮 2 贴、烤麸 60g、素鸡 100g、青豆 50g、青菜梗 100g、荸荠肉 5 粒、金针菜 50g、红椒 50g。

【配料】

生姜片 10g。

【调料】

味极鲜酱油 15mL、白糖 3g、精盐 3g、芝麻油 5mL、味精 2g、调和油 100mL、

湿淀粉 10g。

【制作方法】

（1）豆腐皮卷紧上笼略蒸，出笼切成金钱状，入温油锅炸黄；烤麸撕成小块用油炸制，素鸡切厚片后炸至起泡。

（2）香干切成剪刀块，冬笋肉切厚片，青菜梗切成长条，荸荠肉和鲜蘑对切，红椒切成三角形，与剩余主料一起用沸水焯熟。

（3）锅置火上，加油后放入生姜片，略煸出香味后去除；倒入上述焯熟的主料，加清水、味极鲜酱油、白糖、精盐、味精，用湿淀粉勾芡，淋入芝麻油后起锅。

【说明】

此菜肴因使用了 18 种原料，故名"（十八）罗汉"。在进行刀工处理时，最好使各种原料形状各异。

【成菜特点】

选料多样，味香柔软、老幼皆宜。

（二）莲蓬献佛

【主料】

山药 200g、莼菜 200g。

【配料】

鲜蘑菇 4 只、黄花菜 10g、油豆腐 4 只、胡萝卜 20g、冬笋 20g、青豆 20g、鸡蛋清 1 个、姜末 10g。

【调料】

味极鲜酱油 3mL、鸡精 3g、精盐 5g、干淀粉 20g、湿淀粉 20g、素汤 200mL、调和油 50mL。

【制作方法】

（1）将鲜蘑菇、黄花菜、油豆腐、胡萝卜、冬笋切成粒。

（2）炒锅置中火上，投入蘑菇粒、黄花菜粒、油豆腐粒、胡萝卜粒和冬笋粒，加入姜末一起煸炒，加味极鲜酱油和鸡精调味，加少许湿淀粉勾厚芡制成馅料。青豆煮熟后用冷水冲凉。

（3）将山药煮熟，剥皮后打成泥，加精盐、干淀粉、鸡蛋清搅拌上劲。

（4）取小碗数只，碗内涂油少许，每只碗内放入一圈山药泥，中间填上馅料，上面再盖上山药泥，抹平，嵌入青豆呈莲蓬状，放上笼屉内用微气蒸熟。

（5）置锅加热水，将莼菜余水后，加素汤煮沸，用精盐调味后用湿淀粉勾芡，再将莲蓬状山药从小碗中取出，逐个放入莼菜羹中即可。

【说明】

山药因品种不同，煮熟后干湿有异，可适当用水芡调整。山药也可以换成豆腐，亦精美可口。

【成菜特点】

造型美观，莼菜滑嫩，山药酥糯。

三、分食制宴席菜单

分食制是高端宴会的就餐形式，每人一碟按位上菜。自中华人民共和国成立以来，在重大宴会中开始推行分食制，改革开放后，分食制逐步在民间流行。分食制既能保持高端宴会的规格，又能体现现代派菜肴的装盘风格。此外，分食制还能削减菜肴的道数，减少浪费，符合现代的消费观念；同时分食能避免某些疾病的传播，适应现代人的卫生要求。

例如，在一道分食制宴席的菜单中，冷盘有"西湖风味冷碟"，甜点有"小餐包拼鲜果"，热菜有"明炉海皇炖鱼翅""芝士澳芒焗对虾""红烧野生大黄鱼"和"皇品牛排拼时蔬"，点心有"上汤阳春玉米面"和"核桃塔拼芝麻饼"，茶水有"太极茶道乐品鉴"，等等。

分食制宴席的菜单道数通常比普通宴会的道数要少，并增加了茶道表演和品尝环节。

12.3 宴会菜单设计原则

宴会一般按规格可分为国宴、正式宴、便宴、家宴，按餐型可分为中餐宴会、西餐宴会、西式酒会和自助餐会，按时间可分为早宴、午宴和晚宴，按主题可分为婚礼宴会、纪念宴会、商务宴会和庆典宴会等。

宴会的菜品要依据宴席主题进行设计，使菜肴和主题相扣，不仅要与宴会菜肴的出菜规律和厨房的生产及餐厅服务能力相匹配，而且要符合宴会的礼仪和习俗，回避民间的禁忌。

宴会菜品的设计一般遵循以下原则。

一、顺应习惯，按序上菜

宴会上菜讲究顺序，一般为先冷后热、先荤后素、先干后汤、先菜后点、先甜后咸（某些地方习惯）等。常见顺序有以下三种：

（1）冷菜—羹盅类—鱼虾类—炸烤类—贝甲类—炒熘类—炖肉类—蔬菜类—汤锅类—甜（咸）点—水果。

（2）拼盘—海鲜类—炒熘类—炸烤类—清蒸类—煲仔类—蔬菜类—主食—甜点—水果。

（3）冷菜—炖品—海鲜—炸烤菜—爆炒菜—蔬菜—汤菜—点心、主食—水果。

现在有些餐厅也有把水果、杂粮作为首道菜点。

二、口味各异，搭配讲究

宴会要求菜肴荤素合理搭配，口味花色各异，形成一桌色香俱佳、膳食平衡的科学与艺术统一的美味。宴会菜品不仅要选择多样的原料平衡膳食，还要选用不同的工艺、烹调方法和调味料，使整桌菜达到嫩、软、脆、滑、爽、酥、焦等多样口感，片、丁、丝、条、球、块形状各一。

制作菜肴时，主要考虑的是主料选用不重复，荤素料搭配合理，甜酸口味各采用一次，烹调手法各不相同，成品色泽先后穿插等。

三、寓意吉祥，护佑祈福

宴会菜肴的命名应尽量选用吉祥用语，在编排菜单时就要根据宴会的性质设计菜肴，使菜肴实名和吉祥寓意之名相匹配。例如，在婚宴中采用"百年好合""白头偕老"等和谐美满的祝福词汇，在寿宴中采用"福如东海""寿比南山"等祈福健康长寿之语，在谢师宴中采用"含辛茹苦""桃李满天下"等尊师重教的感恩词句，在商务宴中采用"一帆风顺""鹤鸣九皋"等祝福事业成功的词句。

四、配比合理，数字吉利

宴会每桌的菜肴数量应适中。菜肴的道数太多则不能在既定时间完成出菜，影响宴会的整体质量；单盘菜肴的分量太大则造成浪费，并且压低整桌菜肴的质量，太少则导致宾客不能饱腹，给主办者造成不良影响。一般冷碟、热菜和点心的配比：普通团队餐为1∶8.5∶0.5，中等宴席为1.5∶7.5∶1，高档宴席为2∶6.5∶1.5。

婚宴菜肴数目多为双数，丧宴菜肴数目则为单数。

五、尊重风俗，顾及禁忌

编排菜单时要尊重当地的传统习俗。例如，浙江杭州年宴中原料必须有鸡，象征吉祥喜庆；必须有鱼，象征年年有余；必须有黄豆芽，象征如意。婚宴中一般要有以红枣、花生、桂圆、莲子作原料制成的甜羹，祝福新人甜甜蜜蜜、早生贵子。一般在婚宴中不上梨（离）、龟（王八）等原料，不上"双龙戏珠""蒜蓉带子"等菜肴。

六、控制节奏，井然有序

为了保证宴会菜肴的质量，要恰到好处地掌握上菜的速度。冷盘在开宴前预先摆放，为了不使冷菜被空调的风吹干，建议加盖透明罩。热菜的上菜时间间隔应控制在5～8分钟，也有酒店按既定的宴会时间除以菜肴只数，调整上菜间隔时间的。

一般做到"先快—中慢—后稍快"的节奏，特别是控制好第一道菜肴的上席时间，同时观察宾客活动和进餐情况，及时调整上菜速度。

宴会菜单示例

1. 普通婚宴菜单

八仙贺喜碟、鱼翅海鲜盅、葱油大龙虾、上汤象拔蚌、广式笋壳斑、荷香蒸元鱼、火腿炖老鸭、美味白鹅肝、阳澄大闸蟹、杭式炒二冬、百合炒西芹、双菇扒菜心、莼菜鱼圆汤、八宝糯米饭、早生贵子羹、时令生鲜果。

2. 寿宴菜单

八仙祝寿风味碟、一帆风顺海鲜盅、源远流长刺身盘、洪福齐天大龙虾、年年有余东星斑、寿比南山烤羊排、福如东海大闸蟹、松鹤长春花雕鸡、春秋不老田园笋、古稀重新小菜心、良辰美景祝寿面、子孙万代芝麻饼、年年有今大寿桃、欢乐团聚生鲜果。

3. 谢师宴菜单

冷拼有春意盎然,热菜有雨露滋润、银装硕果、游刃有余、执着向日、前程似锦、巧夺天工、鹤立鸡群、飘香万里、高风亮节、满园春色,点心有大地回春、生生不息,水果有五彩缤纷。

4. 百花宴菜单

冷碟有群花争艳(三色菊花丝、爽耳虫草花、茶花青瓜蹄、玫瑰色拉卷、金银牛筋冻、西溪野菜花),热菜有杯水情怀(七彩雪鱼羹)、水晶之恋(玫瑰水晶虾)、春花秋月(杭白菊橙香蟹)、香飘千里(茉莉牛肉丝)、出水芙蓉(百合爆螺片)、花开富贵(富贵牡丹鱼)、花坛锦簇(金针菇花蒸排骨)、百花齐放(拔丝香芋)、紫藤花香(紫藤野鸭)、遍地黄花(黄花烩鱼)、含苞待放(茶花鱼丸)、金色情怀(酥炸南瓜花)、翠色欲流(干贝西兰),点心有仙露琼浆(养颜桃胶)、步步生莲(荷花酥香)。

实践体验篇

　　经过课堂理论知识的学习和实训体验，相信大家对烹饪有了初步的认识和了解。但要全面了解烹饪各环节的工作和技能，仅利用课堂时间还远远不够，大家要学会自学，发挥学习的主观能动性，保持学习的连续性，充分利用各种机会和场合汲取有关烹饪的知识。在实践中认识事物，在亲身经历中提高认识，这就是体验。

本篇知识结构图

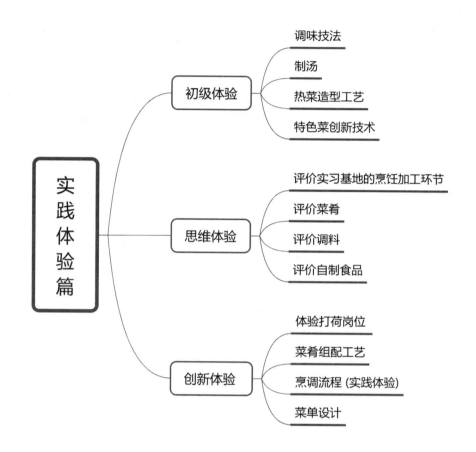

第13章　初级体验

学习目标

- 了解调味、制汤、热菜造型、菜肴创新的基础知识及其意义，并根据实习基地所接触的具体案例记录存档
- 掌握实习基地自制调料的工艺，分析火力大小与汤的品质之间的关系
- 了解菜肴造型美化的作用和意义

本章分自学项目和体验项目。自学项目主要是学习在课堂中没有学到的知识，体验项目是记录实习基地的操作案例，使理论知识结合岗位实训案例，从而加深对知识的理解和记忆。

13.1 调味技法

▶ 微课学习指导

请在学习本节内容前观看微课 13.1.1、13.1.2，对本节重、难点内容进行预习；课后再观看一遍微课，检查自己是否已经掌握本节的所有知识点。

一、自学项目——调味知识

(一) 味和味觉

1. 味

《现代汉语词典》（第7版）对"味"的解释为："物质所具有的能使舌头得到某种味觉的特性。"通俗地讲，味就是食物从看到至进入口腔咀嚼时给人的综合感觉。这种感觉受视觉、嗅觉、触觉、味觉的影响，同时还与人们的饮食习惯、嗜好、健康状况、饥饿程度、心情和环境因素等条件有着密切的关系。

2. 味觉

《现代汉语词典》（第7版）对"味觉"的解释为："舌头与液体或溶解于液体的物质接触时所产生的感觉。"

味觉有心理味觉和生理味觉之分。生理味觉又分为物理味觉和化学味觉。心理味觉是由食品的形态、色泽、光泽决定的，物理味觉是由食品的软硬度、黏度、冷热、咀嚼感和口感决定的，化学味觉则是呈味物质作用于感觉器官的客观反映。

化学味觉有"四原味"（甜、咸、酸、苦）和"五原味"（甜、咸、酸、苦、鲜）之说。一般来说，舌尖对甜味最敏感，舌前部对咸味最敏感，舌两侧对酸味最敏感，舌根周围对苦味和鲜味最敏感，但每个部位又有两种以上的重叠味蕾，如图 13-1 所示。

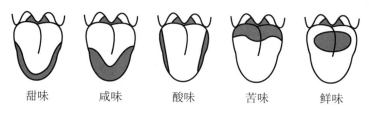

图 13-1 味蕾感受分布图

（二）基本味

基本味是指由一种呈味物质构成的味，或称为单一味。基本味有以下几种。

1. 咸味

咸味是菜肴的主味，有"百味之王"之称。咸味具有提鲜、增甜、去腥解腻的作用。常用的咸味调味品有食盐、酱油等。

2. 甜味

甜味在调味中的作用仅次于咸味，不仅可以单独成菜，而且具有去腥解腻，使辣味变得柔和醇厚的作用。常用的甜味调味品有白砂糖、绵白糖、红糖和蜂蜜等。

3. 酸味

酸味不仅具有去腥解腻的作用，而且酸味调料与黄酒会产生酯化反应，生成具有芳香气味的酯类物质，增加菜肴的香气。常用的酸味调味品有玫瑰醋、镇江香醋、山西熏醋、上海康乐醋等。

4. 辣味

辣其实是一种痛觉，是化学物质（辣椒素、姜酮、姜醇等）刺激细胞，在大脑中形成了类似于灼烧的微量刺激的感觉，不是由味蕾所感受到的味觉，但我们习惯上称其为"辣味"。它能刺激胃肠蠕动，增强食欲，帮助消化，在使用时要注意与咸味、鲜味进行配合，切忌"空辣""干辣"等现象出现。使用辣味要遵循"辛而不辣"的原则。常用的辣味调味品有干辣椒、辣椒酱、胡椒和芥末等。

5. 鲜味

鲜味是人们比较喜欢的一种味道。鲜味可使无味或味淡的原料增加滋味，还具有刺激食欲、抑制异味的作用。鲜味一般有两个来源：一是富含蛋白质的原料在加热过程中分解成低分子的含氮物质（具有鲜味），二是加入鲜味调味品。常用的鲜味调味品有味精、鸡精、卤虾油、蚝油和鱼露等。

6. 苦味

苦味是人们不喜欢的一种味道，但在烹调时加入适量的苦味调味品，可使菜肴形成特殊的风味。同时，苦味还具有去暑解毒、清心去火和去除异味的功效。常用的苦味调味品有陈皮、苦杏仁、茶叶等。

7. 香味

香味的实质不是一种味道，而是一种气体，烹饪行业习惯上将香气称作香味。香味主要来源于含有呈香味物质的各种香料，如豆蔻、肉桂、丁香、小茴香、百里香、洋苏叶、月桂等。香味不仅可以使菜肴增香、增味，还具有消食除胀、去寒健胃、解温活血等功效。

另外，在四川等地也把麻作为一种味，其他各种水果香精也可作为香味调味品的一种，广泛运用于食品行业。

(三)复合味

复合味就是由两种以上基本味调和而成的一种新的滋味。复合味的种类很多,常用的复合味主要有以下几种。

1. 咸甜味

咸甜味主要由咸味、甜味和鲜味调和而成,重点突出咸中带甜、鲜香可口的特点。常用的调味品有腐乳汁、黄酱和面酱等。

2. 酸甜味

酸甜味主要由甜味、酸味和少量咸味调和而成,重点突出甜中带酸、咸中溢香的特点。常用调味品有番茄酱、果酱、水果汁等。

3. 咸鲜味

咸鲜味主要由咸味和鲜味调和而成,重点突出咸中带鲜、清淡爽口的特点。常用的调味品有卤虾油、特色酱油等。

4. 咸辣味

咸辣味主要由辣味、咸味和鲜味调和而成,重点突出辣中带咸、咸而鲜香的特点。常用的调味品有辣酱油、辣酱等。

5. 香辣味

香辣味主要由辣味、咸味和鲜味调和而成,重点突出辣而咸鲜、香而浓郁的特点。常用的调味品有咖喱粉、香辣粉等。

6. 酸辣味

酸辣味主要由酸味、辣味、咸味和鲜味调和而成,重点突出酸辣咸鲜、食而不腻的特点。酸辣味的调味品常用米醋、胡椒粉或辣椒油等调制而成。

7. 香咸味

香咸味主要由香味、咸味和鲜味调和而成,重点突出特殊香味的特点。香咸味的调味品常用椒盐、花生酱、芝麻酱等调制而成。

8. 麻辣味

麻辣味主要由麻味、辣味、香味、咸味和鲜味调和而成,重点突出麻、辣、鲜、咸、香的特点,并有刺激食欲的作用。麻辣味的调味品常用花椒、泡椒、郫县豆瓣等调制而成。

9. 怪味

怪味主要由咸味、甜味、辣味、麻味、鲜味和香料调和而成,重点突出各味融合后的特点,并有刺激食欲的作用。怪味的调味品常用精盐、酱油、白糖、芝麻酱、红油、花椒末等调制而成。

知识链接

复合调味品的制作

在烹调过程中使用单一的或经加工复制的现成的调味品,往往不能满足生产的需要。因此,厨师们常常根据生产的需要自行加工一些复合调味品,以此保证菜肴的滋味或菜肴的特色。

1. 椒盐

【配方】花椒500g、精盐1.5kg。

【制作方法】

(1) 将花椒的梗和籽去掉,放入锅中用小火炒至焦黄色,取出研磨成细末。

(2) 将精盐放入锅中炒到盐粒呈浅黄色。

(3) 将花椒末与精盐拌和均匀,即为椒盐。

2. 芥末糊

【配方】芥末粉500g、温开水375mL、米醋250mL、植物油125mL、白糖15g。

【制作方法】

(1) 将芥末粉加温开水和米醋拌和,再加入植物油和白糖搅拌成稀糊状。

(2) 将芥末糊静置于温度30~40℃的地方2~3个小时,去除苦味;如果急用,可蒸数分钟。

3. 香糟卤

【配方】香糟500g、黄酒2 000mL、白糖250g、精盐150g、糖桂花5g。

【制作方法】

(1) 将香糟用黄酒浸泡回软,加入白糖、精盐和糖桂花搅拌均匀。

(2) 将香糟糊静置12小时,使糟内的物质充分溶解,再用纱布将其过滤,即为糟卤。如需长期保存,可将香糟卤加热后再用纱布过滤,然后进行封存。

4. 咖喱油

【配方】咖喱粉750g、花生油500mL、洋葱末250g、姜末250g、蒜泥25g、香叶末25g、辣椒粉和胡椒粉少许。

【制作方法】

(1) 锅中放入花生油烧热,投入洋葱末、姜末,煸炒至深黄色。

(2) 加入蒜泥、咖喱粉,炒透后加入香叶末、辣椒粉和胡椒粉,即成为香辣可口且无药味的咖喱油。

(四)调味的意义

调味在烹调技术中处于关键地位,是决定菜肴风味、滋味和质量的关键因素之一。调味通常与加热相配合,在烹制的不同阶段(加热前、中、后)进行,从而制成美味佳肴。

1. 除异解腻

有些烹饪原料具有臭、腥、臊、膻等不良气味和油腻感,不同程度地影响着人们的食欲。通过调味，可使上述不良气味减弱甚至去除，使其符合人们食用的要求。例如，烹调时所使用的葱、姜、蒜、胡椒、花椒、米醋和黄酒等，都具有抑制异味和减轻油腻的作用，有些还可增加香味，从而更加符合人们的食用要求。

2. 确定菜肴的味道

菜肴的滋味主要是靠调味确定的，调味是形成菜肴口味多样化的重要手段。有些原料本身含有一定的味道或味的前体物质，经过加热就会呈现出来。但是，这些味道仍不能满足人们的口味要求，必须增加滋味或调和滋味，才能形成菜肴的味道。例如，豆腐、粉丝等原料，必须增加滋味才能变得鲜美可口；鸡肉、猪肉等动物类原料，虽然都带有鲜味，但必须调和滋味才能变得芳香可口。由于调味品的种类不同，使用量也不同，从而形成了不同的滋味或味型。

3. 增加菜肴的色泽

菜肴的色泽是菜肴的属性之一。一道色彩和谐的菜肴，不仅能刺激人的食欲，而且会影响人的味觉。在烹调过程中，可借助有色调味品和加热过程中调味品与其他物质发生的呈色反应，增加菜肴的色泽。例如，调味时加入糖，可与动物类原料中的氨基酸和蛋白质在适当条件下产生美拉德反应，使菜肴上色。又如，牛奶、精盐等可使鱼片、鸡片等动物类原料成熟后色泽洁白；咖喱粉、腐乳汁等调味品可使菜肴形成金黄色、玫瑰红色，从而达到菜肴五彩缤纷的目的。

二、体验项目——了解基地使用的调料

市场上调料的品种很多，烹饪工作者应该充分了解调料的品种，才能灵活运用调料，增加菜肴风味、改良菜肴、创新菜肴。作为一名初学者，我们应对实习岗位上使用的调料加以了解，并掌握运用。

（一）常规调料

请你将在实习岗位上使用的常规调料的相关信息填入表13-1中。

表13-1　常规调料的相关信息

类　别	名　称	品　牌	常用于什么菜肴
油类	麻油		
	调和油		
	橄榄油		
	色拉油		
	猪油		
	辣酱油		
	花生油		
	菜籽油		
	茶油		

续表

类　　别	名　　称	品　　牌	常用于什么菜肴
盐类	普通盐		
	碘盐		
	低钠盐		
	花椒盐		
酱油类	烹调酱油		
	佐餐酱油		
	老抽		
	生抽		
	调味酱油		
醋类	白醋		
	醋精		
	米醋		
	陈醋		
糖类	白砂糖		
	绵白糖		
	糖粉		
	红糖		
	赤砂糖		
	蜂蜜		
	冰糖		
	果糖		
	葡萄糖		
	饴糖		

（二）复合味调料

请将你在实习岗位上了解到的复合味调料的相关信息填入表 13-2 中。

表 13-2　复合味调料的相关信息

名　称	品　牌	常用于什么菜肴

（三）自制调料

请你将在实习岗位上收集到的自制调料的相关信息记录在表 13-3 中（学生可自行设计或复印类似表格，记录其他调料案例）。

表 13-3　自制调料的相关信息

名　称		用　途	
使用原料			
制作方法			
估算成本（元/500g）		常规制作人（岗位、职务）	

思考题：自制调料与从市场上采购的同类产品有什么区别？

13.2 制　　汤

▶ 微课学习指导

请在学习本节内容前观看微课 13.2，对本节重、难点内容进行预习；课后再观看一遍微课，检查自己是否已经掌握本节的所有知识点。

一、自学项目——制汤技法

俗话说："战士的枪，厨师的汤。""厨师的汤，唱戏的腔。"汤是厨师烹制菜肴不可缺少的辅料。制汤工艺在烹饪实践中历来都很受重视，无论是高档原料还是普通原料，厨师都要用预先制好的汤加以调制，以增加菜肴的醇香和鲜味。

(一) 制汤的作用

"汤"在烹调中有两个含义：一是指汤菜；二是指含有一定鲜味的"水"，又称"鲜汤"。鲜汤是烹调中不可缺少的辅助性原料。制汤又称吊汤、炖汤，就是将含有鲜味成分的烹饪原料，放入水锅中加热，使其鲜味成分充分溶解在水中，成为鲜醇的汤水的过程。

1. 为菜肴提供汤汁

在制作菜肴的过程中，往往需要增添鲜汤。其目的：一是促使原料在短时间内成熟，并获得鲜味或融合新的滋味；二是便于菜肴勾芡，使鲜味成分均匀地包裹在原料表面，达到菜肴所要求的标准。例如，红烧鲫鱼这道菜肴，添加鲜汤可促使鲫鱼快速成熟，鱼肉更加鲜美；勾芡后可使汤汁黏稠，并均匀地包裹在鱼体表面，使成品滋味浓厚、色泽明亮。

2. 是汤类菜肴主要的辅助原料

汤类菜肴除了主料外，其辅助性原料就是汤。因为用单一的主料烹制的汤达不到醇厚鲜美的味道，就要添加另外特制的汤，以丰富和增添菜点的滋味。例如，奶汤蒲菜，增加了鲜汤后，不仅改变了色泽，而且增加了鲜味，提升了菜肴的品质。

3. 为无味的烹饪原料增加鲜味

在烹制干货原料的菜肴时，鲜汤更是不可缺少的。因为干货原料经过较长时间的涨发，原料内部的鲜味成分基本消失。所以，必须用鲜汤补充或增加干货原料的鲜味，使其达到味美可口的要求。例如，黄焖鱼翅这道菜肴，鱼翅用高汤蒸煨 3 天，中间换高汤两三次，这样处理不仅鱼翅柔润入味，而且滋味也更加鲜美可口。

(二) 汤的种类

汤由于其原料不同、煨制的火候和时间不同，呈现的色泽、浓度、鲜味也各不相同。因此，在烹饪行业，汤的种类有很多：按原料性质划分，有荤汤（如鸡汤、猪骨汤）和素汤（如豆芽汤、香菇汤）两大类；按汤的味型划分，有单一味汤（如鸡汤）和复合味汤（如高汤）两大类；按汤的色泽划分，有清汤和浓白汤两大类；按制汤的工艺划分，有单吊汤（一次性制作的汤）、双吊汤（在单吊汤的基础上添加原料，二次制作的汤）和三吊汤（在双吊汤的基础上添加原料，三次制作的汤）三大类。

汤的种类虽然很多，但它们之间并不是完全独立的，相互之间存在着一定的联系。

（三）汤的制作方法

制汤的方法并不复杂，就是选用鲜香味美、营养丰富的原料，入水锅加热，经过较长时间的煮制，再根据需要采取一定工艺方法，取其精华而形成香浓味美的鲜汤。下面介绍几种汤的具体制作方法：

1. 清汤

清汤又称为上汤，具有口味鲜醇、汤汁澄清的特点。制汤原料一般为老母鸡，也可使用老母鸡与瘦猪肉，或鸡骨架、猪骨头同煮，另加小葱、生姜、黄酒除去腥臊异味。其制作流程如图13-2所示。

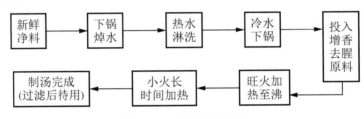

图13-2　清汤制作流程

（1）制作方法

将老母鸡2 500g、猪骨头1 500g、蹄膀1 500g等原料刮洗干净后，放入冷水（15 000mL）锅内旺火煮制，开锅后撇去浮沫，捞出后用热水淋洗，清洗干净后放回冷水锅内，加入有增香去腥作用的原料，用旺火加热至沸，再改用小火长时间加热。待鸡体内的可溶性成分充分析出，汤汁即成。

清汤在制作过程中可以加入黄酒、葱、姜增鲜增香，重要的是不能先加盐，这样会阻碍可溶性成分的析出。此外，应掌握好火候，保持汤微开，使汤色呈现透明状。

（2）制作要点

① 冷水下锅逐渐加热。

② 不宜中途加水。

③ 采用小火加热。

（3）清汤的应用范围

清汤的应用范围很广，凡是带有汤汁的菜肴，除纯甜味的菜品之外基本都可以使用清汤。例如，炒、熘、烹、爆、烧、焖、扒、炖、煮、氽、烩等工艺制作的菜肴，都会使用到清汤。

2. 白汤

白汤可分为一般白汤和浓白汤（又称高级奶汤），它具有浓醇鲜美、色泽乳白的特点。

（1）制作方法

将老母鸡1 500g、鸭子1 500g、猪骨头5 000g、鸡骨架1 500g、猪蹄1 000g洗净，放入冷水（17 500mL）锅内旺火煮制，水沸后撇去浮沫，改用中火长时间加热（2~3小时），待汤汁呈乳白色稠浓时即成。

白汤在制作过程中，可以加入增鲜香的调料，如黄酒、葱、姜等，但使用量不宜过多，否则会影响白汤的香味和色泽。由于此时的白汤色泽乳白、具有一定的黏稠度，故又称浓白汤或高级奶汤。制作一般白汤，可将制作浓白汤后剩余的原料加水继续煮制2~3小时，待汤汁呈浅乳白色即为一般白汤。

（2）制作要点

① 选用富含胶原蛋白和脂肪的动物类原料，如带皮的鸡、鸭、蹄膀、猪骨头、鸡骨架等。

② 采用大火加热，保持汤汁沸腾。

（3）白汤的应用范围

白汤的应用范围不如清汤广，主要用于红色菜肴的调味提鲜和部分带汤菜肴的制作，如奶汤蒲菜、奶汤鲫鱼、奶汤鱼翅等。

3. 素汤

素汤又称素清汤，是素食风味常用的汤，具有味鲜香、清淡爽口的特点。

素汤根据原料的使用情况，可分为黄豆鲜汤、黄豆芽鲜汤、口蘑鲜汤、莲子鲜汤、竹笋鲜汤、香菇鲜汤等。下面介绍其中几种的制作方法。

（1）黄豆鲜汤

制作方法：将黄豆去除杂质，用清水洗净，放入大盆中加清水浸泡12小时（春夏用凉水，秋冬用温水）；待黄豆充分膨胀，洗净后放入大汤锅内加水煮制（加水量是原料的5~6倍）；开锅后撇去浮沫，改用小火煮4小时左右，控出汤汁即成。

（2）黄豆芽鲜汤

制作方法：将发好的黄豆芽择去根须，用清水洗净，放入大汤锅中加水煮制（加水量是原料的4~5倍）；开锅后撇去浮沫，改用小火煮制3~4小时，控出汤汁即成。如要白汤，则先把黄豆芽用素油煸炒至八成熟，再加入热水，然后加盖用旺火煮半小时即可。

（3）口蘑鲜汤

制作方法：将干口蘑浸泡回软，去掉蘑菇根部的黑质，洗净后放入大汤锅中；倒入澄清的原汤（浸泡时的水），再加入清水（加水量是原料的3~4倍）烧开，开锅后改用小火煮制3小时左右，控出汤汁即成。有些地区在制作口蘑鲜汤时会加入适量的竹荪共同煮制，其汤汁又称高级素汤或特制素汤。

（4）莲子鲜汤

制作方法：将干莲子浸泡回软（去皮、去芯），洗净后放入大汤锅中，加入清水

（加水量是原料的 5～6 倍）烧开，开锅后用小火煮制 3～4 小时，控出汤汁即成。

4. 吊汤

吊汤是制汤中的一个重要环节，是制作高档菜肴不可缺少的程序之一。如清汤燕菜、高汤白菜等，都需要一些鲜味足、汤清如水的鲜汤来辅助。因此，汤的好坏将直接影响到菜肴的滋味和色泽。这种鲜汤在烹饪行业称为高级清汤、上汤或高汤，将制作高级清汤的方法称为吊汤。

在制作一般清汤时，原料的组织不可避免地会脱落在汤水中，从而使清汤具有一定的浑浊度。吊汤，一是可以增加汤味的鲜度，二是可以去除这些脱落组织。

（1）具体操作

先将一般清汤晾凉，加入鸡蓉（稀的糊状），将汤锅移火上，用手勺搅动使清汤旋转。随着温度的升高，汤中的鸡蓉会逐渐凝固，再保持汤微开 10 分钟，然后捞出悬浮在汤面上的残渣弃之，将汤进行过滤，即为"单吊汤"。经过两次鸡蓉吊汤的一般清汤称为"双吊汤"。经过三次鸡蓉吊汤的一般清汤称为"三吊汤"。

（2）制作要点

① 鸡肉去皮、浸泡。因为鸡皮有较多的皮下脂肪，若将鸡皮斩于鸡蓉中，会导致汤汁变得浑浊。浸泡鸡肉可以去除鸡肉内的血水和一部分异味，可以提高清汤的澄清度和鲜味。

② 必须使用小火。吊汤用的鸡腿蓉、鸡脯蓉带有一部分脂肪，而脂肪是形成乳浊液的必要条件之一，如果用旺火加热，就会为脂肪的乳化提供条件，影响汤的澄清度。另外，小火加热有利于鸡蓉中呈味物质的充分析出，从而提高汤的鲜味。

（四）制汤的关键

1. 原料的品质

选用新鲜的原料，因新鲜度好的原料呈味物质丰富，腥、膻异味较轻，制作时能产生动物固有的芳香味，提高鲜汤的质量。

2. 水的比例

制汤时加水过多，会降低汤水鲜味；加水太少，也不利于原料中的营养物质和风味成分析出。制作清汤，原料与水的比例一般为 1∶（1.5～2）；制作白汤，原料与水的比例一般为 1∶（1.2～1.5）。

3. 火候的大小

制汤时要根据制汤的要求，适当掌握火候。一般制作清汤要求大火烧开、小火煮制（保持微开），避免火力过大，导致汤汁变浑和快速蒸发。制作白汤时要求大火烧开、中小火煮制，保持汤水滚动，促使脂肪乳化，使汤汁变为乳白色。

4. 调味品的投放顺序

制汤时不宜过早加入调味品，特别是盐。过早加盐，会阻碍可溶性成分物质的析出，严重影响汤的鲜味，同时还会导致汤色灰暗。因此，制汤时一般先加葱、姜、黄酒，起到除腥膻异味、增加汤的香味的作用，而盐在成汤后加入。

二、体验项目——制汤案例

学生在实习时要主动学习,自觉地观察和了解实习基地的制汤过程,并与自己所学知识进行对比,加深对制汤的环节和方法的认识。

将你所学到的制汤过程和实践体会记录在表 13-4 中。

表 13-4 制汤案例及实践体会

汤的名称:_____ 实践基地名称:_____
(一)制汤原料
(二)制汤过程
(三)制汤关键
(四)汤的品种和用途

思考题:请你分析一下火力的大小对汤的品质的影响。

13.3 热菜造型工艺

中国菜肴的造型丰富多彩、千姿百态,通过优美的造型,可以表现出菜肴的原料美、技术美、形态美和意趣美。其造型过程贯穿于原料的初步加工、切配、半成品制作、烹调、拼摆装盘等。一般认为,菜肴的精致来源于刀工,菜肴的口味取决于烹调,菜肴的美化依赖于装盘。因此,菜肴的装盘如同产品的包装、演员出场的化妆,是评判菜肴质量的一项重要指标,也是体现厨师精湛厨艺的一个重要方面。

一、自学项目——造型技法

(一)过程造型

1. 利用原料的自然形态造型

利用原料的自然形态造型,即利用整鱼、整虾、整鸡、整鸭,甚至整猪(烤乳猪)、整羊(烤全羊)成熟后的自然形状来造型。这是一种既可体现原料加热后形成的色泽，又可体现原料自然美的方法。

2. 通过刀工处理造型

通过刀工处理造型，即利用刀工把原料加工成各种美观的丝、末、粒、丁、条、片、段、花刀块，使这些原料成为大小一致、粗细均匀、纹路美观的半成品，为菜肴的造型奠定基础。

3. 通过模具造型

将原料采取特殊加工方法制蓉后，灌入模具定型，使其成为具有一定形状的菜肴生胚，再加热成菜。

4. 通过手工造型

先将原料加工成蓉、片、条、块、球等，再用手工将其制成"丸子""珠子"，或编成"辫子""竹排"，或刻成"花球""花卉"等；也可用泥蓉、丁粒镶嵌于蘑菇、青椒内，使原料在成菜前就成了小工艺品。

5. 通过加热造型

原料在加热过程中，通过外力加压使之弯曲、拉伸定型，或加热后，用包扎、翻扣等方法来定型。

6. 通过拼装造型

将两种以上的泥蓉状、块状、条状、球状等原料进行合理组合，使菜肴产生衬托美、排列美。

7. 通过自制容器造型

自制新颖、合适的容器来盛装菜肴。例如，用面条、土豆丝制作"盘中盘"，来盛装菜肴；选用适合的瓜果，在表皮刻上花纹和文字，并挖掉瓜瓤、果肉盛菜来美化菜肴，等等。

8. 通过点缀围边造型

点缀围边是菜肴制作的最后一关，也是最能体现美化效果的一道工序。用蔬菜、瓜果切成小件对菜肴进行各种围边点缀，给人以清新高雅之感。

热菜双拼的习惯称呼

双拼的菜肴，同一类别、不同原料的叫"双味"，如"双味海鲜""时蔬双味"；同一种原料、不同口味的叫"两吃"，如"鳜鱼两吃"；同一种烹调方法、不同原料的叫"两样"，如"脆炸两样"。

根据装盘形式和宴会性质的不同，双拼的菜肴也称为"鸳鸯""太极""双鱼"的，如"鸳鸯海鲜""太极鱼羹""双鱼时蔬"等。

(二)花色菜造型技法

热菜中的花色菜又称象形菜、艺术菜,是指在外形和色泽方面具有艺术美感的菜肴。这种菜肴在刀工和配菜方面特别讲究,制作出来的成品造型美观、色泽悦目,具有较高的观赏价值。花色菜一般采用的造型技法有以下几种。

(1)叠。叠就是将多种不同色彩和性质的原料,相互黏叠在一起,成为具有一定形状和色泽的半成品菜肴,如锅贴鸡、千层豆腐等菜肴。

(2)卷。卷就是将大片原料包卷起来,成为圆柱形或圆筒形的半成品菜肴,如奶油鸡卷、三丝鱼卷、炸响铃等菜肴。

(3)包。包就是选用具有一定特性的原料包裹碎料,并呈现出各式形状,如纸包三鲜、荷叶蒸肉、虎跑素火腿、脆皮玉饺等菜肴。

(4)酿。酿就是把主料去骨或剔除内芯,填入碎散原料,保持主料原有形状的半成品菜肴,如八宝糯米鸭、清汤布袋鸡、酿扒海参、荷包鲫鱼、酿青椒等菜肴。

(5)镶。镶就是将加工成蓉状的原料,镶嵌在其他原料中,成为各种形状的半成品菜肴,如百花鱼肚、琵琶大虾、八卦鱼肚、桃花鸡等菜肴。

(6)扎。扎就是把加工成条、丝状的原料,用其他原料捆扎成形,如柴把鸭子、捆扎肘花、玉棍里脊、扎蹄等菜肴。

(三)热菜装盘的美化技法

许多菜肴的色泽和造型由于受原料、烹制方法和盛器等因素的限制,装盘后并没有达到色、香、味、形的和谐统一,因而需要在装盘时对其进行美化处理。所谓菜肴装盘美化,就是通过对菜肴进行特殊盛装,或利用其他物料,通过一定的加工,对菜肴色泽、形态等方面进行装饰的一种技法。

菜肴装盘美化是人们对美的一种追求,是制作菜肴必不可少的辅助手段。菜肴通过恰如其分的美化可诱发人的食欲,提高工艺观赏价值,给人以美的熏陶和享受。在菜肴制作的过程中,装盘美化所占的比例不大,作用却不可忽视,如同一幅精美的图片必须要由别致的镜框去镶配,才能达到完美的效果。不同菜肴的美化技法往往不同,一般可分为主菜装饰法和附加装饰法两类。

1. 主菜装饰法

主菜装饰法是指利用调配料或其他食用性原料,装饰在菜肴主体(或主料)上的一类美化形式。这类装饰一般为可食用的装饰料,可以在菜肴加热前加工,也可以在菜肴成熟后加工。主体装饰法常见的形式有以下八种。

(1)覆盖法。将色彩艳丽、风味鲜香的原料,有顺序地排在菜肴顶端。覆盖法分加热前覆盖和加热后覆盖两种。

① 加热前覆盖。如将红色的火腿片、黑色的香菇片、浅黄的冬笋片间隔排列在准备蒸制的整鱼之上,颜色对比分明;再如,将各种片状原料,色彩间隔、荤素搭配、排列有序地覆盖在砂锅表面,制成"什锦火锅"等。

② 加热后覆盖。如"清汤鱼圆"，先把成熟的鱼圆盛入碗中，再间隔摆放上成熟的火腿片、小菜心、香菇等。

（2）撒料法。将细碎的原料或辅料放置于成熟的菜肴表面，起增色或调味的作用。这种装饰方式一般在菜肴成熟后使用。此方法与覆盖法不同的是：点缀料虽无规则，但形散而意不散。如"芙蓉鸡片"，在鸡片上撒火腿末，红白相映，使鸡片色泽显得更加洁白，不仅可引起食欲，而且能增加成品的风味。又如"干烧鲤鱼"，撒在鱼身上的葱花，既能增色又能增香。

（3）施画法。将不同颜色的原料制成小件放置于菜肴上，拼成各式各样的花纹或图形。这种手法较为复杂，只能在菜肴成熟前操作，且要求菜肴表面较平整，多见于泥蓉类菜肴。如"锅贴鱼饼"上的各种花卉、"一品豆腐"上的蜡梅，使原本色彩单调的成品增加色彩，具有观赏性。

（4）象形法。用主料塑造成各种象形物，或用主、辅料拼成象形图案，使整个菜肴具有一定的物象特征。如"八宝葫芦鸭"，在加热时用带子把鸭腹处扎紧，使鸭子呈葫芦状。又如"葵花莲子肉"，用五花肉薄片卷莲子，把卷好的数十卷莲子肉放在碗中，翻扣装盘，再稍加点缀，整个菜肴栩栩如生、美观大方。

（5）组装法。采用两种以上的菜肴优化组合，拼成一道菜肴，改变单一菜肴的单调，丰富种类，增加色彩。如"太极双泥"，把两种色泽不同的蓉泥倒在同一容器中呈太极状；又如"脆炸双味"，把两款成品菜通过间隔或围边，装在同一只盘上。

（6）排列法。将块形、球形或条形的原料，用筷子夹入盘中，可直线排列，也可呈圆弧状，可排列紧凑，也可拉开距离，使菜品整齐有序。

（7）间隔法。在菜肴装盘时，将主料或主、辅料间隔排放。如"香芋千层肉"，将五花肉和香芋切成薄片，间隔叠放。又如，在各种球形、块形菜肴的主料之间放上青菜进行点缀。这一方法能增加色彩差异，起到美化作用。

（8）衬垫法。将一辅料垫于主料之下，既起到支撑垫底的作用，丰富主料，又起到衬色作用，使菜肴更为悦目。通常是蔬菜垫底，既符合荤素搭配的要求，又降低了菜肴的成本。

2. 附加装饰法

附加装饰法是指利用菜肴的主、辅料以外的原料，采用拼、摆、镶、塑等造型手段，在盘边对其进行点缀或围边的一类装饰方法。采用附加装饰法能使菜肴的形状、色调发生明显变化，如同众星拱月，可使主菜更为显现、充实、丰富、和谐。附加装饰法花样繁多，装饰物一般不作食用，常采用点缀和围边两种形式。

（1）点缀法。用少量的物料通过一定的加工，放在菜肴的某侧，形成对比与呼应，以突出菜肴。此法简洁、明快、易做。常见的用雕刻制品装饰菜肴多属于点缀法。根据点缀的形式，点缀法可分为以下几种。

① 对称点缀，即在菜肴两侧摆放大小、色泽、形状相同的点缀物进行点缀。其特点在于对称、协调、稳重。

② 中心点缀，多见于圆盘盛装的块状菜肴，花卉、丝松或雕刻等点缀物置于菜

肴中间部位，如同花坛一般美观。

③ 单边点缀，多见于腰盘盛装的菜肴。在菜盘的一角或一侧用蔬菜、水果或食品雕刻加以点缀，弥补盘边的局部空缺，创造意境，使人赏心悦目。

④ 等分式点缀。用蔬菜、水果等原料的固有形态，或将其加工成片、球、小花等状，在菜盘上以一定的形式加以点缀。

（2）围边法。在菜肴装盘前，将蔬菜、水果等原料加工成片、球、小花等状，在盘中围成一定的图形。适宜的围边可使菜品的色、香、味、形、器有机地统一，产生诱人的魅力，激发食用者的食欲。

需要指出的是，上述种种菜肴的装饰美化形式，并不是孤立使用的，有时可以综合利用两种或两种以上的形式进行装饰美化。许多时候还要根据个人的经验、思维和技巧，加以发挥和创造。

（四）热菜盛装手法

热菜的盛装就是把加工烹调后的菜肴盛入容器的过程。中国菜肴种类繁多，成菜形状有汤羹、整块、丝末等，盛装的方式也各不相同，因而要根据不同菜肴的类别，结合原料的形状，通过不同的盛装技法使菜肴形态饱满而生动。

1. 拨入法

拨入法是指将锅端临盛器上方，倾斜锅身，用手勺将锅内菜肴拨入容器中。此法适用于炒、熘、爆类的小料型菜肴的装盘，装完后盘中呈自然堆积的造型。

2. 倒入法

倒入法是指将锅端临盛器上方，倾斜锅身，使菜肴自然流入盛器。此法适用于汤菜的装碗，倒时需用手勺背盖住容器内的原料，使汤经过勺底缓缓流下。

3. 舀入法

舀入法是指将锅端临盛器一侧，用手勺逐勺将菜肴舀出盛入碗（盘）中。此法适用于芡汁较多、稠黏而颗粒较小的烩制菜肴的装盘。

4. 排入法

排入法是指将锅端临盛器一侧，用筷子把块、条状菜肴夹入盘中，整齐排列装盘（或将成熟后的菜肴改刀排入盘中，或在蒸制前已提前将菜肴在盘内摆好）。

5. 拖入法

拖入法是指将锅端临盛器左侧上端，倾斜锅身并同时迅速将锅往右移动，使锅中菜肴全部滑入盘中。此法适用于整条或排列整齐的扒、烧类菜肴的装盘。

6. 扣入法

扣入法是指将菜肴在扣碗中蒸熟，出笼后滗出汤水，把空盘翻盖在扣碗上，然后迅速将盘、碗反转过来，把扣碗拿掉；或滗出汤水，用一只周转盘翻盖在扣碗上，然后迅速将盘、碗反转过来，再移至菜盘上，右手拿周转盘略倾斜，左手拿扣碗把

菜肴移入盘中。

(五) 热菜装盘的关键

1. 餐具选用要合适

菜肴制成后,要选配合适的器皿盛装。一般来说,用汤盘盛烩菜利于卤汁的保留;炖制全鸡、全鸭宜用大号品锅;紧汁菜肴宜用平盘,利于突出主料;加量菜宜用大号餐具盛装,两三人食用的小份菜宜用小号餐具盛装等。

另外,宴席菜肴的盛器要富于变化。例如,用橙子、菠萝、小南瓜等瓜果蔬菜作容器,也可将面条、面片等制成面盏、花篮做容器。

2. 盛装配色要相映

菜肴装盘时还应当注意整体色彩的和谐之美。选用餐具的色彩应与菜肴的色彩相适应,选用的围边应与菜肴的色彩相衬托。例如,白色原料选用深色容器,或在白色容器上配以绿色、红色的原料进行衬托。

3. 盛装容器要保温

冬天为了使菜肴保持温度,在盛装前要对餐具进行加热,一般餐具放在保温柜中,上菜时再取出使用。用砂锅、铁板盛装的菜肴,要把握好上菜的时间,需将砂锅、铁板在烤箱或平灶上烧热保温,需要时及时上桌。菜肴的装饰物要预先准备好,以减少菜肴的滞留时间,使菜肴保持一定的温度。

4. 盛装数量要适中

菜肴装盘的数量既要与食用者人数相适应,也要与盛具的大小相适应。菜肴盛装于盘内时,一般不超越盘子的底边线,更不能覆盖盘边的花纹和图案。羹汤菜一般装至盛器容积的85%左右,如羹汤的量超过盛器容积的90%,就易溢出容器,而且服务员在上菜时手指也易接触羹汤,影响菜肴的卫生;但也不可太浅,会显得菜肴分量不足。

如果一锅菜肴要分装数盘,那么每盘菜必须装得均匀,特别是主、辅料要按比例分配均匀,不能有多有少,而且应当一次完成。因为如前一盘装得太多,发现后一盘不够,再重新分配,势必破坏菜肴的形态,影响美观。

5. 菜肴主料要突出

菜肴应该装得饱满匀称、主料突出。若是炒制菜肴中既有主料又有辅料,则装盘时要突出主料,不可使主料被辅料掩盖。若是单一原料的菜,也应当注意突出重点。如"清炒虾仁",虽然这一道菜没有辅料都是虾仁,但要运用盛装技巧把大的虾仁装在上面,以体现饱满丰富之感。对于带皮肉块的装盘,应皮面在上;鸡鸭类菜肴的装盘,应选肉质较厚的胸脯朝上;剖开的鱼类菜肴的装盘,应选皮面在上,若是两条鱼并排装盘,应腹部相对。

6. 盛装过程要卫生

菜肴经过烹调,已经起了杀菌消毒的作用。但如果装盘时不注意清洁卫生,让细菌、灰尘污染了菜肴,就失去了烹调时杀菌的意义。首先,盛装器皿要严格杀菌消毒,消毒后严禁手指接触、抹布擦抹。其次,装盘时锅底不可太靠近盘的边缘,更不可用手勺击打锅沿,以防锅灰掉入盘内;也不可离盘太远,给盛装带来不便,导致汤汁四溅。装盘时动作要既轻又准,防止菜肴破损或凌乱。菜肴盛装后,要用洁净的筷子调整其表面形态,如发现盘边有滴入的芡汁、油星,应及时用准备好的专用纸巾擦拭干净。

二、体验项目——烹饪造型工艺

(一)菜肴造型的实际运用情况

在实习基地实践过程中,你肯定会接触到很多菜肴的造型技法,有些是学习过的,而大多数是没有学习过的。我们要根据所学的知识,对实习基地的菜肴进行"对号入座",加深理解。请你将在实习基地接触到的主菜装饰法案例填入表 13-5 中。

表 13-5 主菜装饰法案例

主菜装饰法	列举 5 款菜肴
覆盖法	
撒料法	
施画法	
象形法	
组装法	
排列法	
间隔法	
衬垫法	

(二) 菜肴造型的案例收集

同一款热菜，在不同宴会中造型常常有所不同；在不同的厨房里，其造型也往往各不相同。所以，我们要尽可能地收集典型、优秀的造型菜肴案例，为今后的创新和提升奠定基础。请你将收集到的菜肴造型案例记录在表 13－6 中（学生可自行设计或复印类似表，记录其他菜肴造型案例）。

表 13－6　菜肴造型案例

菜　　名		烹调方法	
主　　料		辅　　料	
造型技法		装饰技法	
菜品案例	（粘图片处）		
优劣点评			

(三) 特殊装盘案例收集

请你将学习到的特殊装盘案例记录在表 13－7 中。

表 13－7　特殊装盘案例

菜肴名称	装盘技巧和关键	备　注

思考题：请你谈一谈菜肴美化的作用和意义。

13.4 特色菜创新技术

一、自学项目——创新理念

(一) 菜肴创新的概念

随着人们生活水平的提高，饮食习惯和膳食结构也发生了变化。消费者在重视健康、养生的同时，又希望商家提供新颖奇特的菜品，这就促使餐饮业需要不断开发新菜品。

"创新"在《现代汉语词典》（第7版）里，被解释为"抛开旧的，创造新的"。"抛开旧的"就是抛弃糟粕，"创造新的"就是继承和吸取传统文化中的精华，结合现代消费心理和消费群体的结构变化，使新菜品从本质意义上与现代生活融为一体，或将传统与时代的特征融为一体，使其更加贴近现代消费者的需要，更加符合时代特征或现代餐饮的特征。

创新是一种行动，要根据消费者的需求，结合创新原则，在继承传统烹饪技艺的基础上，通过创新手法研制出具有某一方面新特征的菜肴。

(二) 菜肴创新的原则

1. 正确定位

菜肴创新的目的是迎合消费者的口味要求和厌旧喜新的心态。所以，在创新中既要抓住菜肴属性的本质，又要满足消费者的需求；要在继承传统的基础上做到创造性转化，研制改良出生命力持久的创新菜肴。

2. 顺应潮流

菜肴创新要顺应时代的潮流，随着时代的变迁，消费者的嗜好也会发生变化，"花色菜""简洁菜""概念菜""养生菜""绿色菜"等新词不断出现。在菜肴创新时必须顺应潮流，如流行养生菜，就要了解原料性能、营养价值、食疗功效，结合养生开发菜肴；如流行绿色菜，就要采购有机原料，少用食品添加剂，用低碳环保、物尽其用的理念创新菜肴。

3. 顾及成本

菜肴创新要考虑菜肴的成本：一是选用的原料应成本适中，使创新的菜肴性价比高、经济实惠，符合大众的要求；二是要考虑厨房人员工耗的成本，降低制作时间，保证日常供应。在研制中，要考虑将美观精致和简洁快捷相结合，既满足消费者的需求，又能为企业创造利润。

(三) 菜肴创新的方法

菜肴创新是厨师必不可缺的一项烹饪技能。一名厨师不仅要具备高超的操作技能，而且要有扎实的专业理论知识，要了解营养学、美学等方面的科学知识，才有可能担当起菜肴创新的重任。但是一个人的思路总是有限的，一个厨房的创新任务，一要靠大家群策群力，二要靠多看、多尝、多跑、多学，在接触不同菜肴的过程中触发灵感。

1. 不离其宗求创新

"不离其宗求创新"就是古为今用、推陈出新，做好传统菜点的开发，在古代菜点或传统名菜的基础上，根据现有的原料、调料和工艺制作菜肴的一种创新方法。"不离其宗"就是无论如何创新，都有传统地方菜肴的影子，而不是照搬照抄，实行拿来主义。"不离其宗创新法"有原料创新、调料创新、工艺创新、口味创新、容器创新等。

2. 洋为中用来创新

"洋为中用来创新"就是中西合璧、优化融合，在借鉴西方菜肴制作方法的基础上，结合我国地方菜点特点和饮食习惯制作菜肴的一种创新方法。现在一些中餐按西餐造型来装盘，我们习惯称为"中菜西做"，其实也是"洋为中用创新法"的一种。

3. 更材易质出创新

"更材易质出创新"就是变换主辅材料、改变调味，采用"偷梁换柱"、工艺移植等手法，设计、制作菜肴的一种创新方法。在同一种菜式上增添一种新的配料，但口味和烹调方法都不变，也是"更材易质创新法"的一种，如在海鲜羹上撒一些薄脆，在蛇丝羹上撒一点菊花花瓣，等等。

4. 菜点交融争创新

"菜点交融争创新"就是在利用菜肴与面点原有制作方法的基础上，把菜肴和面点通过不同的方式进行组合，改良成"菜点合一"的一种创新方法。

5. 美食美器显创新

"美食美器显创新"就是用器皿改变菜肴的视觉，在消费者面前呈现出一种全新的视觉体验。俗话说"人是衣装，佛是金装"，菜肴更要靠器皿来衬托。餐具虽然不能被食用，但经过合理的搭配、巧妙的运用，它会给消费者带来美的享受。

6. 觅珍猎奇胜创新

"觅珍猎奇胜创新"就是满足消费者猎奇心理，选用珍、奇、特、稀的原料制作菜肴的一种创新方法。在社会安定、人们生活富裕时，消费者"喜新厌旧"的心态更为强烈，喜欢觅珍、喜欢猎奇，认为物以稀为贵。因此，要根据消费者的这种心态，不断挖掘、寻觅符合要求的原料来创新菜肴。

二、体验项目——创新案例

(一)基地特色菜收集

1. 厨师长特选菜

2. 地方特色菜

3. 酒店特色菜

(二)特色菜的制作实例

请你将收集到的特色菜的制作实例记录在表 13-8 中（学生可自行设计或复印类似表，记录其他特色菜的制作实例）。

表 13-8 特色菜的制作实例

菜品名称及别称			
主料			
辅料			
调料			
烹调方法		色 泽	
制作过程			

续表

菜品名称及别称	
成形描述	
菜肴特点	
制作关键	
传说典故	

（三）了解菜肴创新活动和过程

①描述所在实习基地创新活动的开展情况；②介绍创新菜肴的评选和产生方法；③介绍菜肴创新的激励机制；④你对基地创新活动的评价。

第14章 思维体验

学习目标

- 通过观察和思考,对岗位任务、菜肴品种、调料的使用以及自制食品的种类和品质进行评价
- 在实践过程中多思考,提高自己的分析能力、管理能力和操作技能。

14.1 评价实习基地的烹饪加工环节

厨房的首要职能是根据顾客需求，向其提供安全、卫生、精美可口的菜肴；但在生产流程环节中，要控制原料成本，减少费用支出，并且对菜肴不断进行创新，提高质量，扩大销售，获取利润。要想使厨房的生产正常运行，达到最佳效果，厨房各岗位、各工种必须通力协作。

原料进入厨房，要经过初加工部、切配部、烹调部，以及冷菜部、点心部和烧烤部等部门的处理，直至装盘完成。因此，无论厨房的规模大小、经营风格如何，各部门、各环节都承担着不可或缺的作用。无论从事何种工作，我们都要抓住机会努力学习，提高自己的观察能力和思考能力。

一、初加工环节的观察和思考

初加工也叫粗加工，是烹饪中不可或缺的一个环节。目前市场采购到的烹饪原料，基本是未加工处理过的，验收后要清理、清洗，瓜果类要进行择叶、削皮、去壳、去根须，禽类要去毛、去内脏，鱼类要去鳞、去鳃，等等。初加工环节是整个厨房菜点生产的基础，经其加工的原料的质量直接影响后续生产。同时，初加工环节的质量优劣决定原料出净率的高低，对菜点的成本影响也是最直接的。

大家到实习基地后，要充分利用在学校接触较少的初加工环节，多学、多看、多练。

（通过在实习基地的观察或亲身体验，请你把对初加工环节的认识和发现的问题写下来。）

二、切配环节的观察和思考

切配环节是烹饪过程中的重要一环。广义的切配是指烹饪原料在清洗后、正式烹调前所有工作程序的总和,如整料出骨、干货涨发、刀工处理、合理组配、制蓉包裹等工艺。切配环节为正式烹调打好基础,做好准备。

切配环节中的员工,烹饪行业习惯称其为切配厨师或墩头师傅,主要岗位工作是把经初加工后的原料,运用各种刀法,将其进行合理搭配,使原料符合烹调和菜肴出品的需要。配菜的恰当与否,直接关系到菜的色、香、味、形和营养价值,也决定着整桌菜肴是否协调。

(通过在实习基地的观察或亲身体验,请你把对切配环节的认识和发现的问题写下来。)

三、烹调环节的观察和思考

烹调环节是烹饪工艺中的重要一环,是指将经过加工搭配的原料,用加热设备加热,并在原料成熟的过程中调味成菜的过程。在烹饪行业,习惯将烹调环节称为炉台岗位,将在这一岗位工作的员工称为炉台厨师、炉子师傅,或头炉、二炉、三炉。当然,烹调环节的工作远远不止加热和调味,还有制汤、挂糊、勾芡、保色、增香等技术性含量较高的工作。

(在实习中要加强对烹调环节的观察,请你将了解到的关键性技术作认真的记录。)

四、蒸灶岗位的观察和思考

蒸灶岗位也称水台岗,该岗位的厨师主要负责菜肴的蒸、扣、炖、熬、煲等工作。蒸灶岗位属于炉台岗位的一个分支,有些厨房把干货的涨发、上汤的制作也纳入其工作范畴。菜肴品质的质量优劣与蒸灶厨师是否敬业负责有直接关系,其技术含量主要体现在调味和对加热时间的把控上。

(在实习中要加强对蒸灶岗位工作的观察,请你将了解到的关键性技术作认真的记录。)

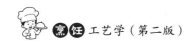

14.2 评价菜肴

一、对主辅料搭配的认识

主辅料的合理搭配是指从量、质、形、味、色等诸多方面考虑,把经过刀工处理后的两种或两种以上的主料和辅料,合理组配在一起,使菜肴既美观、协调,又富有营养。

量就是数量要合适;质就是脆韧、老嫩质地要相符;形就是要根据需要做到大小一致或形态各异;味指的是要提味、不要冲味;色是指颜色搭配要鲜艳,多使用对比色,少用近似色,令消费者赏心悦目①。

(请你写出主辅料搭配较为合理的典型菜肴,并加以细化说明;写出你认为搭配欠佳的菜肴,并写出欠佳的原因和改良的方法。)

二、对菜肴烹制的认识

一道菜肴的成功,除了需要厨师掌握标准流程和烹饪技术外,还需要厨师在实践中反复摸索,使技术运用自如、得心应手。所以,我们在实习基地要仔细观察厨师是如何娴熟地运用技巧,烹制出上佳的菜肴。例如,如何把控菜肴色泽的浓淡、芡汁的厚薄、质地的酥脆,以及增香保色、上浆、挂糊的技巧,等等。此外,还要注意观察不同厨师技能的差异。

---

① 同类色菜肴有"糟三白",但此类菜肴数量不多。——编者

(请你记录一些有特点、课堂上又没学过的技巧,以及不同厨师制作的差异,并分析其制作上的优劣。)

三、对围边点缀的认识

菜肴美化分为烹制前加工美化、烹制后装盘美化两种。烹制后装盘美化又有主菜装饰法和附加装饰法两种。其中主菜装饰法有覆盖法、撒料法、施画法、象形法、组装法、排列法、间隔法和衬垫法等。附加装饰法有围边和点缀两种形式,利用菜肴主辅料以外的原料,采用拼、摆、镶、塑、衬、围等造型手段,对菜肴进行装饰。围边和点缀要符合卫生安全、食用原料为主、经济快速和协调一致的原则。

(请你在实习基地注意观察装盘的美化艺术,收集围边、点缀的案例,并加以分析。)

四、冷菜装盘点缀的认识

冷菜成形的手法一般有切、撕、刻、扎和剥等。冷菜装盘的方法大致有排、堆、叠、围、摆、覆（扣）六种。各种装盘的方法都与原料的加工成形密切相关。但是冷菜也离不开点缀衬托的环节，有的在装盘前点缀，有的在装盘后点缀，使冷菜清鲜艳丽。

（请你收集冷菜装盘点缀的优秀实例，说出其巧夺天工、惟妙惟肖的合理性；也可收集你所发现的不合理的冷菜装盘点缀方法。）

14.3 评价调料

一、调料使用的品牌观念

一些厨房在使用调料时，大多会认准一个品牌，如蚝油是用××牌的，辣酱是用××牌的，这是因为该调料的口味和色泽有与众不同之处。有些厨房烹制某一菜肴时也会选用特定的调料。

> 请你仔细观察并记录下来：①实习基地是否认准品牌进货？②实习基地对哪些品牌情有独钟？③有哪些特殊菜肴使用特定品牌？

二、特殊调料

为了赢得消费者的口碑,一些厨房常常会特制调料或特别采购调料,将其运用在某些特色菜肴中。

请你仔细观察并记录下来:①实习基地有哪些特殊调料?②特殊调料的产地和运用方法;③自制调料的制作方法;④自制调料的每月使用数量。

14.4 评价自制食品

一、自制食品的种类

一般餐饮企业为了降低成本、增加风味、提高推广度，都要自制一些食品，如腌肉、酱鸭、鱼干、泡菜、干菜等，它们既可以作为菜肴，又可以作为堂前供应的产品或礼盒。请你将实习基地的自制食品记录在表 14-1 中。

表 14-1 实习基地的自制食品

名 称	原 料	特 点

二、自制腌酱类食品的方法

请你将实习基地自制的腌酱类食品的有关内容记录在表 14-2 中（学生可自行设计或复印类似表，记录其他腌酱类食品的案例）。

表 14-2　自制腌酱类食品案例

品名	
成形大小和形状	
主要原料	
辅料	
调料	
香料	
加工步骤	
制作关键	
成品特色	
储藏方法	
其他说明	（制作季节、时间、气候等）

三、自制泡醉类食品的方法

请你将实习基地自制的泡醉类食品的相关内容记录在表 14-3 中（学生可自行设计或复印类似表，记录其他泡醉类食品的案例）。

表 14-3 自制泡醉类食品案例

品名	
成形大小和形状	
主要原料	
辅料	
调料	
香料	
加工步骤	
制作关键	
成品特色	
储藏方法	
其他说明	（制作季节、时间、气候等）

四、增香方法和技艺

请你将在实习基地了解到的增香方法和技艺,记录在表14-4中。

表14-4 增香方法和技艺案例

品　　名	主要原料	增香原料	制作方法	应　　用
(例) 葱香 猪油	猪油	小葱	① 选用白净的猪板油或猪膘油切块 ② 将猪油块放入锅内,用中小火加热熬制,当猪油块变成猪油渣时,将猪油渣捞出 ③ 在锅内加入小葱,待熬出香味、小葱干瘪后将其捞出 ⑤ 熟猪油冷却凝固待用(夏天可存入冰箱)	猪油拌面、清蒸爆盐鱼

第 14 章　思维体验

续表

品　　名	主要原料	增香原料	制作方法	应　　用

第15章 创新体验

学习目标

- 观察、了解岗位流程和任务以及菜肴的组配和设计
- 重点关注菜肴组配和设计的创新性,提高自己的分析能力和创新能力

15.1 体验打荷岗位

打荷是厨房基础岗位之一，负责将经切配加工好的原料码味腌渍、上浆拍粉，准备小料、调料和围边用料，以及菜肴装盘、菜肴出品的点缀造型。此外，打荷岗位还有重要的厨政工作，就是调度菜肴烹制次序，优化菜肴的烹制过程。打荷岗位虽然不是厨房的主力，但承担任务者要手脚勤快、思维敏捷，他既负责调配整个产品流程的速度，又给菜肴质量把好最后一道关。

一、打荷岗位的工作任务和流程

打荷岗位的工作任务和流程如图 15-1 所示。

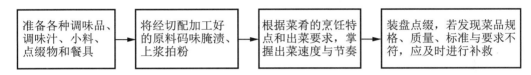

图 15-1 打荷岗位的工作任务和流程

打荷的来源

"打荷"原是粤菜中的一个术语，"荷"原指"河"，有"流水"的意思。所谓"打河"，即掌握"流水速度"，以协助炉台岗将菜肴迅速、利落、精美地完成。打荷岗位的人员按工作能力，依次分为头荷、二荷、三荷……末荷。打荷岗位对于维护厨房正常生产秩序的运转和促进菜肴质量的提高起着重要的作用。

二、观察打荷岗位工作流程

（请你对实习基地打荷岗位的工作流程进行观察和分析，关注在原料加工过程中是否有浪费现象，并记录下来。）

三、如何优化打荷岗位

（请你对实习基地打荷岗位的人数设置、班次安排、工作内容及工作效益进行评判，并写出优化方案。）

四、对现工作岗位的认识

（你对实习基地的首个岗位和轮岗后的岗位已有了一些客观的认识，请你写出这段时间的学习或工作感悟。）

15.2　菜肴组配工艺

菜肴组配工艺简称配菜、配料，就是根据菜肴质和量的要求，将加工成形的原料以科学合理的方法进行组合，使之成为一个半成品（或直接食用的）菜肴或一组菜肴的过程。组配工艺是烹调前的一道工序，是确定菜肴质量、形状、色泽、风味等的前提，是菜肴烹饪过程中的一个重要环节。

一、组配的基本原则（自学）

菜肴组配工艺不仅关系到菜肴能否达到色、香、味、形的标准，也与成本控制有密切关系。所以，组配工艺技术要求高，担负着配菜重任的厨师必须掌握菜肴组配的原则，做到科学合理的运用。

1. 菜肴数量组配

菜肴数量的组配是指菜肴主料、辅料的数量要合理配比。进行菜肴数量的组配时，关键在于菜肴主辅料的种类和原料之间的比例要恰当，总分量与器皿要协调。

2. 菜肴质地组配

菜肴质地主要是指原料的软、硬、老、嫩、脆、韧等，也是指原料的品质档次。在配菜时，为了使菜肴主辅料的质地符合烹调的基本要求，突出菜肴的特点，大体要求是软配软、脆配脆、韧配韧、嫩配嫩，但还要考虑原料的品质档次是否符合整组菜肴的要求。

3. 菜肴色泽组配

菜肴色泽的组配就是根据原料的颜色进行合理搭配，使其协调、美观大方。菜肴色泽的组配一般为异色配，即主料与辅料的色泽各异，以辅料衬托主料；但也有同色配，即主料与辅料的色泽基本一致，如以色泽洁白为主的扒三白、银芽鸡丝等，给人以清新淡雅的感觉。

4. 菜肴香和味组配

在组配时，要考虑到原料本身所具有的气味，有些气味大家喜爱，有些气味影响食欲，因此要熟悉原料的特性，选择合适的辅料来抑制或减轻某些主料影响食欲的气味。此外，还要注意口味的搭配，比如油腻配清淡，咸的配淡的。

5. 菜肴形状组配

菜肴形状的组配就是菜肴主料与主料、主料与辅料之间形状的配合。形状的配合不仅关系到菜肴的外观，还直接影响到制作菜肴的质量。

（1）菜肴主料与辅料的同形组配，如丁配丁、片配片、条配条、丝配丝、块配块、粒配粒等。同形组配要求辅料的形状略小于主料，以利于衬托主料。

（2）菜肴主料与辅料的异形组配。如烩三鲜、素什锦均属于异形组配，每种原料都是主料，有时不仅原料的形状不一，连大小也不一。还有就是整鱼、整鸭的配料也属异形组配，因辅料较小，更加突出主料的地位。

6. 菜肴营养组配

菜肴中所含营养素的量和成分，是衡量菜肴质量的一个重要指标。因此，在配菜时既要考虑到菜肴的色、香、味、形、质，又要考虑到各种原料所含有的营养素的情况，通过科学的组配，使其有利于人体消化吸收和补充人体所需的营养。当然，也不能片面地追求营养成分，而忽视人们的饮食习惯和口味爱好，既要讲究营养，提倡膳食平衡，又要注重菜肴的色、香、味、形等，这样才能使菜肴真正受到大众的喜爱。

二、配菜的基本要求（自学）

1. 熟悉原料的性能

不同原料的性能是不同的，如有的是韧性，有的是脆性，有的是软性等。由于性能的不同，在烹调过程中所发生的变化也各有不同。在配菜时就必须使它们相互之间配合得适当，完全适应于所用的烹调方法。即使是同一种原料，其性质也可因季节的变化而有差异。配菜人员必须熟悉原料性能、时令变化、分档取料等知识，才能把工作做好。

2. 了解市场供应情况

市场上原料的供应不是一成不变的，而是随着生产季节、采购以及运输情况的变化而变化。配菜人员对此必须有所了解，才能充分利用市场上供应充沛的品种，适当压缩市场上供应紧张的品种，并利用替代品制作出新的菜肴品质。

3. 熟悉损耗率和毛利率要求

配菜员应根据标准进行组配，零点菜肴根据预先制定的标准菜单进行组配，团队和宴会菜肴根据任务单标准和毛利率要求进行组配。因原料的多少直接关系到就餐者的个人利益和企业的收益，配菜员要熟悉原料的损耗率，了解既定的毛利率的幅度，要会核算主料、辅料和调料成本，配制出既符合企业要求，又使消费者满意的菜肴半成品。

4. 必须将主、辅料分开放置

一道菜肴往往包含多种主、辅料，在配置时应该将各种原料分开放置在盘中，不能相互混在一起。因为在烹调时，因为各种原料的性质不同，有些原料要先下锅，有些原料要后下锅，倘若将所有的原料混在一起，会给后续菜肴的制作带来极大的不便。

5. 了解营养卫生安全知识

在配菜时，配菜员除了应掌握原料性质和精通烹调技术外，还必须了解和掌握一定的营养和卫生知识，并能够运用现代营养学的基础理论和基本原理去指导配菜，使配菜更加科学化、营养化。例如，安排一桌宴席，既要考虑到原料的品种搭配，又要考虑膳食的平衡和营养素供给量，以及辨别原料的鲜度、纯度，同时也要具备鉴别原料真假的能力，强化食品安全的意识。

6. 观察后续过程合理改良

配菜员必须精通刀工，了解烹调细节，才能配制出符合要求的菜肴。在组配时，配菜员要注意观察细节，特别是要注意观察原料的刀工处理是否合理，倘若能在组配时考虑组配和烹调的关系、组配和成形的关系、组配和装盘的关系，以及组配和菜肴名称的关系，那么一定能制作出受消费者喜爱、具有生命力的菜肴。

三、原料组配的再认识（实践体验）

根据前面自学的菜肴组配技术，在实践（实训）中注意观察各种细节，看看是否存在不合理的现象。大胆提出自己的设想和建议，有可能你的建议对菜肴的开发会起到关键的作用。

(一) 改进原料使用的不足

请你将在实践（实训）中观察到的有关原料使用的需要改进的情况，记录在表 15-1 中。

表 15-1 原料使用需要改进的情况

序 号	菜肴名称	存在不足	导致后果	改良措施
例	土豆烧牛肉	土豆切得偏小	土豆易碎	① 土豆块切得大一点 ② 土豆过油后再烧
1				
2				
3				
4				
5				
6				

(二) 改进菜肴组配的不足

请你将在实践（实训）中观察到的有关菜肴组配的需要改进的情况，记录在表 15-2 中。

表 15-2 菜肴组配需要改进的情况

序号	菜肴名称	存在不足	导致后果	改良措施
例	彩色鱼丝	配料稍多	色彩混杂	① 青、红椒丝要细 ② 青、红椒丝要减少
1				
2				
3				
4				
5				
6				

(三) 改进调料使用的不足

请你将在实践（实训）中观察到的有关调料使用的需要改进的情况，记录在表 15-3 中。

表 15-3 调料使用需要改进的情况

序号	菜肴名称	存在不足	导致后果	改良措施
例	红油臭豆腐	红油不纯	生油味太重（难闻、难入口）	选用自制红油
1				
2				
3				
4				
5				
6				

15.3 烹制流程（实践体验）

一、实习基地菜肴烹制的流程

请你将在实践（实训）中所了解到的实习基地菜肴的烹制流程，记录在图 15-2 中。

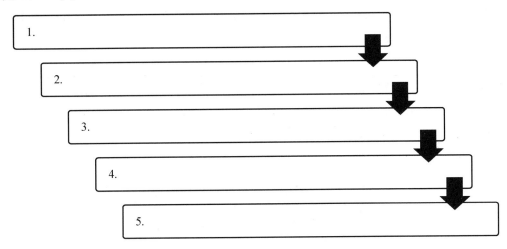

图 15-2 实习基地菜肴的烹制流程

二、如何加快烹制流程

注意观察实习基地菜肴的烹制流程，从中发现存在的问题，并记录下来。

三、蒸灶岗位存在的问题

注意观察实习基地蒸灶岗位的工作情况，从中发现存在的问题，并记录下来。

15.4 菜单设计

一、自学项目——菜单知识

(一) 菜单种类和用途

由于餐饮企业的经营类型、档次和经营项目各不相同，因此企业对菜单内容的选择、项目编排和外观设计也各有不同，从而形成了千姿百态的餐厅菜单。菜单种类和用途的具体内容如表15-4所示。

表15-4 菜单种类和用途

类 别	种 类	形 式	用 途
零点菜单	正餐菜单	册子	企业推广与消费者选菜之用
	早餐菜单	硬片或册子	
	夜宵菜单	硬片或册子	
	特选菜单	卡片	
	海鲜菜单	册子	
	素食菜单	硬片或册子	
	早茶单	卡片	
	点心单	册子	
	酒水单	册子	
套菜菜单	团队菜单	小册或活页	企业推广与消费者预订之用
	婚宴、寿宴菜单	小册或活页	
	商务宴菜单	小册或活页	
	会议菜单	小册或活页	
内部菜单	标准菜单	纸质数联＋照片	任务下达、厨房配菜、收银结账、财务核算之用
	任务菜单	纸质数联	
	内部接待菜单	纸质数联	
	零点菜单	纸质数联	
宴会席面菜单	席面菜单	单页	企业宣传、向消费者明示及欣赏、收藏之用
		合页	
		多合页	
		卷筒	
		扇子	
		竹简	

续表

类 别	种 类	形 式	用 途
		手卷	企业宣传、向消费者明示及欣赏、收藏之用
		卷轴	
		屏风	
		葫芦	
		蜡烛	
特殊菜单	送房菜单	卡片	住店旅客选菜之用
	特殊人群菜单	合页或册子	少数民族、宗教信仰人士选菜之用
	健康菜单	合页或册子	糖尿病、减肥等特殊顾客选菜之用
	航空菜单	合页	乘客选菜之用
	旅行菜单	合页或册子	旅行团队选菜之用

(二) 零点菜单设计

1. 零点菜单的内容

零点菜单是在餐厅服务员向消费者促销推广菜肴的媒介。它的内容大多是零点菜肴的介绍，一般由菜肴类别、菜名、主料及价格组成，有些还标注出辅料和整盘的重量，如表 15-5 所示。

表 15-5 零点菜单模板

蔬菜豆制品类

菜 名	主料	辅料	整盘重量		价格	
			大	小	大	小
（例）腐皮青菜	青菜 350g	腐皮 30g	380g	220g	18元	12元

目前餐饮企业的菜单已不再是传统文字和数字的介绍，大多数增添了图片，有的还使用了电子设备展示了丰富的菜肴图片和其他信息。

2. 零点菜单的作用

零点菜单多以大册子的形式出现，封面一般较厚实，并覆膜。一本设计合理、美观雅致的菜单不仅能起到方便消费者点菜的作用，还能增进消费者对餐厅的信任度。

(1) 促进销售

一份精心编制的菜单能使顾客感到心情舒畅、赏心悦目，并能让顾客体会到餐厅的用心经营，增进他们对餐厅的信任度，促使顾客欣然解囊，乐于多点几道菜肴。而且精美的菜肴图片，使消费者馋涎欲滴，增加食欲。

(2) 拉近与顾客之间的距离

顾客通过菜单选购自己所喜爱的菜肴，而接待人员通过菜单推荐餐厅的招牌菜，两者之间借由菜单开始交谈，形成良好的双向沟通模式。有些餐厅在菜单上还绘有漫画，加了菜点小常识，更拉近了餐厅与消费者的距离。

(3) 反映餐厅的经营方针

餐饮工作包罗万象，主要有原料的采购、食品的烹调制作及餐厅服务，这些工作内容都得以菜单为依据。菜单中的价格也起到了预先告知的作用，有些菜单印上加收服务费的信息，就是此目的。

(4) 控制餐饮成本毛利

菜单内容一经确定，也就决定了餐饮企业食品成本的高低。毛利偏低、单只菜肴过多，必然导致整个餐厅的成本偏高；精烹细作、工艺复杂的菜品过多，也会引起劳动成本的上升。菜单上不同成本的菜品数量的比例是否恰当，直接影响到餐饮企业的经济收益。所以，菜单的设计是控制生产成本的重要环节。

(5) 厨房工作的指南

菜单一旦确定，厨房根据其内容编制出标准菜单，食料的采购、储藏，菜肴的加工、组配、烹调都需按其执行。菜单也决定了餐厅服务的方式，服务人员必须根据菜单的内容及种类，提供各项标准的服务程序，让客人得到视觉、味觉、嗅觉上的满足。

(三) 标准菜单 (谱) 设计

标准菜单也称标准菜谱，是内部菜单的一种。它是餐饮企业根据风味特点、毛利要求等，具体制定的配菜、烹调的标准指南。

标准菜单一般由厨师长和厨师骨干制定，它包含菜名、烹调方法、口味特点、总成本，主料、辅料、调料的名称、重量、成形标准、制作过程、制作关键、装盘要求等内容，如表15-6所示。标准菜单主要是为了保证菜单上各菜品的质量达到规定的标准，并具有一定的稳定性。

表 15-6 标准菜单模板

菜　　名				烹调方法	
口味特点				总成本	
项目	名称	重量	成形标准	形状大小	特殊要求
主料					
辅料					
调料					
制作过程	（制作过程包括初加工的要求，刀工处理步骤，上浆、挂糊、码味的要求，以及加热烹制步骤。）				
制作关键					
装盘要求					
其他说明					

(四)宴席菜单设计

宴席菜单是为宴席而设计的,是由具有一定规格质量的一整套菜品组成的菜单。它属于套菜菜单的一种,常用于商务宴席和红白喜事宴席等。由于举行宴席的目的、档次、规模、季节、宴请对象及地点各不相同,因此宴席菜单在规格、内容、价格方面也要同其他套菜菜单区别开来。宴席菜单也可以说是一种特殊的套菜菜单,它集中选用了能体现餐饮企业的技术水平的菜肴。

1. 宴席菜单的特点

(1) 设计针对性

餐饮企业必须根据宴席的预订信息,或针对每一次宴席顾客的不同需求进行菜单设计,即便是同一餐厅、同一时间、同一价格,菜单内容也会因不同宴席目的与宴请对象而大相径庭。这也是宴席菜单与其他套菜菜单最主要的区别。

(2) 内容完整性

宴席无论是何种性质与档次,在菜单设计上都要遵循一定的设计规则,按照就餐顺序设计一套完整的菜品。例如,中式宴席菜单一般要求有冷菜、头菜、热菜、甜菜、汤、点心、随饭菜、水果、茶水等一整套菜品。

(3) 编排协调性

宴席菜单在选择菜品时,除了要求做工精细、外形美观外,所有菜品还要求在色、香、味、形、器、质地等方面搭配协调,避免雷同与杂乱。菜品选择还应与宴席性质及主题协调呼应,菜单上菜品编排也要体现主次感、层次感和节奏感,使所有菜品融合为一个有机统一的整体。

宴席菜单示例如图15-3和图15-4所示。

(4) 体现特色性

宴席菜单排好后,在宴会餐桌上还要摆放席面菜单。席面菜单本身的设计也体现了餐饮企业的个性特色。它的好坏直接关系到餐饮企业的档次和宴会服务的管理能力。一般好的宴会席面菜单常被消费者争相收藏,起到一定的宣传的作用。

2. 席面菜单的设计

宴席菜单分为宴会任务单和摆放在餐桌上的宴会席面菜单,在众多菜单中只有席面菜单使用时间最短,但其设计和制作最有个性。它不仅要求外观漂亮、印刷精美,其色形、图案也要与主题宴会、餐厅装饰相协调,最能反映企业特色。

宴会席面菜单不仅反映了宴会的主题信息、菜点信息和时间,而且要标注酒店的信息。它既是宴会的名片,也是酒店的名片。有些宴会席面菜单构思巧妙,设计精良,有卷轴型、屏风型、手卷型、竹简型、折扇型,还配有名家书法、印章,充满中国传统文化的气息和韵味,如图15-5所示。

冷菜： 一帆风顺
　　　 江南八碟
羹：　 蟹黄鱼翅
热菜： 苔菜白虾
　　　 火腿炖鳖
　　　 葱油鳜鱼
　　　 果仁焙排
　　　 太湖螃蟹
　　　 墨鱼小炒
　　　 笋干老鸭
　　　 蒜泥芦笋
主食： 腊肉煲饭
小吃： 鲜肉芋饺
　　　 玉米脆烙
水果： 时令果拼

图15-3　宴席菜单示例1

龙凤呈祥宴

龙凤呈祥结良缘——龙鸾飞舞拼
新婚燕尔八珍食——江南八味碟
福星高照神仙池——迷你佛跳墙
喜鹊迎巢锦玉带——如意鸳鸯贝
鸿运当头喜临门——芝士焗龙虾
浓情相依一辈子——刺参鱼肚盅
比翼双飞鹊桥会——脆皮乳鸽皇
甜甜美美满堂红——甜豆蟹肉皇
天长地久吉庆余——碧绿煎鳕鱼
惠风和畅大富贵——红烧大圆蹄
花团锦簇并蒂莲——桂花炸藕夹
珠联璧合锦绣添——珍珠炒百合
青蝉翼纱鸳鸯枕——竹荪烩蔬菜
百年好合情似水——蛤形鱼丸汤
齐心同谱腾飞曲——五彩千层糕
早生贵子耀门楣——红枣莲子羹
馥兰馨果合家欢——时令水果拼

图15-4　宴席菜单示例2

图15-5　宴会席面菜单示例

二、实践体验——了解实习基地使用的菜单

我们在实践中要学会观察和搜集,无论是在实习、工作中,还是在酒店用餐时,对于我们接触到的菜单的内容和设计,要认真分析其优缺点,从而增长自己的知识技能。

(一)收集点菜菜单,了解编排方法

点菜菜单是由餐饮企业制作,提供给宾客挑选菜肴的媒介。请你将收集到的有关点菜菜单的内容,记录在表15-7中(学生可自行设计或复印类似表,记录其他有关点菜菜单的内容)。

表15-7 点菜菜单案例

大 类	菜 名	主要原料	规格	价 格

(二) 收集所在实习岗位的标准菜谱

请你收集所在实习岗位的标准菜谱,将其记录在表 15-8 中,并经常查看,熟记其内容。

表 15-8 标准菜谱案例

序 号	大 类	菜 名	烹调方法	是否熟记
例	冷菜	话梅花生	煮	√

（标准菜谱誊录处）

注：若还有其他标准菜谱需要誊录的，可另附页。

(三) 收集宴会菜单

1. 收集婚宴菜单,试用寓意取名

请你将收集到的婚宴菜单,记录在表 15-9 中(学生可自行设计或复印类似表格,记录其他婚宴菜单案例)。

表 15-9 婚宴菜单案例

宴会主题:　　　　　　　　　　　　　　时间:

类　　别	通俗菜名	寓意菜名
冷菜		
热菜		
点心		
水果		

2. 收集寿宴菜单，试用寓意取名

请你将收集到的寿宴菜单，记录在表 15-10 中（学生可自行设计或复印类似表格，记录其他寿宴菜单案例）。

表 15-10 寿宴菜单案例

宴会主题：　　　　　　　　　　　　时间：

类　　别	通俗菜名	寓意菜名
冷菜		
热菜		
点心		
水果		

3. 收集商务宴菜单,试用寓意取名

请你将收集到的商务宴菜单,记录在表 15-11 中(学生可自行设计或复印类似表格,记录其他商务宴菜单案例)。

表 15-11 商务宴菜单案例

宴会主题:　　　　　　　　　　　　　　　　时间:

类　　别	通俗菜名	寓意菜名
冷菜		
热菜		
点心		
水果		

4. 收集谢师宴菜单，试用寓意取名

请你将收集到的谢师宴菜单，记录在表 15-12 中（学生可自行设计或复印类似表格，记录其他谢师宴菜单）。

表 15-12 谢师宴菜单案例

宴会主题： 　　　　　　　　　　　　时间：

类　别	通俗菜名	寓意菜名
冷菜		
热菜		
点心		
水果		

5. 收集满月（百日）宴菜单，试用寓意取名

将收集到的满月（百日）宴菜单，记录在表 15-13 中（学生可自行设计或复印类似表格，记录其他满月宴菜单案例）。

表 15-13 满月（百日）宴菜单案例

宴会主题：　　　　　　　　　　　　　　时间：

类　　别	通俗菜名	寓意菜名
冷菜		
热菜		
点心		
水果		

三、实践体验——设计宴会菜单

1. 菜单的主题和对象

(1) 消费对象：

(2) 宴会性质：

(3) 消费者要求（人数、主菜、口味等）：

(4) 宴会主题的确定：

(5) 售价和毛利率的确定：

2. 主题宴会的编排

请将主题宴会的编排内容填入表 15-14 中。

表 15-14 主题宴会的编排内容

主题名称：　　　　　　　　　对象：　　　　　　　　　人数：
预订价格：　　　　　　　　　要求毛利率：　　　　　　总成本：

类别	寓意名称	实际菜名	烹调方法	口味	成本
雕刻或冷拼					
餐前小碟					
冷菜组碟					
热菜（羹汤）					
茶水、点心					
水果					

四、实践体验——设计制作宴会席面菜单

在学习完菜单知识后,我们对菜单的种类、用途与内容有了一定的了解。请你尝试设计一款主题宴会席面菜单,把所学知识和自己的才智融入其中。

(誊录粘贴处)

附录

_____学院烹饪系实训项目任务书

_____年_____月_____日 第_____节

项目内容				项目性质	□示教 □练习 □示教＋练习
负责教师		授课班级		人数	
实验员		学生助手			
实训内容	1. 3.		2. 4.		
实训目标			预期作品及形式		
实训原料	1. 2. 3.	4. 5. 6.		7. 8. 9.	
实训场地		实训工具			
实训要求	示教时间： 练习时间：			每组： 人	
实训步骤					
课后思考					

授课教师及学生代表签名	项目负责教师：
	
	            年 月 日
			实训学生代表：
			
			            年 月 日		

注：一式两份（可复印），一份上交院（系）教学办，一份由项目负责教师留存。

参 考 文 献

[1] 戴桂宝，王圣果. 烹饪学 [M]. 杭州：浙江大学出版社，2011.
[2] 戴桂宝. 现代餐饮管理 [M]. 2版. 北京：北京大学出版社，2012.
[3] 周晓燕. 烹调工艺学 [M]. 北京：中国轻工业出版社，2000.
[4] 冯玉珠. 烹调工艺学 [M]. 3版. 北京：中国轻工业出版社，2009.
[5] 罗长松. 中国烹调工艺学 [M]. 北京：中国商业出版社，1990.
[6]《中国烹饪百科全书》编辑委员会. 中国烹饪百科全书 [M]. 北京：中国大百科全书出版社，1992.
[7] 季鸿崑. 烹调工艺学 [M]. 北京：高等教育出版社，2003.
[8] 史万震，陈苏华. 烹饪工艺学 [M]. 上海：复旦大学出版社，2015.
[9] 陈苏华. 中国烹饪工艺学 [M]. 北京：中国商业出版社，1992.
[10] 王圣果. 菜点创新是餐饮企业可持续发展的动力 [J]. 成都：四川烹饪高等专科学校学报，2007（2）.